ノンフィクション

スターリングラード攻防戦

タンクバトルIII

齋木伸生

潮書房光人社

スターリングラード攻防戦——目次

【第1部】ソ連、フィンランド戦争

【第2部】 スターリングラード戦からハリコフ戦まで

写真提供／雑誌「丸」編集部
イラスト／上田信

スターリングラード攻防戦

タンクバトルⅢ

【第1部　ソ連、フィンランド戦争】

第1章　北の大地に擱座した〝怪物〟

国境を突破してカレリア地峡に侵攻したソ連軍は、フィンランドの防御線であるマンネルヘイムライン突破のため、当時試作中だった巨大な多砲塔戦車を厳冬の戦場に投入したのだが！

一九三九年一二月一九日　ソ・フィン戦争

ソ・フィン冬戦争の勃発

一九三九年一一月三〇日午前六時五〇分、カレリア地峡のソ連・フィンランド国境にそって布陣した六〇〇〇門にのぼるソ連軍砲兵隊は、フィンランド領内にむけて、いっせいに射撃を開始した。

これこそが、戦史上の奇跡となった「冬戦争」の勃発であった。三〇分間の砲撃のあと、ソ連軍の戦車と歩兵の大群が国境を越えて、フィンランド領内になだれこんだ。

カレリア地峡正面の一五〇キロには、九コ狙撃兵師団と一コ戦車軍団、および三コ戦車旅団からなる第七軍が配置されていた。兵力は人員二〇万人、装甲車両一四〇〇両（T26、BT、T28、T37、T38装備）、砲迫九〇〇門にのぼる。

同軍の任務は、カレリア地峡のフィンランド軍防衛線を突破し、地峡つけ根にあるフィンランド第二の都市ヴィープリを占領することであった。その時点で、まだ戦争がつづいていれば、そこからフィンランドの中心部へなだれこむことになる。

これにたいしてフィンランド軍は、カレリア地峡軍を編成し、地峡の西側に歩兵三コ師団基幹の第二軍、地峡の東側に歩兵二コ師団基幹の第三軍をおいていた。

その兵力はいちおう一二万人にたっしていたが、装備は劣悪で、種々雑多なもののよせ集めだった。戦車もなく（若干のルノーFTが固定陣地として埋められた）、野砲、対戦車砲、対空砲、すべての砲兵火力が不足していた。

ソ連軍には、楽観的な気分があふれていた。部隊に用意する弾薬は、せいぜい十日から二十日分で十分と考えられていた。これから厳冬を迎えるというのに、兵士に支給されたのは夏服のままであった。

兵士の士気は高かった。彼らは無邪気にも「フィンランドを資本主義の悪魔から解放する」という共産党の宣伝を信じこんでいた。

「俺たちは解放軍だ。国境を越え、俺たちのきた目的を告げれば、フィンランド人たちは花束で迎えてくれるだろうよ」

ピクニック気分で進撃した兵士たちを、あとになって迎えたのは、フィンランド軍の死に

空襲をうけるフィンランドの首都ヘルシンキ

もの狂いの抵抗と、想像をこえた恐ろしい寒さだった。

当初、ソ連軍の攻撃に、国境を警備する少数のフィンランド軍は、わずかな反撃をこころみただけで退却した。国境沿いの前線防御陣地は、わずか一日で突破され、部隊は最初の遅滞防衛線まで後退した。

二日には遅滞防衛線も放棄され、部隊は主要塞線のマンネルヘイムラインにまで後退した。

のちの善戦にくらべればふがいない緒戦の後退は、前線への戦闘指令の不徹底が原因だった。このため、パニックを起こした部隊は、十分に戦わずに後退してしまったのである。

ただ、地峡正面のフィンランド兵はわずか二万一六〇〇名、砲迫七一門、対戦車砲二九門をもっているだけだった。これでどう戦えばいいのか。

パニックが起こったといっても、フィンランド軍の士気が瓦解《がかい》したわけではなかった。

国境に蝟集《いしゅう》したソ連の大軍を見たあるフィンランド兵は、こうつぶやいたという。

「やつらをどこに埋めてやろう」

ソ連軍も慎重だった。彼らはフィンランド軍の後退にも、急追はしなかった。攻撃はワンパターン、つねに戦車に頼った。

戦車がゆっくりと進み、そのうしろからは金魚のフンのように、ぞろぞろと歩兵がつづく。そして、彼らは道路か、ひらけた土地でしか戦おうとしなかった。

そのうえ、積雪が戦車の行動を阻害した。積雪前は時速三〇キロで行動できた戦車も、五〇センチの積雪で、時速わずか八キロでしか動くことができなくなった。

フィンランド軍はパニックから立ちなおり、防衛線を立てなおす貴重な時間が得られた。

カレリア地峡の戦闘は、フィンランド軍の撤退が完了し、ソ連軍がフィンランド軍の防衛線、マンネルヘイムラインに到達したことで、いったん停止した。

マンネルヘイムライン

マンネルヘイムラインは、フィンランドがソ連との国境のカレリア地峡中央部に作りあげた陣地線である。冬戦争の健闘により、それはマジノ線のような難攻不落の要塞線とかんちがいされることがおおいが、実際は、ほとんど兵士たちの手作りによる陣地、塹壕の連続にすぎなかった。

主防衛線の中心火力は、六六ヵ所の古めかしいコンクリート製機関銃トーチカだけだった。

陣地線は森のなかに巧妙に偽装されており、発見は困難だった。そして、陣地線の前には鉄条網と対戦車バリケード、木の切り株やフィンランド特有の氷河から切り出した岩などの障害物がおかれており、これらは戦車や歩兵を地雷原に誘いこむ、巧妙な迷路となっていた。

この陣地線のすぐれていた点は、縦深防御がとられていたことだった。陣地線は絶対的な単一防衛線ではなく、主防衛線、中間防衛線、最終防衛線と三重になっており、その間に幾重にも陣地線がもうけられていた。

もっとも、前年夏いらいの、休暇を返上した市民ボランティアまでくわわった突貫工事にもかかわらず、防衛線はまだ完成にはほど遠かった。

ソ連軍は砲撃をつづけたものの、マンネルヘイムラインへの攻撃はちゅうちょした。じつは、彼らはマンネルヘイムラインにかんする十分な情報をもっていなかった。このため、それこそ彼らは、この防衛線をマジノ線のように恐れていたのである。

一二月六日、ようやくマンネルヘイムラインにたいするソ連軍の攻撃が開始された。二コ狙撃兵師団、三コ機甲大隊、一二コ砲兵連隊が、カレリア地峡西部の七〇キロの戦線に、いっせいに襲いかかった。

ソ連軍は、フィンランド軍には考えられないくらい多数の砲弾を撃ちまくり、戦車と歩兵の大群で、潮のごとくフィンランド軍の前線に押しよせた。

フィンランド軍には、ほとんど対戦車兵器はなかったが、彼らは鉄パイプで爆雷をつくり、木製地雷を埋設し、火炎瓶の肉薄攻撃で対抗した。

雪原では、フィンランド兵はカモフラージュをしたタコツボにひそみ、戦車のキャタピラに丸太や鉄棒を突っこんで立ち往生させた。そうして、車外に出てきた戦車兵を、銃撃で撃ち倒したのである。

情けないことにソ連の戦車は、後続する歩兵と切り離されると、フィンランド軍の肉薄攻撃を恐れて、ぐるぐると円をえがいて走りまわって、たがいの後方を警戒しあったという。

ソ連軍の司令官メレツコフ将軍は、マンネルヘイムラインの突破のために、一計を案じた。彼はソ連軍の攻撃が、カレリア地峡の東側のタイパレ方面に指向されると見せかける陽動作戦をおこなうことにした。

これによりフィンランド軍の予備兵力を、地峡の西側から東側に吸いあげ、撃滅しようというのである。それから、本当の攻撃を西側に指向すれば、フィンランド軍には、もはや抵抗する力は残っていないはずだ。

ソ連軍は戦車を先頭に連日、フィンランド軍に攻撃をしかけた。彼らは何度か防衛線の突破に成功したが、その戦果を利用しようとはしなかった。

突破した部隊は、夜には撤退し、フィンランド軍戦線のほころびはつくろわれた。やがて、タイパレ方面の攻勢は終息した。

一方、地峡西方では一二日に、レニングラードからヴィープリへ北上する街道がとおるス

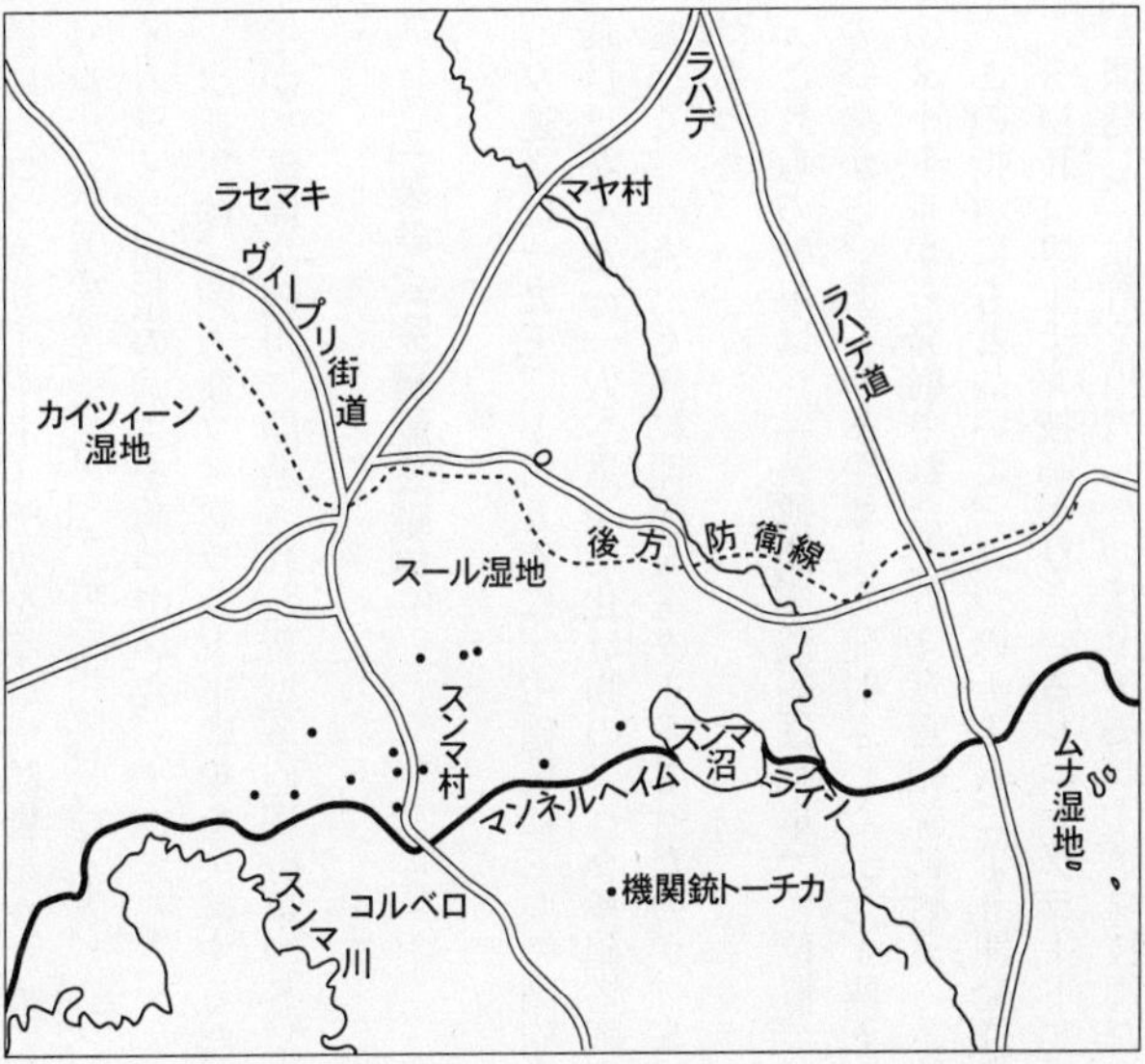

ンマ村で、ソ連第一九軍団による威力偵察が開始されていた。スンマ村はほんのひとにぎりの住民しかいない、ちっぽけな村だ。

しかし、この「スンマ」こそが、冬戦争のベルダンともいわれる激しい戦いがおこなわれ、マンネルヘイムライン突破戦のまさに焦点といえる場所となった。

スンマの戦線は、西のスンマ川からレニングラード〜ヴィープリ街道のとおるスンマ村を横切り、東のスンマ沼、そしてヴィープリ街道と平行して走るラハデ道を横切り、冬でも凍らず、だれも通ることのできないムナ湿地へとつづいていた。

フィンランド軍は、ヴィープリ街道とスンマ沼の東の指高地とラハデ道に、コンクリートトーチカを築いて防御をかためていた。とくに、指高地のミリヨーナ・リンナ（百万要塞）とラハデ道のポッピュクセン・リンナ（ポッピウス要塞）は、マンネルヘイムライン屈指の強さを誇っていた。

ソ連軍は、強力なフィンランド軍戦線を突破するため、秘密兵器を用意していた。それこそが、堅陣突破用に開発された新型多砲塔戦車のＳＭＫとＴ１００戦車であった。

「装軌式突破駆逐戦車」

ソ連軍は一九三三～三五年に、主砲塔に二つの副砲塔、さらに二つの機関銃塔をそなえ、乗員はなんと一一人も乗った化け物のような多砲塔戦車T35を開発していたが、これに代わるべく、一九三七年に開発をスタートさせたのが、ＳＭＫとＴ１００というふたつの重戦車であった。

これらの戦車は、「装軌式突破駆逐戦車」に位置づけられた。この戦車にはスペイン内戦の経験から、あらゆる距離から発射された三七～四五ミリ対戦車砲弾と、一二〇〇～一三〇〇メートルから発射された七五ミリ野砲弾に耐える重装甲を要求された。

この指示にもとづいて、二つのチームにより開発作業がはじまった。

ＳＭＫはコーチン技師がひきいるレニングラード・キーロフスキー工場特別設計局チームが開発し、設計を担当したのはヤメモレーエフ技師だった。なおＳＭＫという名前は、セル

装軌式突破駆逐戦車というコンセプトでつくられた巨大戦車T100試作車両

ゲイ・ミロノビッチ・キーロフ（一九三四年に殺されたレニングラード共産党書記長）の頭文字をとったもので、いやらしい共産党へのおべっかであった。

一方、T100を設計したのは、おなじくレニングラードの第一八五工場のバリコフ技師を長とするチームだった。

これらは当初、五つの砲塔を持つ多砲塔戦車として設計をスタートしたが、その数は三コに減らされ、最終的には前部に四五ミリ砲を装備した副砲塔、中央部に七六・二ミリ砲を装備した主砲塔をもつ二砲塔戦車となった。

ふたつの戦車は、外形的にはよく似た長細い車体で、SMKは五五トン、T100は五八トンの重量があった。装甲厚はSMKは最大六〇ミリ、T100は七〇ミリとなっていた。

SMKの最初のプロトタイプ車体の製作は、一九三九年一月に開始され、四月三〇日にほぼ完成して、組み立て作業場から引きだされた。

スンマ村ちかくの戦闘でフィンランド兵の爆薬攻撃により擱座したSMK戦車

最終仕上げと工場での試験をおえた車体は、七月二五日にレニングラードから軍による試験のため、クビンカ装甲試験場に送られた。最初の試験は七月三一日から八月一日にかけての夜におこなわれたというが、この特別製戦車の秘匿のためだろうか。

九月には、共産党幹部と国防委員会、軍需産業関係者へのお披露目がおこなわれ、その後、さらに技術的な試験がつづけられた。

フィンランドとの戦争がはじまったのは、ちょうどそうした試験の総仕上げの時期であった。どんな試験も、実戦場での経験にまさるものはない。というわけで、なんとたった一両しかない貴重な試作車体を、実戦投入することが決まった。

おそらくこの決定には、当初のソ連軍全体の気のゆるみ、弱体なフィンランド軍など鎧袖一触との思いがあったのだろう。しかし、これがこの巨大な怪物に、悲喜劇をもたらすことになる。

派遣にあたって、SMK戦車の乗員となった七名は、軍の戦車兵四名にキーロフスキー工場の技術者三名の混成チームで、戦車長はピエティン中尉がつとめた。

巨大な怪物は鉄道でカレリア地峡まで輸送され、一二月一三日に到着した。そこでSMKは、おなじく実戦投入されることになったT100、KVの試作車とともに、特別重戦車中隊が編成された。中隊長はコロトシキン大尉である。

中隊は第二〇戦車旅団第九一戦車大隊に配属された。この珍妙な中隊を迎えた大隊、旅団の将兵は、はたしてなにを思ったことだろうか。

現場はともかくとして、軍幹部の期待はそうとうに高かったらしい。なんと、ソ連装甲軍統括部のパブロフ将軍みずからが、他の将校をともなって姿をあらわしたのである。彼らは、「特別重戦車中隊はもっとも戦闘の激しい地区に投入される」と告げた。

怪物にくだった出撃命令

共産党幹部と技術者のオモチャをよそに、カレリアでは激しい戦いがつづけられていた。一二月一七日、メレツコフはほんらいの攻勢重心、カレリア地峡西側への攻撃を発動した。この攻勢は、スンマに向けられたものだった。

早朝からの五時間にもおよぶ準備砲撃ののち、二〇〇機もの航空機による爆撃で、戦場は完全に鋤《す》きかえされた。

午前一〇時、スンマ村からムオラー湖にいたる五つの地区で、二コ狙撃兵師団、三コ戦車旅団からなる部隊による攻撃が開始された。

「ウラー！　ウラー！」

ロシア語の叫びとともに、フィンランド軍陣地前の雪原には、数えきれないほど多数の戦車がわきだし、後方からは速足で歩兵がつづく。このころのソ連軍はカモフラージュに無頓着で、雪原の白のなかに、戦車の緑色と歩兵の茶色は、フィンランド兵にとって格好の標的でしかなかった。

スンマ村正面には、T28をふくむ約五〇両の戦車が、多数の歩兵をつきしたがえて前進してきた。戦車はフィンランド軍がキヴィと呼ぶ岩でつくった対戦車バリケードの前で止まった。

「ピカッ」

砲塔の短砲身七六・二ミリ砲がひかる。

「ズーン」

一瞬ののち、弾丸はバリケードに命中して、キヴィは割れていくつかの破片となった。戦車はバリケードの残骸を乗りこえて前進する。約一〇両の戦車がフィンランド軍の前線に突入したが、生ま身の歩兵は激しい機関銃火につかまり、前進することができなかった。

陣中に孤立した戦車は、やむなく後退した。あとには二五両の戦車の残骸と、突撃した歩兵の半数の死体が残された。

一方、重戦車中隊のSMKはこのとき、スンマの東、スンマ村とムナ沼のあいだとなる百万要塞とポッピウス要塞の防御線を突破する攻撃に投入された。そして、T100はホッティネンに投入された。

残念なことに、この日の戦いについてはなにも伝えられていない。フィンランド軍も、この怪物についてなにも語っていないところをみると、出撃はしたものの、エンジン故障かなにかで、前線まで到達できなかったのかもしれない。

一二月一九日朝、中隊はふたたび出撃した。攻撃地点は、またも百万要塞とポッピウス要塞に守られたフィンランド軍要塞線である。

朝靄のなか、赤い信号弾が発射されると、それを合図に激しい砲撃が開始された。すでに完全に鋤きかえされて荒れ地となったフィンランド軍陣地に、ふたたびものすごい弾着の土埃がまいあがる。フィンランド兵は体をかたくして、塹壕の奥に身をちぢめるしかなかった。

やがて、弾幕がフィンランド軍陣地の後方に移動しはじめると、工兵が前進して陣前に構築された障害物の撤去にとりかかった。つづいて歩兵が前進をはじめる。

SMKの内部では、すべての乗員がじりじりしながら待っていた。今日こそ、この戦車の真価を発揮するのだ。戦車長のピエティン中尉は、待ちきれずに砲塔の上にのぼって空を見あげた。

「ポシュ!　シュルルルル!」

信号弾が空にあがった。ピエティンは車内に飛びこむと、操縦手のイグナチエフに怒鳴った。

「前進だ！」

「えい！」

イグナチエフが渾身の力をこめてギアーをつなぐと、巨大な戦車はゆっくりと前進をはじめた。

イグナチエフは目をいっぱいに見ひらいて、小さな視察口から車体前方を凝視した。巨大な戦車が通るには林道の幅はせますぎて、怪物はほとんど車体側面を、松の木にこするようにして進まなければならなかった。

やがてSMKは、最初の鉄条網に到達し、それを難なく踏みつぶした。その後方に掘られていた対戦車壕も、全長八・七五メートルという巨体で、みるみる渡っていった。

その前方には、例のキヴィの対戦車バリケードがならべられていたが、SMKはこれもものともせずに乗りこえた。

怪物に四方八方からフィンランド兵の放つ銃弾が命中したが、最大六〇ミリの装甲は、びくともしない。SMKはフィンランド軍の陣地線を突破し、戦線内を暴れまわった。

前方の副砲塔、中央の主砲塔を左右にめぐらせ、フィンランド軍の塹壕を掃射する。しかし、歩兵は追従してこない。フィンランド軍の機関銃に射すくめられてしまったのだ。

敵の機関銃トーチカをつぶさねば。しかし、激しい銃撃と砲撃で、装甲こそ貫徹されなかったものの、弾片がつまったのか、砲塔は回転しなくなり、砲も射撃できなくなってしまった。

ピエティンは怪物のキャタピラで、機関銃トーチカを踏みつぶすことにした。

「イグナチエフ、左だ！」

イグナチエフが力いっぱいレバーを引っぱると、ＳＭＫはするどく左に旋回した。トーチカが目前にせまる。「のしかかる」と思った瞬間、車体の下で激しい爆発が起こった。

「地雷だ」

巨体が揺れ、エンジンがとまった。地雷ではなく、肉薄したフィンランド兵が収束爆薬を投げこんだのだ。明かりの消えた車内には、どこからか煙がはいりこんできた。擱座した怪物にフィンランド兵がむらがる。戦車兵とにわか戦車兵の工員たちは、機関銃を乱射して戦いつづけた。

しかし、ついに耐えきれず、ピエティンは爆薬をしかけて戦車から脱出することを命じた。乗員はフィンランド軍の銃撃をかいくぐって、後続のＴ１００に救出された。

擱座したＳＭＫは、フィンランド軍の戦線内部にとり残された。フィンランド軍は、この戦車を捕獲して回収しようとしたが、怪物はあまりに大きすぎて、どうしても動かすことができなかった。

ＳＭＫは、そのまま雪のなかに埋もれ、二ヵ月半後、スンマを占領したソ連軍によって、ようやく回収された。

もう一つの怪物のその後

みじめな運命をたどったSMKにたいして、T100は傷つくことなく、冬戦争を生きのびた。もっともその後、めざましい戦果をあげたという話も聞かないのだが……。

これが公式の定説となっている。しかし、こんな説もある。やはりT100も、戦場でフィンランド軍に撃破されたというのだ。しかも、その戦車は、さらにスケールアップされた怪物だったというのだ。ソ連側の記録とつき合わせるとつじつまが合わず、どうやら都市伝説のような話だが……。

伝説はこう続く。T100は一二月一九日の出撃のあと、いったんレニングラードの工場にもどされた。これは、主砲が七六・二ミリ砲では、フィンランド軍の陣地を突破するには威力不足と考えられたからである。

このため、T100の主砲に一五二ミリ榴弾砲が搭載されることになった。もちろん、そのまま元の砲塔に搭載できるはずもなく、主砲塔ごと巨大なものにとりかえられた。

改造なった怪物は二月一〇日、カレリア地峡に到着した（実際には怪物は戦争には間に合わなかった）。

怪物は二月一一日におこなわれたスンマ（なんとまだ陥落していなかったのだ！）への攻勢に投入された。

フィンランド軍のボフォース37㎜対戦車砲

激しい砲撃のあと、T100は数両のT28をともなってフィンランド軍陣地へと突進してきた。機関銃弾をばらまきながら前進する。陣地の目前で停止すると、巨大な砲塔が旋回し、太いパイプのような砲身がまわりはじめた。

しかし、スンマには新たに第三歩兵師団の対戦車砲中隊が展開していた。フィンランド軍の対戦車砲がすばやく反撃した。一発、二発は外れた。怪物はキャタピラをきしませて踏みつぶそうとする。

わずか数十メートルから発射された弾丸が、戦車の砲塔に命中、怪物は擱座した。夜になってからフィンランド兵がようすを見にいくと、乗員は車体下のハッチから脱出し、車体はもぬけのカラだった。

フィンランド側の記録によれば、怪物

はキャタピラの接地面から天辺まで二メートルはあり、太いパイプのような砲身をもつ、四～五人乗りの五〇トン級の戦車だったという。

どちらにしても、怪物たちの戦いはおわった。巨大な多砲塔戦車は、見た目はいかにも強そうだが、実戦の役には立たなかった。

これらの試作車両は、けっきょく量産されることはなかった。カレリアの雪原から回収された車体は、その後、自走砲に改造された。これらの車体は、モスクワ攻防戦に投入されたが大戦を生き残り、現在はクビンカ戦車博物館に展示されている。

第2章 厳冬の戦場に散ったフィンランド戦車隊

圧倒的な戦力で押しよせるソ連軍への反撃を命じられたフィンランド戦車隊は、訓練も装備数も不充分なまま戦場に投入された。旺盛な戦意はあるが、その結末は目を覆うものだった!

一九四〇年二月二六日　ホンカニエミ戦車戦

突破されたカレリア地峡

一九三九年一二月下旬、マンネルヘイムラインへの攻撃が頓挫したソ連軍は、いったん攻勢を中止して、両軍は前線でにらみあう態勢となった。

ソ連軍は無意味な流血を避け、爆撃と砲撃でフィンランド軍を痛めつけることにした。観測気球があげられ、砲撃は正確になった。そして、フィンランド軍を眠らせないため、二四時間、銃を撃ちつづけた。

この間、ソ連軍では司令官の交替と部隊の改編がおこなわれた。

全フィンランド方面ソ連軍の司令官だったメレツコフ元帥は、第七軍司令官に降格され、ティモシェンコ元帥がかわった。カレリア地峡の戦線は、西側半分を第七軍が担当することになり、東にはあらたに第一三軍が編成された。

ティモシェンコは、これまでのバラバラの攻撃をやめさせ、マンネルヘイムラインにたいして、十分に準備された集中的突破攻撃をしかけることにした。このため、彼は一ヵ月にわたって、部隊の集結と訓練につとめた。

フィンランド軍前線からは、ソ連軍後方でひびきわたる砲声が聞こえた。彼らはなんと最前線で訓練をおこなっていたのである。

「ズーン！　ズーン！」

二月一日朝、フィンランド軍兵士たちは、これまでにない激しい砲撃で、目をさまさせられた。ソ連軍の大攻勢の発動である。

ソ連軍はハトゥフラハティからムオラー湖畔の一六キロの戦線に、攻撃を集中した。スンマでは、最初の一時間に三〇万発の弾丸が打ちこまれたといわれる。これは第一次大戦におけるベルダンの戦いいらいの猛砲撃であった。

砲撃が一段落すると、こんどは五〇〇機もの爆撃機が、爆弾の雨を降らせた。

「ウラー！　ウラー！」

それにつづいて、戦車に支援された歩兵六コ師団もの突撃。ティモシェンコはマンネルヘイム線正面に、じつに二五コ師団余、六〇万人の大部隊を集中させたのである。

六〇万！　当時フィンランドの人口は、赤ん坊から老人まで全部たしても、たったの三五〇万人しかいなかったのに……。

彼らは、くりかえしフィンランド軍前線に押しよせ、何度か陣地線を突破したが、夜には撃退された。

カレリア地峡を進むソ連第20重戦車旅団のT28

こうした攻撃が数日間つづけられ、ソ連軍はそのたびに死体の山をつくって撃退されたが、じつはこれは、ソ連軍の本当の攻撃ではなかった。彼らはこうして、フィンランド軍陣地線の強度を調べていたのである。

二月六日、ソ連軍による本当の総攻撃が開始された。八キロの前線で、二〇〇機の航空機と一五〇両の戦車に支援された三コ師団が攻撃をおこなった。

二月七日にはムオラーが突破され、同時に、スンマへの攻撃も再開された。

攻撃はスンマのフィンランド第三師団戦区、ムオラーの第二師団戦区、クオレマ湖の第四師団戦区へと移行し、二月一一日には第Ⅱ軍全体にたいする攻撃が開始された。

ソ連軍の攻撃は、ふたたびスンマとラフデに集中した。激しい砲撃と一〇〇コ大隊もの兵士による攻撃で、フィンランド軍の前線はついに擦りきれてしまった。

二月一四日、マンネルヘイム自身が戦線を視察し、マンネルヘイムライン主防衛線からの撤退を決定した。一六日、フィンランド軍は数キロ後方の中間防衛線に撤退した。

中間防衛線への撤退は整然とおこなわれた。これはフィンランド軍のたくみな遅滞戦闘によるものだが、ソ連軍の追撃が活発でなかったことにもよった。

彼らはフィンランド軍との負け戦で、すっかり自信をうしなっていたのである。

こんなエピソードがある。ついにスンマを落とした第七軍は、モスクワにこれを報告した。しかし、モスクワでは、だれもそれを信用しようとしなかったという。

マンネルヘイムライン突破成功は、彼らを勢いづけた。フィンランド軍は中間防衛線で必死に戦ったが、ソ連軍はじりじりと前進しつづけた。

しかし、天はフィンランドに味方した。二月二一日から三日間、カレリア地峡は猛吹雪におそわれ、ソ連軍の攻撃はまったく不可能となった。ティモシェンコは、彼の部隊に休息と再編成を命じた。

急造フィンランド戦車隊

フィンランド軍は冬戦争当時、見るべき戦車戦力をもっていなかったが、けっして戦車という兵器の価値を知らなかったわけではなかった。

実際、フィンランドは一九一七年の独立のわずか二年後、一九一九年六月三〇日には戦車連隊の編成を発令した。

最初の戦車にえらばれたのは、当時ベストセラー戦車であったルノーFT17で、同年中に三二両、さらに一九二一年に二両が追加取得されている。これらの戦車は、一五両がプトー三七ミリ砲、一九両が機関銃を装備していた。

幸先のよいスタートをきったはずのフィンランド戦車部隊は、その後、完全に進歩を停止した。連隊は大隊になり、中隊に縮小された。

その原因は、フィンランドの地形では、戦車が活躍する余地があまりないと考えられたことと、戦車を買う予算がないからだった。しかしいくらなんでも、いつまでも第一次世界大戦の骨董品ではしかたがない。

ようやく後継戦車が採用されたのは、一九三六年七月二〇日のことであった。

フィンランド軍の次期主力戦車にえらばれたのは、イギリスのビッカース社が輸出用に開発したビッカース6トン戦車であった。

この戦車は小型ながら、攻撃力、防御力、機動力のバランスがとれた世界第一級の能力をもつ傑作戦車だった。このため、おおくの国が採用し、くしくもフィンランドを侵略したソ連軍も、この戦車のコピー発展型であるT26を装備していた。

フィンランド軍は三二両のビッカース6トン戦車を発注したが、その到着は予定よりおくれ、最初の車体が到着したのは一九三八年七月となってしまった。さらに悪いことに、フィ

地中に埋められたフィンランド軍のルノーFT戦車

ンランド軍では武装は自国で装備することにしていたため、これらの戦車には武装がとりつけられていなかった。

これは、すこしでも戦車の調達価格を安くしようという、フィンランド国防省の予算節約の知恵であった。しかしみみっちい銭勘定の結果は戦車就役の致命的なおくれという、悲劇的な結果をまねくことになる。

国防省は一九三九年二月に、タンペレの国立造兵廠に三七ミリ戦車砲を発注した。悪いことはかさなるもので、照準装置はドイツから購入することが予定されていたが、ドイツはこれを土壇場でキャンセルした。もちろんこれは、ドイツが不可侵条約でフィンランドをソ連に売りわたしたからだ。

このため、フィンランドは、急きょ照準装置も自力で作らなければならなくなった。

しかたがないので、フィンランド軍ではビッカース戦車に、ルノーＦＴ17から取りはずしたプトー三

ホンカニエミの戦いでソ連軍に撃破された
フィンランド軍のビッカース６トン戦車

七ミリ砲をとりあえず取りつけておいた。

しかし、これはものの役にたつ砲ではなかった。しかも、砲塔への取りつけ方がいいかげんだったため、演習弾しか撃てなかった。

けっきょく、一九三九年中に正規の武装が取りつけられたビッカース戦車は、たったの一〇両でしかなかった！

一九三九年一〇月七日、対ソ関係の悪化にそなえて、フィンランド軍戦車部隊の動員が開始された。中隊は大隊編成に拡大され、五コ中隊の編成となった。

第一、第二中隊の装備は骨董品のルノーFT17、第三、第四中隊がビッカース6トン戦車を装備し、第五中隊は予備中隊となる。

ところが実際には、ビッカース戦車の配備は遅れに遅れた。なんと、第四中隊が最初のビッカース戦車をうけとったのは、冬戦争がはじまってまるまる二ヵ月後の、一九四〇年一月二二日のことだった。

冬戦争の終わるまでに、第三中隊には武装のないビッカース戦車しか引きわたされず、第五中隊に戦車は配備されなかった。

こういうわけで、冬戦争におけるフィンランド軍独立戦車大隊は、第一、第二中隊のルノーFT17は穴に埋められて固定陣地として使われるか、捕獲戦車の牽引車として使われただけで、まがりなりにも戦車部隊として出動できたのは、第四中隊のたった一コ中隊だけだった。

戦車第四中隊出動せよ!

フィンランド軍独立戦車大隊第四中隊は、一九三九年一〇月一二日にハメーンリンナで編成された。三コ小隊に整備部隊の編成で、中隊長は現役将校のオイバ・ヘイノネン中尉だった。

第一小隊の小隊長はV・ミッコラ予備少尉、第二小隊はO・ボイオンナー予備少尉、第三小隊はJ・ヴィルニオ少尉、整備部隊はロンキュヴィスト予備中尉が指揮していた。

人員は一一八名で、うちわけは将校六名、下士官三一名、兵八一名であったが、そのうち現役の将兵だったのは、わずかに将校一名と下士官二名だけだった。そのうえ、唯一の現役将校である中隊長すら、戦車部隊を指揮した経験などなかった。

はてさて、フィンランド軍が人手不足だったからか、それとも戦車を軽視していたからなのか、真相は不明だ。

ヘイノネン中尉は中隊に赴任すると、猛訓練を開始した。といっても、戦車はまだない。ようやく一月二二日に、最初のビッカース戦車六両がとどいた。

「はあ～、こいつがビッケルスか（フィンランド兵はビッカースをフィンランド風にビッケルスと呼んだ）」

彼らは戦車戦の訓練をするというよりも、戦車なる兵器の勉強からはじめなければならなかった。

ビッカース戦車はその後、ぽつりぽつりととどいて、二月上旬には一三両にたっした。中隊定数の一七両にはまだ足りないが、なんとかまとまった数にはなった。

その他、中隊は戦車のほかにオートバイ二台（五台とも）、自動車二両、トラック一二両（一三両とも）を装備していた。

「エンジン始動！」

「ブオーォォォォ」

軽いエンジン音とともに、戦車の後部から薄紫色の煙りと白い水蒸気が吐きだされる。

「発進！」

操縦手はかたい変速レバーを、力づくで押しこむ。

「クラッチをゆっくりつなげ」

「キュラキュラキュラ」というキャタピラのこすれる音をのこして、戦車がゆるやかに走りはじめる。

「右だ、左だ」

操縦手は左右の操向レバーをひいて、戦車の進行方向を定める。

戦車の操縦にはなんとか習熟したものの、主砲の三七ミリ砲の射撃訓練はまだだった。なにせ、工場から到着したまま、主砲と照準器の調整すら、まだすませていない。

しかし中隊には、十分に戦車を使いこなすだけの時間はのこされていなかった。急を告げるカレリア地峡の戦況は、のんびり彼らの錬成を待ってはくれなかった。

ソ連軍の大攻勢によって、カレリア地峡の中間防衛線にさがったフィンランド第Ⅱ軍団は、かろうじて戦線をささえていたものの、各所でソ連軍が突破し、前線は穴だらけになっていた。

第Ⅱ軍団司令部は、使えるものはなんでも投入して、ソ連軍のあけた穴をふさごうとした。やっと編成されたフィンランド軍唯一の戦車部隊、この貴重な打撃戦力を、なぜ遊ばせておかなければならないのか。

第Ⅱ軍団長のヨークイスト中将は、この部隊が訓練未了の「張り子の虎」だとは知るよしもなかった。いや、わかっていたとしても、出動を命じないわけにはいかなかった。

二月二三日、独立戦車大隊第四中隊は鉄道に乗って、カレリア地峡の戦場にいそぎ赴くことになった。

二四日一八時一五分、中隊はホビマーに到着し、すぐに同地の第Ⅱ軍団の指揮下にはいった。休む間もなく中隊は、戦線西部の防衛線に配備されることになり、道路を使ってヴィープリにちかい、マルクンリンナまで前進することになった。

二二時四〇分に中隊は目的地に到着し、ふきんの民家とテントに分宿して休むことができた。

翌日、中隊長のヘイノネン中尉は、第Ⅱ軍団司令部に出頭した。中尉は夕方一六時になって、驚くべき命令をうけた。

「ヘイノネン中尉、貴官は第三猟兵大隊と共同して、ただちに反撃作戦を開始するのだ」

反撃作戦――お言葉ですが、わが中隊はまだ射撃訓練もすませておらず、周囲の地形もろくに偵察していないのです。こんな状態で出撃するなど、自殺行為であります。

中尉はこう言いたいのを、ぐっとこらえた。

一八時三〇分、中隊は給油のため、カルフスオにむかって移動した。ヘイノネン中尉は小隊長らに命令を伝達し、地図を前にして、作戦計画を説明した。地図だけでは、現地の状況ははっきりしない。しかし、隊員みずからが偵察する時間はなかった。

「現地の地形は……、歩兵との協同は……」

疑問に答えられる人間はいなかった。小隊長、各戦車長、そして、ヘイノネン自身も確信をもてないまま、解散するしかなかった。

その日の夜二二時一五分、ヘイノネン中尉と第三猟兵大隊長のI・クンナス大尉は、翌朝、ホンカニエミで反撃をおこなうべしとの最終的な命令を受領した。

反撃開始時間は午前五時、場所はホンカニエミ駅の北、レニングラードとヴィープリをむすぶ鉄道線路とナッキュ湖のあいだの敵前線を突破して、敵を南に押しもどすのだ。このあたりは森がとぎれて、一面の乾燥畑となっており、ところどころに農場と建物が散在していた。

二人とも、部隊が戦闘準備をととのえるために、多少の時間の猶予がもらえるよう要請した。しかし軍団司令部は、この要請さえもうけいれず、ただちに反撃にうつるよう命じた。

こうして、フィンランド戦車隊の悲喜劇の幕はあがった。

ホンカニエミ戦車戦始末

二六日未明、真っ暗闇のなか、気温は零下二〇度にまで下がった。中隊長の命令が伝達される。

「エンジン始動!」

各車はいっせいにエンジンをまわしだす。どうにか全車のエンジンがかかった。

「発進!」

操縦手がギアーをいれると、キャタピラはこおった大地を踏みしめ、ゆっくりとビッカース戦車は動きはじめた。戦車は森のなかの小道を、一列になって行軍していった。

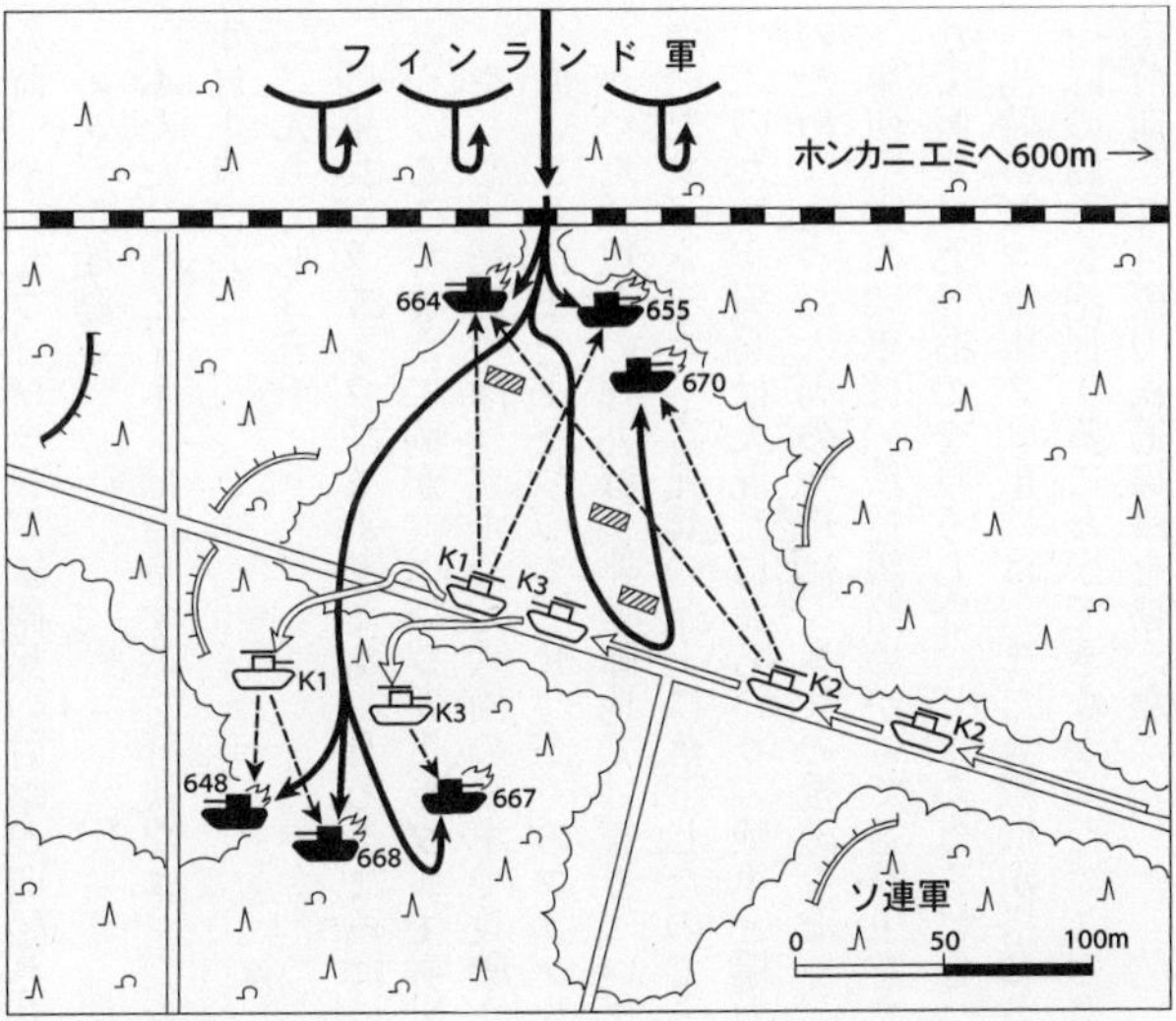

極寒のなかの夜間行軍は、ビッカース戦車に大きな負担をかけた。戦車は行軍途中で一両、また一両と動かなくなった。どうやら、燃料にわずかにふくまれていた水分が、寒さでこおって燃料供給システムを故障させたらしい。

全部で五両の戦車が行動不能となって、後方にとりのこされた。中隊にのこされたビッカース戦車はたったの八両、戦力は戦わずして半減した。

攻撃開始時刻がちかづく。暗闇のなか、ヘイノネンは中隊の全戦力、八両のビッカース戦車を攻撃発起点であるユッカラの農家の前に整列させた。しかし、なかなか予定された準備砲撃がはじまらない。

じりじりしながら待つこと一時間。地響きのような轟きが聞こえた。午前六時、やっとフィンランド軍砲兵の射撃が開始されたのだ。

「エンジン始動！」

ふたたびヘイノネンは命令する。軽快なエンジン音がとどろくが、666号車と672号車にトラブル。

「こんちくしょう」

戦車兵がクランクをまわしても、どうしてもエンジンはかかろうとしない。なんということか、ここでまた二両が、エンジントラブルで動けなくなるとは。

やむなく第四中隊は、たった六両の戦車で攻撃を開始することになった。

悪いことはまだまだつづく。せっかくのフィンランド軍砲兵の射撃は、すこし距離が足りなかった。彼らの弾丸はソ連軍陣地ではなく、いままさに攻撃しようとして、攻撃発起点についたフィンランド軍猟兵の頭上に落下したのである。

このため、猟兵は大混乱におちいり、戦車と協力して行動することができなくなった。このため、たった六両の戦車は、歩兵の援護もなく、ソ連軍の前線に突撃を開始した。

第四中隊の戦車は、鉄道線路めがけて道路上をまっすぐ進んでいった。しかし、暗闇のなかで戦車はおのおのを見うしない、ばらばらになってしまった。

当時のビッカース戦車には、まだ無線機が搭載されていなかったため、ヘイノネン中尉も、中隊の動きを把握することができなかった。このため、中隊の戦車は指示のないまま、勝手に前進して目標の鉄道線路を越えた。

ソ連軍は、ナッキュ湖の北端からホンカニエミ北の鉄道線路、そこから東にのびる戦線に第二三狙撃兵師団の歩兵が布陣し、第三五戦車旅団が支援していた。

第三五戦車旅団の装備は、フィンランド軍のビッカース6トン戦車の兄弟のT26だった。T26の装甲はビッカースより厚く、武装もより強力な四五ミリ砲だったが、ほんらいならば性能に、それほどの相違はなかった。

鉄道線路を越えてきたフィンランド軍戦車にたいして、ソ連軍の戦車は鉄道線路と並行する道路を前進してきた。K1、K2、K3の三両が前進する。

「タンキ、フィンスカ・タンキ！」

K1、K2は線路を越えたフィンランド軍戦車を発見すると、発砲した。664号車は線路を越えてまもなく、両車の弾丸を浴びて擱座した。

もっとも664号車は、鉄道線路を越えたものの、その先の溝が越えられず、そうこうするうちに砲塔の旋回装置が故障したため、ユッシラに帰ったともいう。ただし、フィンランド側の資料でも、ホンカニエミでうしなわれたとなっている。

さらにK1は、655号車を射撃して擱座させた。この間、フィンランド軍のヴォルミオ予備少尉の乗る670号車は、森のなかをさまよっていた。

「線路を越えます」

操縦手は報告する。ヴォルミオは、視察スリットのせまいすき間から周囲を見わたす。

「猟兵がついてこないぞ、いったんもどろう」

6 7 0車は鉄道線路を越えたものの、猟兵がついてこないため、行きつ戻りつしていた。
「だめだ、全然見あたらない、もどせ」

三度目に線路にもどろうとしたとき、ソ連軍の戦車にでくわした。

「敵戦車だ、徹甲弾！」

ヴォルミオはすばやく照準すると、徹甲弾をおみまいした。敵戦車は直撃弾を食らって撃破されたという。ただし、ソ連側の記録には見あたらない。K 2がその戦車なのか。

しかし、ただではすまなかった。6 7 0号車を発見したソ連軍のK 2は、すぐさま反撃した。

「アゴーイ！」

四五ミリ徹甲弾が赤い炎をひいて飛んでいく。砲塔に命中。

「やられた、脱出！」

ヴォルミオは負傷し、乗員は戦車を捨てて脱出した。

第一小隊長ミッコラ予備少尉の6 4 8号車は、線路を越えると、道路も越えて、ソ連軍戦線の後方にはいりこんだ。雪のなかに張られたソ連軍のテントを見つけた。しかし、テントはすでにめちゃめちゃに破壊されている。

テントのうしろには、二両のソ連戦車がいた。ソ連戦車はエンジンを始動中で、おりしも戦車に乗員が乗ろうとしていた。

「敵戦車だ、徹甲弾！」

ヴィボルグ市内のBA10装甲自動車

　648号車は三七ミリ砲を発射したが、弾丸はあらぬ方向に飛んでいった。

「装塡！　発射！」

　たてつづけに発砲したものの、照準器の調整もおえていないのだから、当たるはずもない。そのとき、機銃手が車体機銃のスオミ短機関銃を発砲した。

「カン、カン、カン」

　ソ連戦車の装甲板で機関銃弾がはねかえり、敵戦車兵が戦車から撃ちおとされた。これもソ連軍の記録にない。二両とはK1、K3なのだろうか。

「やった！」と思ったのもつかの間で、今度はソ連軍の徹甲弾が648号車の砲塔に命中した。弾丸は三七ミリ砲を破壊し、戦車長と装塡手のあいだを飛び抜けていった。道路からはずれ、森のなかを機動してきたK1の仕業である。

「行動不能！」

　操縦手がほとんど悲鳴にちかい叫び声をあげる。

「脱出！」

ミッコラたちは戦車を捨てて脱出した。648号車を擱座させたK1は、さらにふきんで668号車も撃破した。

セッパラ予備下級軍曹の乗る667号車は、やはり猟兵がついてこないため、一度越えた線路を越えて、後方にもどった。しかし、誰もあらわれない。

「しかたがない、我々だけで前進しよう」

セッパラは戦車を前進させた。一五〇メートルほど走り、道路を越えて森にはいったところで、「ガーン」と戦車に突然の衝撃が走った。

K1につづいて森のなかに進出したK3が射撃したのだ。667号車は砲手が負傷し、戦車も行動不能になってしまった。

このとき、670号車を脱出したウーテラ予備伍長がやってきた。

伍長は負傷した砲手にかわると、擱座した戦車から射撃をつづけ、二両のソ連戦車を撃破した。これもソ連側の記録にはない。

しかし、667号車はもう一発の弾丸を食らい、ついにおしゃかになった。

こうしてフィンランド軍戦車隊のささやかな反撃はおわった。中隊は六両の戦車をうしない、なんら得るところはなかった。失敗の原因は、考えるまでもなくいくつでもあげられる。司令部の無茶な命令、戦車部隊と歩兵部隊の戦車へのふなれ、通信、連絡手段の不足etc.しかし、不利な状況下で敢然と戦ったフィンランド戦車兵の勇気は、賛えられなければならないだろう。

その後、生きのこった666号車と672号車は、二九日にホンカニエミでの防衛戦に投入されたが、ソ連軍第二〇重戦車旅団のT28に撃ちとられたという。ホンカニエミ戦車戦に参加したビッカース戦車は、655号車だけがフィンランド軍に回収されたが、この車体も修理されることはなかった。

一方、ソ連軍はホンカニエミの戦場に遺棄されたビッカース戦車三両を回収した。このうち668号車は、モスクワ近郊のクビンカ装甲試験場で調査されたという。この車体のその後の運命は不明である。

第3章　北欧の荒れ野を疾走した「新式車両」

第二次世界大戦のぼっ発により戦略的に重要な意味をもつ中立国ノルウェーを武力占領するため進攻したドイツ地上部隊には「新式車両」とよばれる奇妙な多砲塔戦車の姿がみられた！

一九四〇年四月九日〜二四日　ノルウェー侵攻作戦

戦略的重要国ノルウェー

ヨーロッパ大陸の北のはずれ、大陸におおいかぶさるように西にのびた半島、スカンジナビア半島がある。この半島の西側、北大西洋と北極海に沿った細長い部分がノルウェーである。

その国土は南北に長く、その距離は南端のリンデスネスから北端のノールカップ岬まで、直線距離でじつに一七五〇キロにのぼる。海岸線は氷河がけずったフィヨルドとよばれる地形で、天然の良港をかたちづくっている。一方、平地はすくなく、地上交通路はきわめて限定されていて、移動は困難である。

ノルウェーは、南部ではデンマークとともにバルト海の入り口をやくし、さらにイギリスに向かいあって北海南部を制する。そして中部では、アイスランドと向かいあうようにして北大西洋を制し、さらに北部で北極海にのぞむ。

また北部のナルヴィクは、スウェーデンにつながる鉄道の終点で、キールナ、イエーリバレといった鉱山で産出される鉄鉱石の積みだし港となっている。このため、ノルウェーの意図とかかわりなく、その国土そのものが、戦略的にきわめて大きな重要性をもっている。

第一次世界大戦で中立を守ることに成功したノルウェーは、一九三九年九月に勃発した第二次世界大戦でも、第一次世界大戦同様に中立をたもとうとした。

しかし、前回とはことなり、今回は周囲の大国が、それを許そうとはしなかった。その理由はいくつかあるが、最大のものは、スウェーデンの鉄鉱石であった。

スウェーデンの鉄鉱石は、ドイツの戦争遂行をささえる貴重な資源であった。その輸送は、夏季はボスニア湾を経由してドイツに直接輸送することができるが、ボスニア湾北部が凍結する冬季は、鉄道でノルウェーのナルヴィクに送って船に載せ、ノルウェー沿岸をとおってドイツに向かう。

ノルウェーが中立であれば、船がノルウェー領海をとおるかぎり、連合軍は手をだすことができない。チャーチルをはじめとする連合国首脳部は、これを苦々しく思っていた。

一九三九年一一月三〇日に勃発したソ連とフィンランドの戦いは、連合国にとって、北欧への介入の絶好の機会となった。連合国はフィンランド援助を口実に、ノルウェー北部とスウェーデンの鉱山地帯に部隊を展開させようとした。

しかし、ノルウェーとスウェーデンは中立の立場から、これに抵抗した。連合国は両国の反対を無視して、作戦を強行することに決したが、作戦決行日を前にして、フィンランドがソ連と和を結んだために、作戦は未遂におわった。

ただし、連合国は直接侵攻は暫時中止したものの、ノルウェー海域への関心はなくさなかった。

彼らは、陸上部隊を送って直接占領するとともに、機雷でノルウェー海域を封鎖することにした。こうすれば、たいした手間もかけずに、ドイツ商船の行動を封鎖できる。もちろんこれもノルウェーの中立侵犯にはちがいなかったが、このさい、そんなことは気にしてはいられない。

連合国は三月二八日、ノルウェー水域への機雷敷設作戦を正式に決定した。

この作戦はスタヴァンゲル、ベルゲン、ナルヴィクへ部隊を上陸させる「R４計画」と、ノルウェー海域への機雷敷設の「ウィルフレッド作戦」からなっていた。作戦実施日は四月八日が予定された。

一方、ヒトラーもおなじく、ソ・フィン戦争ともうひとつの事件「アルトマルク号拿捕事件」で、これをはっきり意識することになった。

この事件は一九四〇年二月一六日におこったもので、イギリス海軍がノルウェー領海内を航行しているドイツ特設商船アルトマルク号を拿捕して、収容されていた連合軍捕虜を奪回したものである。

これははっきりと、連合軍がノルウェーの中立を尊重する意思はなく、ノルウェーの側も意思はともかくとして、現実に連合軍の攻撃にたいして、中立を維持する実力はないということを示していた。

ヒトラーは二月二一日、ファルケンホルスト将軍にノルウェー侵攻作戦の立案を命じ、三月一日、正式にノルウェー（およびデンマーク）侵攻作戦を命令した。名称は「ヴェーゼル演習作戦」である。

ナルヴィク攻撃指揮官・ディトル中将

四月七日から八日にかけて、両軍は作戦を開始した。連合軍は機雷の敷設をおこなったが、ノルウェー侵攻の機先を制したのは、ドイツであった。四月九日早朝、ドイツ海軍はオスロ、アーレンダール、クリスチャンサン、エーゲルソン、ベルゲン、トロンハイム、ナルヴィクに陸軍部隊を上陸させ、空軍はオスロ、スタヴァンゲルに空挺部隊を降着させた。しかし、ノルウェー軍は激しく抵抗し、侵攻作戦はドイツ軍の予定どおりには進まなかった。

第四〇特別編成戦車大隊

「ヴェーゼル演習作戦」は、ドイツ軍史上最大の着上陸作戦であった。しかしその実態は、空挺部隊はともかくとして、上陸部隊はのちのノルマンディ上陸作戦時の連合軍のように、敵前に強行上陸できるようなものではなかった。実際、上陸部隊には、一コの機甲師団もふくまれていなかった。

のちのイギリス上陸作戦「あしか作戦」の中止でわかるように、ドイツ陸海軍には、そう

ドイツ軍は英仏連合軍の先手をうってノルウェーに侵攻した

した部隊を上陸させることのできる装備はなかった。

しかし、「ヴェーゼル演習作戦」の支援のために、ドイツ陸軍は一九四〇年三月はじめ、第四〇特別編成戦車大隊とよばれる急造部隊を編成した。この部隊は三コの別々の戦車連隊から抽出された三コ軽戦車中隊から編成された、まさに寄せ集めであった。

隊員のカメラードシップ（戦友愛）も育っておらず、部隊の戦力発揮に不可欠な共同訓練もおこなわれていなかった。

戦力も不十分で、それぞ

れの軽戦車中隊は三コ小隊しかなく（のち四月二五日に補充のために二コ小隊が増派された）、その装備も、ほとんどが小銃弾にもあやういペラペラの装甲と機関銃しか装備していないI号戦車だった。

もうすこしまともなII号戦車も、増加装甲を装備した改修車体は数えるほどで、主力戦車のIII号戦車、IV号戦車にいたっては一両も配備されていなかった。

この戦力で、なにをしようというのか。しかし、ノルウェー軍など鎧袖一触、なにほどのこともあるまい。

一九四〇年四月九日、第四〇特別編成戦車大隊は出動した。

「パンツァー・マールシュ」

「ババババババ」という戦車ににつかわしくない軽いエンジン音がひびき、おもちゃのような軽いキャタピラの音をのこして、大隊のミニ戦車は走りだした。走りだした……、海の上なのに。

そうではなく、大隊のうち第一、第二中隊はデンマーク侵攻作戦に参加したのだ。デンマークは、コペンハーゲンの王宮がドイツ軍空挺部隊にいちはやく制圧されたことで、あっという間に作戦はおわりを告げた。これらの中隊は、のちにノルウェーに送られることになるが、それは四月二四日のことであった。

これにたいして、最初から船積みされてノルウェーに送られることになったのは、第三中隊ただひとつだけだった。一コ大隊しかないのに、それをさらにこま切れにしたのだ。

しかし、その第三中隊になかなか出番はこなかった。やっと四月一七日になって、第三中隊の一両のI号戦車と二両のII号戦車を搭載した貨物船「ウルンディ」号は出港した。中隊の残余は、おなじ日にオルデンブルクに到着した。しかし、この中隊は運がなかった。オスロに向かった中隊は、「アンタリスH」の沈没で、戦わずして五両の戦車をうしなったのである。

このため中隊は、貴重な、あるいは奇妙な増援を得ることになる。その部隊は、指揮官のホルストマン中尉の名前をとってホルストマン小隊とよばれた。小隊はドイツから直接、船でノルウェーに送られ、四月一九日朝、オスロに上陸した。

ホルストマン小隊は、奇妙な戦車を装備していた。その戦車は「新式車両」という名前をもっていた。しかし、その実態は「新式車両」というより、「旧式車両」というのがふさわしかった。なんと小隊は、戦闘行動を前にして、上陸後にオスロ市内でパレードをおこなったが、「新式車両」は戦闘よりも、どちらかといえばパレード向きであった。

珍戦車「新式車両」登場

さて、この「新式車両」とは、いかなるものであるのか。それはまだ戦車開発の方向性が確定する前にドイツ軍がつくりだした、見た目は「無敵の怪物」、その実態は「張り子の虎」であった。

一九三〇年代はじめ、ドイツ軍は将来の戦力構想として、のちのⅢ号、Ⅳ号戦車につながる近代的な戦車開発の方向をまとめつつあった。しかし一方で、かつての菱形戦車につらなる重武装の突破用戦車の思想も捨てきれてはいなかった。

これはイギリスのインデペンデント戦車、ソ連のT28やT35とおなじ、いわゆる多砲塔戦車といわれる車体で、主砲塔に榴弾威力の大きい大口径の砲を装備する一方、副砲塔に機関銃を装備して、軽、中戦車を支援する車両であった。

この車体は「新式車両(ノイバウファーツォイク)」として、一九三四年一月、正式にラインメタル社に開発が命じられた。仕様書によれば、この車体は重量二〇トン級の重戦車で、武装は中央の主砲塔に七・五センチ砲と三・七センチ砲、その前後の副砲塔に、それぞれ機関銃を装備するというものだった。

軟鋼製のプロトタイプ二両は一九三四年末に完成し、これを改良し、装甲鋼板でつくられた増加試作車体三両は一九三五年に完成した。

車体は大柄で全長は六・六メートル、高さはなんと二・九八メートルもあった。履帯の高さも人の背丈ほどもあり、車体側面の装甲カバーには古臭い雰囲気がのこる。そして、その車体中央には、一段高く砲塔がそびえていた。

砲塔は、全体的デザインはⅢ号戦車に類似していたが、はるかに大型で、なんと武装は左右に七・五センチ砲と三・七センチ砲がならべて配置されていた。さらに、前面右にはボールマウント式機関銃も装備されていた。そして、車体右前方と左後方には、Ⅰ号戦車の砲塔

ドイツが1934年に開発をはじめた重量20トン級の多砲塔重戦車「新式車両」

に似たデザインの副武装の機関銃塔が装備されていた。

見た目のいかつさにくらべて、装甲は最大の車体前面でも二〇ミリしかなく、砲塔前面、防盾が一五ミリ、その他の部分はたったの一三ミリしかなかった。それでも車体の大きさがわざわいして、重量は、当時としては重戦車級といっていい二三・四一トンもあった。

それにもかかわらず、エンジン出力は二三〇馬力しかなかった。しかも、足まわりは小直径の転輪を、ムカデのように多数を、二コずつペアーにしてリーフスプリングで懸架した古臭いものであった。

このため、最高速度は二八キロ／時しかなく、機動力はそれほど悪くはなかったとはいわれるものの、大柄な車体はこまわりがきくはずもなかった。

こうして、なんとかかたちになった新式車

両だが、いざ完成してみると、もはやドイツ軍にその居場所はなかった。Ⅲ号戦車を主力戦車、Ⅳ号戦車を支援戦車とする快速戦車部隊にとって、鈍重な多砲塔戦車はお荷物でしかなかったのだ。

突破戦車としても、やたら大柄なだけで、装甲も薄いので使いようがない。生産コストも高く、貴重な戦車乗員が六名も必要と、なにもいいところはない。結局、新式車両の量産型は発注されなかった。

プロトタイプの二両は、一九四〇年までプトロスの戦車学校で訓練用に使用された。なんといっても装甲板でできていないのだから、実戦で使うわけにはいかない。しかし、三両の増加試作型はどうか。こちらはいちおう装甲もあり、Ⅰ、Ⅲ、Ⅳ号戦車をたしたのとおなじ武装を搭載している。この貴重な戦力を遊ばせておく手はない。こうして新式車両の実戦投入が決まった。

暴れまわった多砲塔戦車

ドイツ軍のノルウェー奇襲占領にたいする連合軍の対応はすばやかった。いつもはぐずぐずと行動のにぶい彼らが何故？

それはもちろん、彼ら自身がノルウェー上陸作戦を準備していたからである。彼らは四月一五日にノルウェー北部のハーシュタ、ナルヴィクに英第二四近衛旅団を中心とする英仏ポーランド軍部隊を送り、四月一六／一七日には中部のナムソスに英歩兵第一四五旅団を、四月一八日には南部のオルダルスネスに英第一四八歩兵旅団を上陸させた。

ドイツ軍は、オスロから南東のバルデン、南西のアーレンダールをおさえ、西のゴールに向かった部隊は、ベルゲンからの部隊と接触して、南ノルウェーの制圧をめざした。

一方、オスロから北のハーマル、リレハンメル方面に向かい、さらに北のトロンハイムに向かって、トロンハイムから南下した部隊と握手するとともに、連合軍の上陸したオルダルスネスを攻略する。そして、トロンハイムからは北上してナムソスを攻略するとともに、ナルヴィクの救援に向かった。

オスロのホルストマン小隊は、第一九六歩兵師団に配属されることになった。師団はオスロを占領したのち、イギリス軍を駆逐すべく北に進撃を開始した。

四月二〇日朝、小隊は行動を開始した。

「乗車、エンジン始動！」

ホルストマン中尉は、小隊員にやつぎばやに命令をくだす。エンジンが重々しいうなり声をあげ、マフラーからは白煙まじりの排気が、息つくように吐きだされた。

「パンツァー、マールシュ！」

操縦手がギアをいれると、巨大な陸上戦艦はゆっくりと前進を開始した。

キャタピラとこすれあったオスロの石畳が悲鳴をあげる。

「操縦手、慎重にやれ」

新式車両は巨大なうえに操縦しにくい。操縦手は頭上のハッチから頭をだしてさえ、右側は機関銃塔でまったく見ることができないのだ。

徒歩行軍する歩兵の隊列を新式車両が追い越していく。歩兵たちははじめて見る巨大な戦車に目を丸くした。

「すごいもんだな、新しい戦車は。小山のように大きくて、大砲や機関銃がいくつもついてるんだ」

目撃した兵士は、鼻高々に自慢した。

意外にも新式車両は役にたった。悪路で砲兵部隊が必要なときに必要な場所に到着できなかったが、新式車両の七・五センチ砲は砲兵のかわりをはたすことができた。敵の激しい抵抗で歩兵部隊が足どめを食うと、すぐにホルストマン小隊に命令が飛んだ。

「了解　パンツァー、フォー！」

ホルストマンの命令で、新式車両が巨体をゆすって動きはじめる。

「目標、前方の家屋。榴弾こめ、フォイエル！」

新式車両は、敵部隊が立てこもった拠点に七・五センチ榴弾をたたきこんだ。当時としては大口径の七・五センチ砲の威力は絶大だった。敵の拠点は沈黙し、部隊は前進を再開した。

もうひとつ役にたったのが、発煙弾発射能力だった。発射能力？――そんなおおげさな話ではない。要するに新式車両の七・五センチ砲にしか、発煙弾が用意されていなかったということである。とくにこれは、敵が山岳地帯の斜面に陣をはったときに重要だった。

「パンツァー、フォー！」

命令が飛ぶ。

「発煙弾　フォイエル！」

敵の目の前の斜面は、発火した発煙弾から立ちのぼる白煙でおおいかくされた。煙りにまぎれて、敵陣に歩兵が殺到した。短機関銃の火線がはしり、ノルウェー兵は追いはらわれた。

さらに、例の機関銃塔も役にたった。山岳地帯の小道を走りながら、新式車両は左右に陣どる敵に、右に左に機関銃火を浴びせることができたのである。このため、敵は釘づけになり、歩兵の突撃で撃退された。

のちに第四〇特別編成戦車大隊指揮官から軍当局に送られた報告書では、こうした新式車両の利点が書きつらねられ、新式車両が戦車部隊の先頭にたち、他の戦車をひきいて攻撃をおこなうべきだと主張している。

これでは、新式車両が理想の突破戦車のようだが、そうなったのはノルウェー軍にまともな対戦車兵器がないからだった。もしノルウェー軍に対戦車砲、いや対戦車ライフルでもあればどうなったか。

ペラペラの装甲で巨大な的の新式車両が、敵の目と鼻の先で、ゆうゆうと敵の火点つぶしなどできるはずがなかった。そのとき沈黙するのはどちらの側となるか、結果は火を見るよりもあきらかだった。

心配された機動力は、歩兵部隊とともに前進するぶんには、問題とならなかった。二四トンの重量にもかかわらず、なんと五トンクラスか、それ以下の橋でさえ渡ることができた。そして、ノルウェーの山岳地帯の細い道も通行することができたという。

問題は、やはり大きすぎるサイズで、新式車両が通行するときは、完全に道をふさいでしまい、反対側の交通が完全に不可能となった。

ノルウェー攻略戦の終結

四月二四日の第四〇特別編成戦車大隊の状況は以下のようなものとなっていた。

第一軽戦車中隊はフォン・ブルシュティン大尉指揮のもと、I号戦車一二両、II号戦車五両、小型指揮戦車（I号A型ベース）二両、新式車両一両（故障）をもって、フィッシャー戦闘団（第三四〇歩兵連隊基幹）を支援。

プライス中尉はリレハンメルの近くで、I号戦車三両、II号戦車三両、小型指揮戦車二両、新式車両二両（うち一両故障）をもって、第一九六歩兵連隊を支援。

第三軽戦車中隊はニードリーク大尉指揮のもと、I号戦車五両、II号戦車六両、小型指揮戦車一両をもって、第一六三歩兵連隊を支援。

第二軽戦車中隊の一コ小隊はライヴィッヒ中尉指揮で、I号戦車四両、II号戦車一両を保有。

第二軽戦車中隊（一コ小隊欠）はテールケ大尉指揮のもと、I号戦車五両、II号戦車三両

高地からノルウェー軍の射撃を受けて地面に伏せるドイツ自転車部隊

でオスロに駐屯。

第四〇特別編成戦車大隊の保有戦車数は合計すると、I号戦車二九両、II号戦車一八両、小型指揮戦車四両、新式車両三両であった。

大活躍の新式車両に、このあと悲劇がおそう。それはリレハンメル近郊でのできごとであった。一両の新式車両が、機械故障で立ち往生したのである。新式車両は完全に道を塞いでしまい、部隊は前進不可能となった。

もとより部品不足で、修理もままならない車両が、すぐに動けるようになる可能性はなかった。もはやこれまで。貴重（?）な新式車両は、道をあけるために爆破された。

ノルウェーの戦闘は、ドイツ軍が四月二五日にリレハンメルふきんで、オンダルスネスから南下したイギリス軍部隊を撃退することに成功した。

オンダルスネスのイギリス軍は五月一日に撤退し、二日にはドイツ軍がオンダルスネスに入った。一方ナムソスのイギリス軍も、五月二／三日には撤退した。

のこるはナルヴィクのみ。ナルヴィクでは二度の海戦でドイツ海軍部隊は全滅し、とりのこされた陸兵は、山にたてこもって抵抗するしかなかった。彼らは補給を断たれ、ほとんど全滅寸前となった。

救援のドイツ軍部隊は、五月一〇日にはモショエンにはいり、五月一四日にはモイラーナにたっした。彼らは五月三〇日にはナルヴィクまであと二〇〇キロのファウスケにたどり着いた。

しかし、それ以上進撃する必要はなかった。フランスでの連合軍の敗北の結果、連合軍はノルウェーになどかまっていられなくなったのである。

六月六日に連合軍はナルヴィクから撤退し、ようやくナルヴィクはドイツ軍に占領されたのである。

第四〇特別編成戦車大隊は、ノルウェー戦後期にはほとんどがオスロにとどまった。ノルウェー中部の進撃に参加したのは、第一中隊に配属されたI号戦車六両、II号戦車五両、小型指揮戦車一両だけであった。彼らがどのような活躍をしたかは定かではない。

第４章　カレリア原野に呑みこまれた戦車大隊

「バルバロッサ作戦」を発動したヒトラーは冬戦争でソ連に苦杯を喫したフィンランドと手を結び、援ソ物資の陸揚げ地ムルマンスクめざして荒れ野が拡がるカレリア地方に侵攻した！

一九四一年六月二九日～九月一日　極北のソ連侵攻戦

あらたなる極北での作戦

一九四〇年六月、ノルウェー侵攻作戦はおわった。これによって、ノルウェーはドイツの占領下におかれることになったものの、北欧にはいちおうの平穏がおとずれた。

ノルウェー占領作戦に活躍した第四〇特別編成戦車大隊は、作戦終了後、本隊はオスロ近郊の基地に駐屯し、第一中隊のみが派遣されたノルウェー北部にとどまっていた。

その任務は、おそらく占領下のノルウェー人にたいするおさえの意味と、イギリスの侵攻におびえるヒトラーによって、ノルウェー防衛の要《かなめ》とされたのであろう。

彼らは旧式機材ばかりを装備した弱小部隊であったが、ドイツ軍にとっては、貴重な戦車部隊であることはまちがいなかった。そう、ドイツ軍戦車部隊のなかで、ヨーロッパ大陸とはまったくことなる北方の荒れはてた土地での戦闘経験を有する部隊は、彼らしかなかったのだ。

一九四一年、ヒトラーのソ連侵攻の意図がしだいに具体化するにしたがって、第四〇特別編成戦車大隊にも、あらたな任務が付与されることになった。極北からのロシア侵攻である。

一九四一年六月二二日に開始された「バルバロッサ」作戦で、ドイツ軍は北方軍集団、中央軍集団、南方軍集団の三集団で、レニングラード、モスクワ、キエフの三方をめざしたが、ささやかな支作戦として、フィンランドからムルマンスクとムルマンスク鉄道をめざす侵攻計画がたてられた。

ムルマンスクは北極海にのぞむソ連の港である。この港は北極圏内にあるにもかかわらず、はるばるメキシコから流れくるメキシコ湾流の影響で、冬でも凍らない不凍港となっている。そしてムルマンスクからはえんえんレニングラード、そしてモスクワへとつづく重要な輸送ルートのムルマンスク鉄道が走っていた。

このため、ムルマンスクの占領とムルマンスク鉄道の切断は、ソ連の補給ルートを断つうえで、大きな意味をもっていた。

もっともドイツ軍は、当初はこの作戦にそれほどの重要性があると思っていなかった。その証拠に、あたえられた兵力は、じつにささやかなものだった。一方、ソ連側にとっても、やはり当初は無視はできないにしても、格別に重要な都市であり、ルートであるわけではなかった。

ムルマンスクとムルマンスク鉄道がにわかに重要性をおびるのは、そこが連合国からソ連への補給物資の大動脈となってからの話である。

ドイツのソ連侵攻計画の進展にしたがい、彼らは、にわかにフィンランドに接近した。かつて独ソ不可侵条約の秘密議定書で、フィンランドをソ連に売りわたしたにもかかわらず、なんと厚顔無恥な。しかし、これが国際政治の現実。

一方、フィンランドも冬戦争で講和したものの、その後もソ連の政治的圧力は高まるばかりで、対抗するためには、ドイツにすがるしかなかった。こうしてフィンランドはドイツのソ連攻撃計画に組みこまれていく。

ドイツ軍による極北侵攻作戦では、侵攻部隊は三つの主要攻撃方面に集中させることが決められた。

まず一番北では、ペッツァモから北の荒野を通って、直接ムルマンスクを狙うことになった。中央部では、まず冬戦争以前はフィンランド領であったサッラに向かい、それから白海に面した港カンダラクシャに進む。一番南では、ウフトゥアからムルマンスク鉄道のとおるロウヒをめざすことになっていた。

第四〇特別編成戦車大隊の本隊は、オスロからフィンランドまで、「ブラウフクス（青ギツネ）2」作戦によって輸送された。ただし、北部ノルウェーにあった第一中隊は、第二山岳師団とともに、そのままノルウェー領内をとおってキルッコニエミからペッツァモに移動した。

ペッツァモには、当時としてはヨーロッパ有数のニッケル鉱山があったが、この鉱山こそが、戦争経済を錦の御旗にしたヒトラーが、フィンランドを戦争にひきずりこんだ理由のひとつであった。

作戦準備は思うように進まなかった。というのも、ドイツ側は作戦計画がもれるのを心配して、五月になるまでフィンランド側にバルバロッサ作戦について知らせなかったからである。やっと六月はじめに、フィンランド軍とのあいだで調整がおこなわれたが、そんな調子では、いくらがんばっても間にあうわけがない。

ドイツ軍の作戦準備は、バルバロッサ作戦開始の、ほんの数日前にならなければととのわなかった。そして、現地の状況はいいかげんな地図上で確認しただけで、けっきょく十分に偵察されることはなかった。

このことはのちのち、第四〇特別編成戦車大隊になんとも珍妙な悲喜劇をまきおこすことになる。

ムルマンスクをめざせ

一九四一年六月二二日のバルバロッサ作戦開始のその日、フィンランド戦線にはまだ静けさがたもたれていた。ドイツ側についたとはいえ、フィンランドはドイツとともに、ソ連奇襲攻撃の汚名をきるつもりなどなかった。

フィンランド北部のドイツ軍部隊も、さすがにこの友好国を無視して、勝手に攻撃を開始するわけにはいかなかった。

このため、極北のドイツ軍はノルウェーの北極ハイウェイから東への移動すら禁じられていた。ソ・フィン国境の攻撃発起点までの移動も、バルバロッサ作戦が完全に発動されるま

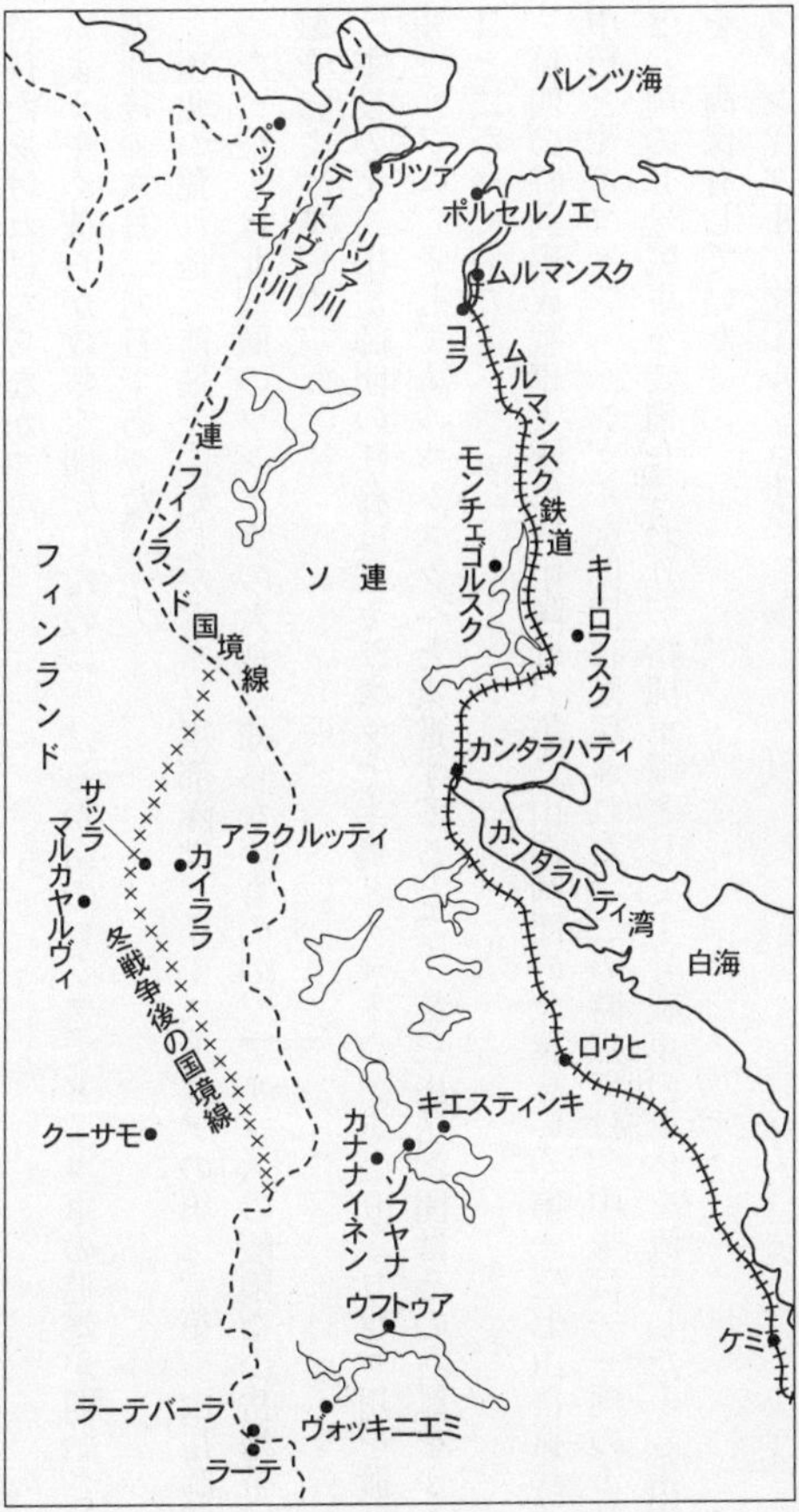

で待たなければならなかった。

ようやく彼らが攻撃を開始したのは、はるか南のロシアでドイツ軍の進撃が開始されて一週間後の六月二九日であった。

極北の荒れ地で前進を開始したドイツ軍部隊は、オーストリアの第二、第三山岳師団であった。彼らは北極圏のツンドラの大地は知らないものの、アルプスの峻険な山岳地帯での経験をほこっていた。

主役の第二山岳師団の任務は、カラスタヤ半島とティトヴァをとり、リツァ川を渡ってポルセルノエ、そしてムルマンスクへと東進することで、第三山岳師団はその右翼をかためることになっていた。

第四〇特別編成戦車大隊第一中隊は、第二山岳師団の北翼をいく第一三七山岳猟兵連隊を中核とするフォン・ヘングル戦闘団に配属された。この時点では、中隊は一一両のI号戦車と八両のII号戦車を装備しており、指揮車両としてI号戦車の車体を流用したI号指揮戦車を一両保有していた。

「パンツァー、マールシュ！」

かわいい指揮戦車から身を乗りだしたフォン・ブルシュテイン大尉の右手がふられると、彼のちっぽけな戦車中隊は、軽快なキャタピラの音をけたてて進撃を開始した。すくなくとも最初だけは……。

ヘングル戦闘団は、計画にしたがって一九四一年六月二九日未明に国境を越えた。戦闘団

ソ連との国境地帯となるフィンランドのカレリア地方で作戦中のドイツ戦車

の山岳兵たちは、困難な地形をおかして東へ前進をつづけた。翌朝、戦闘団はティトヴァ川にかかる橋に到達した。

戦車中隊にとっては、わずかな敵警備兵よりも、地形そのものが最大の敵であった。中隊はすでに、ノルウェーの道路事情の悪さを経験していたものの、極北のツンドラの道路は、それ以下であった。

というより、ドイツ人の目からすると、道路というのもおこがましい。アウトバーンはもとより、どこかの村の農道より始末が悪い。ほとんど獣道といってよかった。

「ゆっくり、ゆっくりやるんだ」

ちっぽけな戦車の車体ですら、左右のブッシュをこする。キャタピラがすべって路肩に転落する。ギアが悲鳴をあげ、エンジンがむなしく咆哮した。未開の荒れ地は、動力装置とキャタピラに大きな負担を強いた。

中隊からは何両かの戦車、とくに多数のI号戦

車が機械故障から脱落して、後方にとりのこされてしまった。

それでも攻撃は続行された。

「かかれ！」

薄い茂みから飛びだした山岳兵が、橋にとりつく。

「フォイエル！」

なんとかたどりついた中隊の戦車が射撃を開始した。「ババババババ」というI号戦車の機関銃。「ドドドドド」というII号戦車の二センチ機関砲が合いの手をいれる。

橋は歩兵と戦車の共同攻撃で、すぐに奪取された。戦闘団はすぐに、道路に沿って南東へと進撃を再開した。

六月三〇日午後、ヘングル戦闘団はさらに前進をつづけた。ブルシュテインの戦車は山岳兵を支援したが、橋をすぎて五キロもすると、道路事情はさらに悪化し、やがてほとんど消えてなくなった。

「中隊長、どちらに進めばいいのでありますか」

そういわれても、ブルシュテインにもわかるはずはない。

「おかしいな、地図には道路が書いてあるんだが」

彼がそういうのも無理はなかった。ドイツ軍の事前の調査では、ティトヴァ川からリツァ川へと通じる道があることになっていた。

しかし実際には、そんな道は存在していなかったのだ。地図上に描かれていた道路記号のおおくは、実際にはロバか馬はとおれても、車両のとおれないようなものだった。

戦車は山岳兵の支援を続行しようとしたが、完全に荒れ地にいきづまってしまった。荒れ地、そこはそんな言葉でもたりない、岩がゴロゴロところがるツンドラの原始の大地であった。

中隊の戦車は行き場をもとめて右往左往したあげく、岩に乗りあげるか窪みに落ちてスタックした。

しかし翌日、ブルシュテインは、戦車の回収に全力をそそいだ。

ブルシュテインに司令部から、戦車はティトヴァ川の橋までもどるよう命令がくだされた。山岳兵たちのムルマンスクをめざした進撃はもうしばらくつづいたが、戦車部隊は攻撃のあいだ、予備兵力として控置されただけだった。

中隊はティトヴァ川の橋から南東五キロほど後方におかれ、九月はじめまで、そこにとどまりつづけた。

九月八日、リツァ川への最後となった攻撃が開始された。

「パンツァー、マールシュ」

ふたたびブルシュテインの戦車に出撃命令がくだされた。すこしは荒れ地になれてきた中隊は、山岳兵たちの切りひらいた道路をとおって、なんとかリツァ川に到達することができた。

「パンツァー、フォー」

ハッチが閉められ、戦車はリツァ川を渡りはじめた。銃弾が装甲板をたたく。

「二時の方向、敵機関銃陣地」

「フォイエル」

ソ連軍の火点に機関砲弾をお見舞いして破壊した。

「うわー」

突然、戦車は斜めにかたむいてとまった。またしても窪みにはまりこみ、戦車はスタックしてしまった。こうして、こんども攻撃は頓挫した。

けっきょく、これがムルマンスクにたいする攻撃がしかけられた最後の機会となった。戦車は極北の前線からふたたび、そして最終的にひき上げられ、彼らの出番は二度とこなかった。

遥かなるカンダラクシャ

一方、第四〇特別編成戦車大隊の主要部分は、一九四一年六月にフィンランド北部のサッラ戦区に輸送された。このとき、例の新式車両は輸送されずにドイツにもどったらしい。

ここで大隊は、さらにふたつに分割され、本部と第二中隊だけが第三六軍団にとどまった。同軍団は、北方で攻勢をとった三つの軍団のなかで、最強の戦力をもっていた。その目標は、サッラからカンダラクシャに進撃することであった。

しかし最強の軍団は、もっとも惨めな戦果しかあげることができなかった！

第四〇特別編成戦車大隊本部および第二中隊は、大隊長フォン・ハイメンダール中佐指揮のもとに、SS山岳戦闘団「ノルト」のSS偵察大隊および一コ対戦車小隊をあわせて戦闘団を編成することになった。戦闘団は軍団予備兵力としてマルカ湖岸にとどまり、東方への急進撃の命令を待った。

七月一日午後、戦闘が開始された。

「パンツァー、フォー」

しかし、主役は歩兵。戦車は数両単位で歩兵の支援にかりだされただけだった。

「前方の機関銃陣地を射撃。榴弾、距離二〇〇」

森のなかで、見通しはせいぜい二〇〇メートルしか効かない。しかも道路はⅢ号戦車の幅いっぱいで、戦車はすれちがったり、追い越すことは不可能だった。

だからといって道路をはずれたら、戦車はたちどころに沼地や湿地にはまりこんでしまい、ひっ張りだすことなどできはしない。

戦車は一列になって、おとなしく道路上を進むしかなく、迂回機動はできない。道路に敵が対戦車砲をすえつけたらもうお手上げだ。

「なんてところだ」

ハイメンダールは、ドイツとちがうカレリアの地勢のひどさに驚かされた。

サッラは七日夜には陥落し、ハイメンダール戦闘団はカイララ、そしてアラクルッティに通じる道路上を進撃することになった。

実際の戦闘は、戦車の速度を生かした電撃戦などといったものではなく、わずかに一コ戦車小隊か、何両かの戦車による、たいしたことのない目標をめぐっての小競りあいのくりかえしでしかなかった。

七月二六日、カイララへの攻撃が開始されたが、攻撃はすぐに頓挫し、軍団は防御に移行した。こうしてカンダラクシャへの攻撃は、開始いらい一ヵ月、国境からわずかに二〇キロばかり前進しただけで終わりとなった。

カイララ方面では成功が望めそうもなかったため、戦車部隊はもうすこし成功のみこめそうな、フィンランド第三軍団戦区に投入されることになった。

ロウヒへの道はなお遠し

フィンランド第三軍団戦区は、北と南のふたつの攻撃軸をもっていた。北を攻撃するJ戦闘団は増強歩兵連隊規模で、クーサモからソフヤナを攻撃し、さらにキエスティンキからロウヒに向かう。一方、南のF戦闘団はラーテからヴォッキニエミを攻撃してウフトゥアへ、さらにはケミに前進する。

J戦闘団の攻撃は七月一日に開始され、三週間後にはソフヤナ川に到達した。ドイツ軍にくらべて順調なフィンランド軍の進撃ぶり。

これを支援すべく第四〇特別編成戦車大隊第二中隊は、七月一九日に一コ小隊を派遣し、八月三日には第四〇特別編成戦車大隊本部と第二中隊ののこりの部隊がくわわった。

八月二日、フィンランド／ドイツ部隊は、カナナイネン村の西に向かって戦いながら進路を切りひらいていった。このとき、最初のドイツ軍軽戦車が最前線に到着した。

「パンサリア、ヒョッカイシア、リッシャン、ティッキア……」

「なにをいってるんだ、こいつら」

フィンランド語なのだから、ドイツ戦車兵にわからないのも無理はない。

どうやら前面の敵火点をつぶしてくれといっているようだ。ドイツ戦車はやむなく、ろくに状況も把握できないまま、即座に戦闘に加入した。

「パンツァー、フォー」

二両の軽戦車は歩兵とともに三〇〇メートルばかり前進する。突然、衝撃が走った。砲塔前面に命中弾をうけたのだ。

軽戦車の薄っぺらい装甲板はかんたんに砕け散って、大穴があいた。たちまち二両とも被弾し、一両はすぐに燃えあがった。

八月三日、コッコサルミが占領され、キエスティンキをめざして攻撃は進められた。しかし、最初の損失のせいと言葉の問題もあって、ドイツ戦車隊はすっかりフィンランド歩兵との協力に消極的となった。

このため、先頭をいくフィンランド軍部隊は、八月の最初の時期、ドイツ戦車の支援をうけることができなかった。

ドイツ軍同士なら別というわけか、八月四日には、戦車を先頭にたてたSS第六歩兵連隊の攻撃がつづけられた。一方、フィンランド軍の第五三歩兵連隊は徒歩で北側の森のなかを抜け、キエスティンキの十字路を迂回して機動した。カレリアでは、人間の二本の足の方が、よっぽど戦車より機動力が高かったのだ！　ドイツ軍とフィンランド軍の挟み撃ちで、キエスティンキは八月八日の早朝に陥落した。

わずかな戦車と歩兵による追撃がつづけられた。だが追撃戦は、キエスティンキからわずかに二キロばかりいっただけで停滞することになった。

なにしろ戦車は道路しか前進できないのだから、道路を閉鎖されれば万事休す。カレリアの細い道には、容易に閉鎖できる隘路などくさるほどあるのだ。

その後、何両かの戦車が最前線の先鋒部隊とともに戦闘に参加したが、その結果は不本意なものだった。

八月一〇日のことであった。一両の戦車が道路上を前進する。見とおしのきかない道路の向こう側でなにかが動いた。

「敵戦車！　操縦手、全速でバックしろ！」

「ピカッ」と敵戦車の砲口がひかる。戦車内に衝撃が走った。ソ連軍の七六・二ミリ戦車砲弾が砲塔に命中したのだ。

このときの敵がなんだったのかは伝えられていないが、おそらくT34だったのだろう。

機動の余地のない森林の小道では、たとえ練度が高かったとしても、性能のおとるドイツだから。

戦車に勝ち目はなかった。とにかく、両者ともにおなじ道を、両側から前進するしかないのだから。

ここではより強力な主砲をもち、より強靱な防御力をもつ戦車が勝つのだ。

キエスティンキ～ロウヒ道に沿った攻撃はつづけられたが、激しい損害と補給困難、人員の疲労などで、八月一七日にキエスティンキの東一七キロで前進は停止された。

三日後、ソ連軍の反撃が開始された。ソ連軍は森のなかから出撃して、フィンランド／ドイツ軍の唯一の補給ルートを切断した。第五三歩兵連隊とSS歩兵大隊は罠に落ちたのである。

包囲された部隊は、九月二日に森のなかをとおって脱出したが、重機材は放置しなければならなかった。重機材のなかには、第四〇特別編成戦車大隊の三両の軽戦車もふくまれていた。これらは沼地にはまりこんで、どうしても引きだすことができなかったのだ。カレリアの荒れ地はドイツ戦車を呑みこみ、彼らはロウヒにたどり着くことはできなかった。

ウフトゥア近郊の戦い

一方、南では一九四一年六月二五日、F戦闘団がラーテ道とラーテバーラへの進撃を開始した。戦闘団にははじめからヴァルター中尉が指揮する第四〇特別編成戦車大隊第三中隊がくわわっていた。

彼らの戦闘は比較的にましであった。道路事情はここでもおなじように悪かったが、七月一日の夜明けに攻撃を開始した戦闘団は、この日だけで、じつに四〇キロも前進したのである。

これはカレリアでは、ほとんど電撃戦といってもよかった。もっとも、何両かの戦車は悪路によって後方に脱落していたのだが。

七月六日にはオイナスニエミを占領した。この戦いでは、何両かの戦車が攻撃を支援した。つぎはヴォンニネン川である。しかし、この川は七月一四日まで渡ることができなかった。戦車は予備としてとどまり、川が渡れるようになるのを待っていた。七月一八日、ソ連軍がヴォンニネン川の西岸から撤退したあとになって、攻撃は再開され、戦車は七月二一日に、浮橋をつかって川を渡っていった。

「ちょい右だ、ゆっくりやれ」

ちっぽけなII号戦車がやっととおれるぐらいの浮橋。車長はキューポラから頭をだし、操縦手に指示する。エンジンをこきざみにふかしつつ、なんとか橋を渡りきった。つぎにめざすはピスト川。

七月二二日に戦車中隊のII号戦車は、こんどはなんと浮船でピスト川を渡った。こんども戦車長は、操縦手に目いっぱい指示をだして、ちっぽけな浮船に戦車を載せた。キャタピラが舟板を噛み、車体が浮船にすべりこむと、浮船が沈みこんだ。

川を渡った五両の戦車は、すぐに戦闘態勢をとる。

ソ連領内の川に工兵隊によって架設された架橋に乗り入れるⅡ号戦車

「パシン、パシン」

ソ連軍陣地から降りそそぐ機関銃弾が装甲板ではじける。

「フォイエル」

機関砲弾が、お返しに機関銃陣地で炸裂する。戦車は二時間にわたってソ連軍と戦いつづけたが、目にみえる成果はあがらなかった。

ソ連軍は装甲車をくりだした。装甲車といっても、戦車と同じ砲塔を装備している強敵だ。「ピカッ」と砲口から火球が撃ちだされる。四五ミリ砲弾を食らっては、ドイツ軍の軽戦車はひとたまりもない。二両の戦車が破壊され、一両の戦車は主砲の二〇ミリ機関砲が故障といいところはなかった。

七月二七日、仮設橋によって、やっとⅢ号戦車が川を渡ることができた。このあと、ソ連軍部隊との大規模戦闘は生起せず、八月中旬にはウフトゥアが指呼の間にのぞまれた。

しかし、秋のおとずれとともに、道路状況が悪化し、補給物資の輸送はひじょうに困難になった。泥沼となった道路上を装輪車両が通行するためには、トラクターや戦車（！）で牽引しなければならなかった。

たしかに第四〇特別編成戦車大隊のちっぽけな戦車には、そっちの方がお似合いかもしれない。

このあとも何回か攻撃がおこなわれたが、もはやこれ以上の前進は不可能であった。攻撃部隊の戦力が絶対的に不足していたのである。

九月一日、最後となる攻撃が開始された。このときは迂回機動がこころみられたが、けっきょく荒れた地形のため、戦車は機動することが不可能で、これまでどおり道路上で待機しなければならなかった。

歩兵だけの攻撃は成功せず、敵の反撃でおしもどされてしまった。二日後、戦闘団は防衛態勢に移行した。

こうして第四〇特別編成戦車大隊の戦いは事実上、終わりを告げた。このあとも、もうしばらく彼らはカレリアの荒れ地で苦闘をつづけるが、その戦いにはもはやなんの意味もなかった。

第５章　継続戦争勃発

独ソ戦の開始とともにふたたび攻撃をはじめたソ連軍にたいして、失地回復のために越境を開始したフィンランド軍――冬戦争で捕獲した各種装備によって強化された戦車隊によるBT戦車同士の決闘！

一九四一年七月一〇日～九月七日　フィンランド戦車隊の進撃

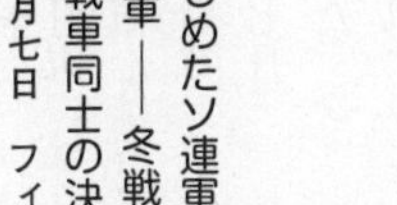

フィンランド領土を奪還せよ

一九四一年六月二五日、第二次ソ・フィン戦争、継続戦争が開始されると、フィンランド軍総司令官マンネルヘイム元帥は、司令部を冬戦争当時とおなじミッケリに移動し、戦争の指揮をとった。フィンランドの戦争目的は、冬戦争でソ連に奪われたフィンランド領土の奪還であった。

フィンランド兵士の熱い心を誰も止めることはできなかった。彼らは冬戦争で理不尽にも奪われた自分たちの土地を取り返すために熱狂的に戦った。

新編成されたフィンランド・カレリア軍は七月一〇日、まずラドガ湖北方のラドガカレリア地方への進撃を開始した。

コムソモーレッツ装甲牽引車

フィンランド軍は電撃的に進撃し、ソ連軍が対応する余裕を与えなかった。一部で死に物狂いの抵抗が行なわれたが、進撃の妨げにはならなかった。

フィンランド陸軍も空軍も、冬戦争のときよりはるかに強化されていた。陸軍も空軍も捕獲兵器と援助物資で焼け太り、練度もはるかに向上していた。

ソ連軍の抵抗はすぐに崩壊し、一六日にはフィンランド軍部隊はコイノリヤでラドガ湖に達し、フィンランド新国境を防衛していたソ連軍部隊を、カレリア地峡と東カレリアに分断した。七月末にはラドガカレリア方面の旧フィンランド領土は解放され、フィンランド軍は一時停止した。

七月三一日、カレリア地峡での攻勢が開始された。フィンランド第Ⅱ軍団はラドガ湖西岸を進みソ連軍を包囲した。ソ連軍部隊は湖上を逃れようとしたが、フィンランドの要請を受けたドイツ空軍爆撃機が彼らを殲滅した。八月中旬にはカレリア地峡の東側は、フィンランド軍によって解放された。

八月二〇日、フィンランド軍の新たな攻勢がはじまった。こんどは地峡の西側の解放をめざしたもので、三〇日、フィンランド軍が包囲していたヴィープリ——かつてフィンランド第二の都市であった——が陥落した。三一日、マイニラでフィンランド軍はついに旧国境に達した。

こうしてソ連軍が占領しつづけたいくつかの地域は残っていたものの、ほとんどの領土は本来の持ち主の手にもどった。

冬戦争では全くいいところの無かったフィンランド戦車隊は、戦争中に捕獲したソ連軍装備を中心に新たな編成を完了していた。

なんと一六七両もの多数の各種装甲車両（T26軽戦車、T28中戦車、T37水陸両用戦車、T38水陸両用戦車、コムソモーレッツ装甲牽引車など）が修理されてフィンランド軍戦車隊の装備となっていたのだ。

このためフィンランド軍の戦車部隊は、編成単位としては、これまでどおり一個戦車大隊のままであったが、「完全装備の」戦車大隊を保有することができるようになった。

こうして新式（？）装備で固めたフィンランド軍戦車大隊は、ラグス大佐の下「ラグス戦闘団」を編成し、カレリア軍の主力衝撃部隊として活躍した。

戦車大隊は新しいフィン・ソ国境から、ソッキ～ムーアント～ロイモラからラドガ湖岸に出てコイリモヤ～ウラーウクス～ウーシキュラ～サルミマンッシラへと進撃した。

フィンランド戦車隊は、冬戦争当時にくらべて戦車の運用に慣れ、飛躍的に強化された火力、機動力を生かして大活躍する。もちろん、その活躍にはそれだけでなくソ連軍が、ドイツ軍との戦闘に忙殺され、フィンランドの戦線に十分な兵力が送られなかったことも大きな理由であったのだが……。

東カレリア侵攻

フィンランド領土が解放された今、フィンランド政府、統帥部は深刻な問題に直面していた。攻勢をこのまま旧ソ・フィン国境で止めるべきか、それともこのままソ連領土に進撃すべきか。

普通の戦争なら悩む必要はない。しかしフィンランドは、自分たちの戦争をドイツとは別個のものと説明していた。「これは侵略ではない。攻撃を受けたから反撃しただけだ」と。しかしもし、いったんソ連領土に侵攻すれば（たとえそこにフィンランド系住民が住んでいて、本来住民投票で帰属が決められるべきであった場所を、ソ連が不当に併合したものであったとしても！）、国際社会からは侵略者呼ばわりされてしまうのは、避けることはできないだろう。

一方ドイツは、フィンランド軍が東カレリアに進撃することを強く要求していた。それにフィンランドとしても純粋軍事的に見れば、もっと守りやすい地域まで防衛ラインを進める方が安全だし、兵力の節約にもなる。

九月一日、運命の決定が下された。マンネルヘイムはフィンランド軍部隊に国境を越えて進撃することを命じたのである。これは予想されたことだが、国際社会へ波紋を広げた。これまでフィンランドに同情的だったイギリスは、ソ連の圧力もありフィンランドとの関係を冷却した。やがてイギリスはフィンランドに宣戦することになるが、政治向きの話はこのぐらいにしよう。

九月四日〇〇時、カレリア軍の東カレリアへの攻撃が開始された。フィンランド軍にはなんともぜいたくなことに、六二個砲兵中隊が直接支援にあたった。

「シュワ、シュワ、ズーン、ズーン」

ソ連軍の前線は激しい砲撃で鋤き返された。四個砲兵中隊が六六メートルの幅の目標地点を、一〇分間にわたって打撃したのである。砲撃はすばらしい効力を発揮した。

さらに一八二門が間接支援に加わった。これらの砲は、フィンランド軍としては破格なことになんと一万四二六五発もの榴弾を発射し、さらに協同したドイツ第二三四砲兵連隊第Ⅰ、第Ⅱ大隊はフィンランド軍以上にぜいたくに二万発もの榴弾を発射した。

榴弾とともに行動開始一時間前から、発煙弾の発射が開始されたが、これはフィンランド軍の行動を秘匿するためのものであった。

午前五時、第五師団のトゥーロス川を突破する攻撃が開始された。支援のためクリスティ

フィンランド軍総司令官マンネルヘイム元帥

ー戦車（BT5、BT7戦車）を装備した第三中隊が派遣されていた。しかし、攻撃の先鋒となったのは猟兵で、戦車は猟兵の援護射撃にあたった。

「榴弾、トゥルタ！」

軽い衝撃で四五ミリ砲弾が飛び出す。前方の敵陣地に命中して土煙が上がった。

攻撃は計画どおり進み、一二時にはテイニラの橋から四〇〇メートルに達した。しかし、不運にも戦車中隊長のスネッルマン大尉は、狙撃によって戦死した。第五師団長は戦車に現在地で支援任務を続けるよう命じた。これはテイニラ前面の敵が頑張りつづけているため、これ以上前進が不可能となったからである。

しかし森伝いに、メルゴイラの南と南西に通じる道が見つかり前進が再開された。BT戦

前線に移動中のフィンランド軍のBT戦車

車隊もこれにしたがうが、道はひどい泥沼だった。

「キュキュキュ、ブオーン、ブオーン」

　戦車は一・五キロ進んだ後に、泥にはまりこんでスタックしてしまった。午後四時半、部隊は二両のクリスティ戦車を放置したまま、前進をつづけざるをえなかった。

　ソ連軍はテイニラで激しい抵抗を示し、トゥーロス川の架橋作業はなかなかはかどらなかった。このためラグス戦闘団には、出撃命令は出なかった。この日午後になって、戦闘団は現在地に留まり、隷下の第四四猟兵連隊に橋から街道への攻撃のために一個大隊を派遣することを命じられた。さらに連隊の一部は、橋の建設地点に移動し、南への進撃準備を整えることになった。

　ようやく午後六時に工兵による橋の建設作業は開始され、午後九時になって七トン浮橋が完成した。戦車大隊第三中隊もこの橋に移動し、第四四猟兵連隊第Ⅲ大隊に合流した。

「ウラー」

集結したフィンランド軍部隊にたいして、ソ連軍の夜襲が加えられた。夜襲といっても、緯度の高いここカレリアでは、まだ十分明るい。

「ズーン、ズーン」

戦車砲が吠える。

「ズダダダダ」

機関銃が相の手を加える。

「パンサリ、エテーンパイン！」

先頭に躍り出たフィンランド軍戦車も射撃を開始した。

戦闘はなんとも珍妙な、BT戦車同士の決闘となった。矛盾という言葉があるが、どちらも同じ盾と矛を持つ同士の戦いだ。もっともBT戦車は武装は四五ミリ砲とそこそこだが、装甲は薄っぺらい。お互い一発命中すればそれで終わりだ。

「徹甲弾、トゥルタ！」

「ガーン」

命中弾を受けた敵BT戦車が燃え上がる。

「ピカッ」

敵が発砲した。

「ガーン、やられた、脱出！」

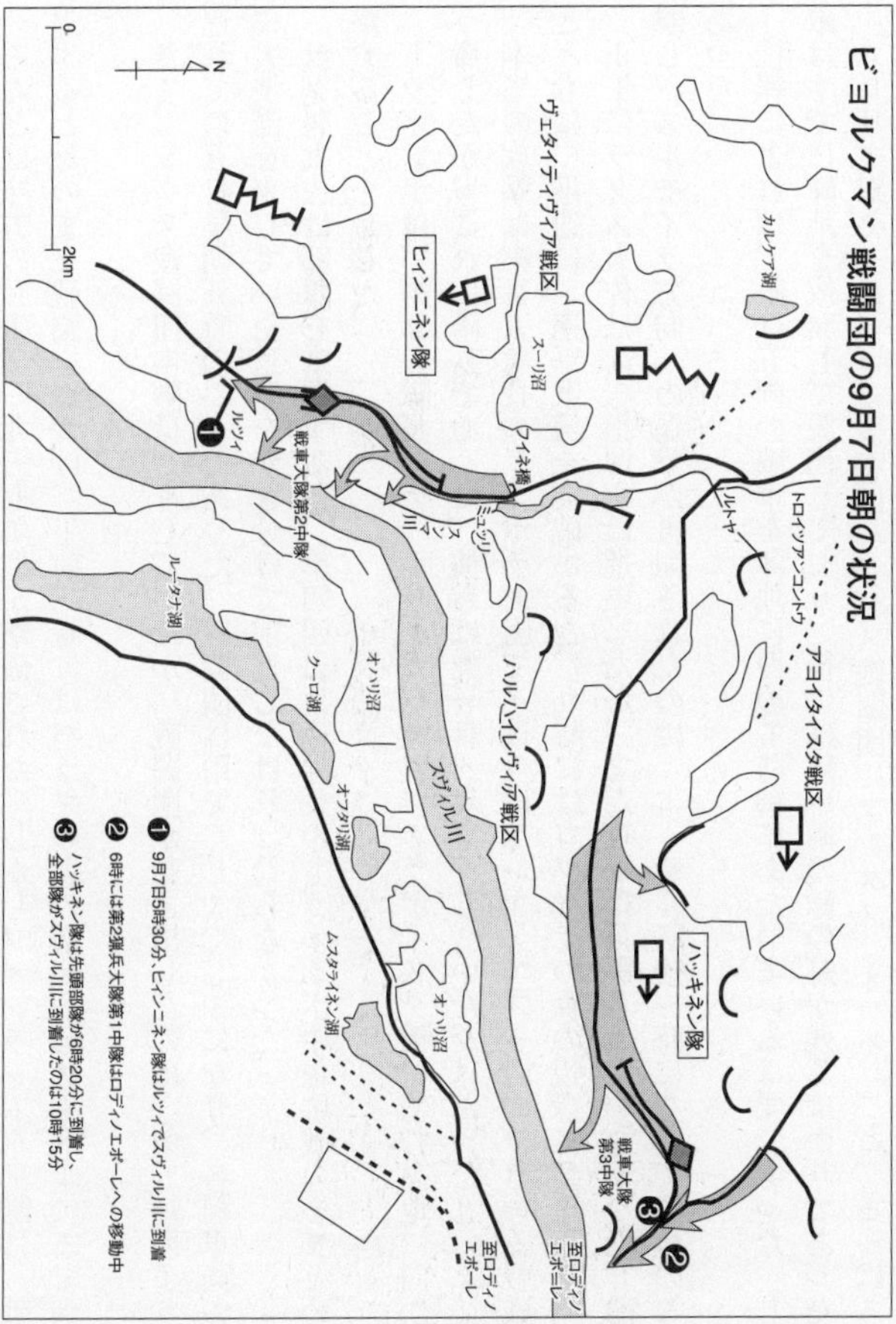
ビョルクマン戦闘団の9月7日朝の状況
カルケア湖
ヴェタイティヴィア戦区
ヒインニネン隊
スーリ沼
フィネ橋
トロイツァンコントゥ
アヨイタイスタ戦区
ルトヤ
スンマ川
戦車大隊第2中隊
ルツィ
ルータナ湖
ハルハイレヴィア戦区
スヴィル川
オハリ沼
クーロ湖
オフタリ湖
ムスタライネン湖
ハッキネン隊
戦車大隊第3中隊
至ロディノエポーレ
至ロディノエポーレ
0
2km
N
❶ 9月7日5時30分、ヒインニネン隊はルツィでスヴィル川に到着
❷ 6時には第2猟兵大隊第1中隊はロディノエポーレへの移動中
❸ ハッキネン隊は先頭部隊が6時20分に到着し、全部隊がスヴィル川に到着したのは10時15分

こんどは味方のBT7一九三七年型が撃破された。しかしフィンランド軍部隊は、敵を撃退するとそのまま戦闘をつづけ、午前二時にはバラキの森の南四〇〇メートルにまで到達した。

さて、ラグス戦闘団本隊はどうしていたか。戦闘団が動き出したのは、第五師団より一日遅れての五日早朝五時のことであった。戦闘団は雨でぐじゃぐじゃになり、各種車両のために大渋滞を来していた道路をかき分けて前進しなければならなかった。

ラグス大佐は部隊を掌握すると、第四四猟兵連隊長のトゥオンポ中佐に戦力をまとめて攻撃することを命じた。

トゥオンポは、第Ⅱ大隊長のティーリッカラ大尉にアラポイスタ橋を望む高地に向かうよう命じたが、これは陽動であった。彼らは丸一日、森をうろついただけだった。

本当の攻撃は第Ⅲ大隊長のランポラ大尉で、彼らはランキミエス少尉のひきいる軽戦車隊とともに、迅速にソ連軍戦線を突破すると、九時にはコツィラの森の辺縁に到達した。

正午にラグス大佐は前線指揮所に進出したが、まだ攻撃は再開されていなかった。敵を追撃し、ヌルモイラ方向への進撃が再開されたのは、ようやく午後一時になってからのことであった。

情報によれば、敵は五両の戦車を陣地に埋めて防御にあたっているはずであった。しかし、敵はすでに陣地を放棄して脱出しており、後には敵車両の轍の跡が残るばかりであった。

カレリア軍のタルヴェラ少将は、ラグス戦闘団にアンヌス（オロネツ）と、さらにスヴィル川を目指してロティナペルト（ロティノエ・ポーレ）への進撃を命じた。

戦車集団に援護された第四四猟兵連隊は、ヌルモイラ方向へ前進を再開した。ヒインニネン大尉がひきいる先鋒の一個猟兵中隊は、午後六時にはアンヌス川を渡り、川の南岸を進撃していた。

猟兵には支援のため、四両の戦車がつきしたがう。戦車の任務は敵の抵抗の排除である。

「パッパッパッ」

と発砲炎。

「カンカンカン」

機関銃の射撃だ。

いくらBT戦車の装甲が薄くても、このぐらいではびくともしない。

「榴弾、トゥルタ！」

四五ミリ砲弾が敵陣地で炸裂して、ソ連兵は沈黙した。

スヴィル川への到着

九月六日午前一時、アンヌスを占領したとの報告が届いた。ラグスは、みずから乗用車を駆ってアンヌスへと向かった。道路上は先を争って前進する部隊、補給車両が入り交じった大渋滞であった。ただでさえ貧弱な道路はどろどろになり、ラグスの乗用車は動けなくなった。

「ピトカス中尉、急いで前線に赴き状況を報告せよ」

「キュッラ！」

中尉はバイクで先を急いだ。

戦闘部隊の状況は、十分満足できるものだった。ポロン隊は戦車第一、第三中隊の支援を受けて、コツィラ道を前進していた。それを追ってヒィンニネン隊もアンヌスに到着し、マクリア方向へと進路をとった。

ハッキネン大尉はアンヌスの北東に仮指揮所を開設し、午前三時にようやくラグスはそこに到着した。

ヒィンニネンの報告によれば、マクリアは完全に占領され、周辺では弱体なソ連軍警戒部隊の活動が見られるだけだった。

「敵戦車は？」

「戦車はアンヌス街道をペトロスコイ（ペトロザボーツク）方面に逃走をはかったと考えられます」

「わかった。貴官はこの後、ヴェルフニェ・コネツを占領せよ」

ヒィンニネンには増援として、ハッキネン大尉のひきいる九両の戦車があたえられた。

マクリアに到着したハッキネンの報告を受けた司令部では、戦車大隊の全力を挙げてマクリア道を進むことを決めた。

「パンサリ、リーッケーレ！」

「ボボボボボ」

エンジンが唸り、戦車は動きだした。

午前五時、ゴルボ・ゴラに達したヒィンニネン隊は、強力なソ連軍部隊に遭遇した。敵はマクリア川の両岸に陣取って抵抗しつづけた。

「パンサリ、エテーンパイン！」

第二中隊の六両の軽戦車は村の北東側の開けた地域に展開した。

「ザザザザ」

突然の雨が戦場に降り注ぐ。雨の後、戦場にはミルクのような霧が立ち込めた。視界はほとんど効かない。ゆらめく影、敵戦車だ。

この距離では外しようがない。

「徹甲弾、トゥルタ！」

「ガーン」

間一髪、フィンランド戦車兵の腕が勝っていたようだ。敵戦車は吹き飛んだ。しかし、これでは危険すぎる。戦車は出撃陣地に引き返した。

村の占領は猟兵に任された。六時には前線は川まで前進した。このときカールナカリ大尉のひきいる第三中隊が到着した。

川に沿って新たな攻勢が開始された。こんどは第三中隊が猟兵を支援する。七時一五分、

第三中隊はマクリアに近づいた。雨は止んだ。

「パンサリ、エテーンパイン！」

ルンテシ騎兵大尉の命令が下った。一斉に戦車が走りだし、村へと突入した。

一方、第二中隊の軽戦車は、川の西岸から進出し村に残るロシア兵の掃討という困難な仕事に取り組んだ。八時半、戦闘は終わった。

猟兵はさらにクイッティに向かい、第三中隊の二両の軽戦車がしたがう。

捕虜の話によれば、驚いたことにマクリア防衛にあたっていたのは、なんと前日にロティナペルトで編成されたばかりの補充大隊だという。兵士の年齢もばらばらで、ある者はまだ学校に残るのがふさわしく、またある者はライフルを背負うのも不自由そうな老兵だった。

一二時三五分、フィンランド軍の前進は再開された。戦車が先頭に立ち、猟兵が後につづく。フィンランド版電撃戦だ。

はじめは両者の協同はうまくいった。しかし、次第に猟兵は後落し、戦車だけが敵陣に突入するはめになった。

だが、全く幸いなことに敵は弱体で、戦車が火を吹くとたちまちのうちに四散した。

午後二時一〇分にはサンマトゥクネンをすぎ、三時半にはイエニマ川の橋から八キロ先にまで到達した。

ソ連軍は数こそ多かったが、その抵抗はどこでも驚くほど早く崩壊した。前進、前進、前進あるのみ。

ラグス戦闘団のT26E軽戦車

午後五時にはイエニマ川を越える攻撃が命じられた。ソ連軍はイエニマ川の防衛線にしがみつき、激しい砲兵射撃を浴びせたが、幸運にも午後七時には突破に成功した。森からは驚くほど多数のロシア兵が捕虜となって流れ出た。

ラグスは、すぐにスヴィル川への前進を命じた。

しかし、森にはまだロシア兵が隠れており、掃討には少しの時間が必要だった。

「ボン、ボン、ガガガガガ」

戦車砲と機関銃が唸り、森の暗がりを照らし出す。猟兵が森の中五〇〜一〇〇メートルまで入り込み、ロシア兵を駆り立てる。

「ルキ、ヴィエールフ、イチ、スユーダ、スカレイ、スカレイ」

カルヤラ出身の猟兵がロシア兵に降伏を呼びかけた。

隊列がウフット湖の北西側の開闢地に到着したのは午後九時であった。

「ヒューン、ヒューン」

いきなり横腹から銃火が浴びせられる。戦車と猟兵はただちに反撃を開始した。後方の森にはまだロシア兵が立てこもっており、事態は危険なものとなった。

しかし、突然、銃火は止んだ。なんと一二〇名ものロシア兵の集団が、両手を挙げてぞろぞろ歩いてくるではないか。彼らは戦車の砲撃で、勝ち目がないと考え降伏してきたのである。

午後一一時半、隊列はふたたび前進を再開した。夜を徹して進撃はつづけられた。午前一時半、ノヴァヤ・スヴィルスコヤの北に達すると、道路上には対戦車障害物が築かれていた。地雷は？

「ピオネーリ！」

工兵が飛び出す。道は二〇分で啓開された。しかし、安堵もつかの間、

「ブオーン」

と強いエンジン音が暗闇を切り裂いた。ロシア戦闘機の襲撃。五機の敵機は全く警戒して

いなかったフィンランド軍隊列に爆弾と機銃掃射を見舞ってゆうゆうと去って行った。フィンランド軍は全く知らなかったが、彼らの鼻先に敵飛行場があったのである。

お返しをする番だ。午前五時、飛行場への攻撃が開始された。戦車が躍り込み、自転車と車両に乗った猟兵がつづく。敵は弱体で、あっと言う間に飛行場は制圧された。

スヴィル川はもはや指呼の間にあった。前進！　先頭を行くハッキネン隊は、午前六時二〇分、ついにロティナペルトの北側に到達したのである！

スヴィル川、それはドイツ軍とフィンランド軍との間に定められた境界線であった。

ドイツ軍は北方軍集団がスヴィル川まで進撃し、フィンランド軍と手を結ぶはずだった。しかし、彼らはチフビンで駆逐されてしまいスヴィル川に到達することはできなかったのだが、これはまた別のストーリーである。

第6章　ペトロスコイ攻略戦

カレリア・フィンランド軍の主力衝撃部隊ラグス戦闘団は、泥沼のような悪路を移動しつつも要衝ペトロスコイへ進撃をつづけ、対するソ連軍は装甲列車や多砲塔戦車・T28を中心とした部隊が抵抗をこころみる！

一九四一年九月一七日〜一〇月一日　東カレリア電撃戦

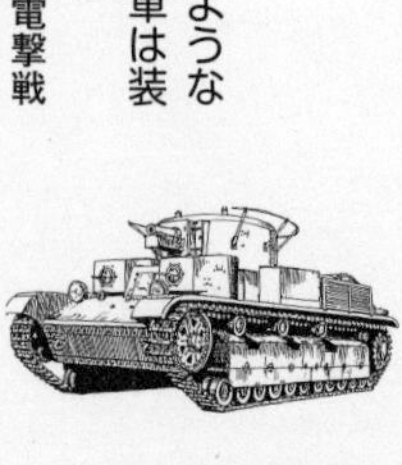

東カレリアを解放せよ！

開戦以来、すばらしい進撃ぶりを示したフィンランド軍部隊は九月七日、ロティナペルト（ロティーエ・ボーレ）でスヴィル川に達し、翌日にはスヴィル駅でムルマンスク鉄道を切断することに成功した。

こうしてラドガ湖東岸を制圧したフィンランド軍は、その後、進撃方向を北に転じることになった。目指すはカレリアの首都ペトロスコイ（ペトロザボーツク）。

この町はオネガ湖に抱かれるように南北につらなる。その歴史は一七〇三年にピョートル大帝が、大砲工場を建設したことにはじまる。一七〇三年といえば、奇しくもサンクト・ペテルブルグが建設された年とおなじである。

ラグズ戦闘団の9月17日から21日にかけての
マクリアからラトヴァへの進撃
❶9月14日～16日のラグズ戦闘団の位置
❷9月16日、第44猟兵連隊はクー湖への道を行く
❸9月19日～30日、戦車大隊第3中隊は牽引任務を行なう
❹ヒィンニネン隊、9月17日夕刻、ムルマンスク鉄道の東側に出る
❺ヒィンニネン隊、9月18日、ボロフイェヴァに
❻翌朝リヴィナに
❼モランデル隊、9月19日14時、トカリ陣地に
❽同日夕刻レヴォンセルカに
❾ヒィンニネン隊、9月21日6時30分ラトヴァに
❿9月22日14時45分、北へ向かって出発
⓫9月21日、第51猟兵連隊第II大隊、タルセボリンに接近
⓬9月21日、第7師団全部がタルセボリンに接近
⓭9月23日夕刻、第51猟兵連隊第I大隊ラトヴァに到着
ドイツ第163師団
マクリア
ラグズ戦闘団
クイッティネン
第44猟兵連隊
マクリア湖
第5師団
ロティノエポーレ
ヤンデバ
クー湖
スタル川
ウスランカ
ムルマンスク鉄道
ボポボローゼ
ヴァヅオ湖
第17師団
ムサロ湖
第7師団
マティソヴァ
トカリ
レヴォンセルカ
ピトモ湖
スヴィル川
ブライェヴァ
ペルト湖
ラグズ戦闘団
サクス湖
ユクソヴァ湖
ヴォロブイェヴァ
リヴィナ
リヴィナ川
ラトヴァ
ソウス
プロキナ
0
3km
N

サンクト・ペテルブルグは首都としてロシアの西方への窓となった。これにたいしてペトロスコイは、ロシアのカレリア植民、そしてフィンランド侵略の根拠地となったのである。ペトロスコイは、もともと鉄鉱を産出し、溶解、精錬の中心地であった。これが大砲工場が建設された理由であった。

さらにこの町は、サンクトペテルブルクから白海に至る船運の重要根拠地であり、北極海からサンクトペテルブルクに至る、重要な陸上交通路ムルマンスク鉄道も通っていた。ムルマンスク鉄道、この鉄道は後に連合国の援助物資の通り道となり、鉄道をめぐってフィンランド、ドイツ、そしてソ連が死闘を繰りひろげることになるが、これはまた別の話である。

九月七日、スヴィル川攻略を終えた後、ラグス戦闘団はアンヌス周辺に集結して補給と再編成にあたった。

九月一七日午前一一時五〇分、ラグス戦闘団の活動が再開された。

「パンサリ、リーッケーレ！」

先頭は第三中隊の戦車、そして大隊本部が後につづく。しかし道路事情は悪く、クイッテイネンを通過するまでに、何時間も時間が費消されてしまった。

「小休止！」

すっかり熱くなった戦車のエンジンを冷やさなければならない。停止している間に操縦手は、この先の道路状況を確認に行ったが、がっかりさせられることに状態はますます悪くな

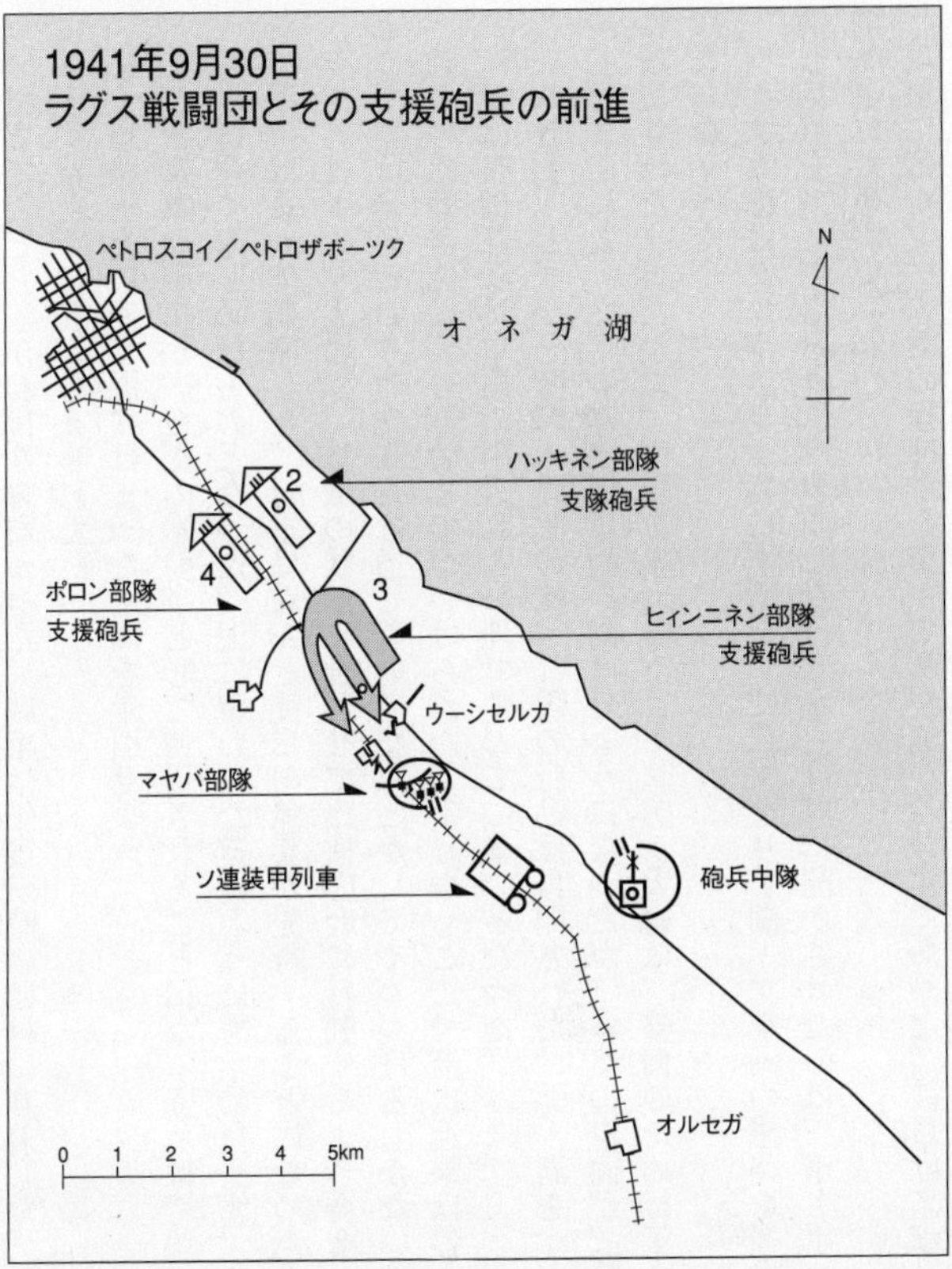

りそうだった。
　その予想は正しかった！　三キロほど進んだマクリア湖の西側で、砂にはまり込んで乗用車は動けなくなってしまったのだ。
　やむなく戦車大隊本部の人員は、「足で」マクリアヤルヴィ村までたどり着かねばならなかった。戦車は午後三時には村に到着した。しかし、彼らにはすぐ新たな任務が与えられた。

「すぐ道路上を戻って泥にはまった車両を牽引せよ」

まさか貴重な戦車が、ただの牽引車として使用されることになろうとは。

行軍は全くみじめなものとなった。泥に覆われた道はどうにも手に負えず、車両はあちこちで泥にはまって擱座した。行軍はなんと徒歩の猟兵が先行することになったのである。

ラグスはトウリ大尉に、地域の状況に合わせて臨機応変に行動するよう命令した。こんなところでは定形どおりのやり方は通じない。なんとかしてやっつけるしかないのだ。

戦車の悪戦苦闘は朝の五時までつづけられた。ようやくここで漸次進撃は停止されたが、こんどは整備部隊は車両の手入れと修理でてんてこまいとなった。

一八日朝、わずか三時間の睡眠の後、部隊の行動は再開された。クー湖をすぎると、道は少しはましになった。なんとか車両も動けるようになったが、多くの車両が故障し、道路上に放置されたままだった。中隊を率いるヴェセンテラ大尉は、整備のため行軍を停止させねばならなかった。

ラグス大佐はタルヴェラ少将に電話をして、マグリア湖〜クー湖の悪路を通過するため特別な措置を講じてもらうよう要請した。しかし反対に聞かされたのは、ポドポロゼの攻撃が開始された事実であった。

攻撃にはルンペ大尉の指揮する第一中隊が加わるはずであった。彼らはスヴィル川を渡って送られることになっていた。しかし、戦車を渡すフェリーがエンジン故障で川に沈んだため、彼らは遅れて戦機に間に合わなかった！

へびのようになった隊列は、ポドポロゼを目指してよろめきながら前進をつづけていた。

「グオーン」

と突然、空に爆音が響く。ソ連機の襲撃だ！　敵機は隊列に向かって多数の爆弾を落とし飛び去った。部隊の損害は軽微であったが、スヴィル川の鉄道橋が損傷した。

フィンランド軍の対空陣地は、一日中撃ちつづけて敵機四機を撃墜した。ラグスは、戦車部隊に対空車両とともに行動するよう命令した。

夕方になりようやく猟兵大隊は、ムルマンスク鉄道の西側に到着した。先行したヒィンニネン隊はスヴィルから北に転じたが、彼らは半日をかけてようやくピトモ湖にたどり着くことができた。ここでも悪路がつづいたが、降雨のため道は泥沼と化した。戦車、車両の轍は道路をえぐる。

「ブオーン、ブオーン」

エンジンは悲鳴をあげるが、腹まで泥に埋まった車両は頑として動くことを拒否した。猟兵はブーツの縁まで泥に埋まり、足を引き抜くことさえ一仕事であった。

「パスカレ、パスカレ」

兵士たちは呪いの言葉をつぶやく。敵はリュッシャ（ロシア兵）ではなく、野蛮とも言うべきロシアの泥沼だった。

先頭からラグスのもとに報告がとどいたが、その内容は、道路は「フオノクントイクシ(聞くに耐えないほどひどい)!」というものだった。

ラグス戦闘団には工兵中隊が付属していたが、彼らは道の修理におおわらわだった。しかし、彼らにできることはたかがしれていた。そのうえ、オネガ湖方向に北上すればするほど、道路状況は悪化した。

ラトヴァへの進撃、敵はロシア兵にあらず

午後五時、第一七師団はポドポロゼを占領した。この占領は兵士たちにとって望外の喜びをもたらした。倉庫を捜索した兵士は、中から大量のガラス瓶を見つけた。

「なんだ、なんだ」

引っ張り出した瓶に入っていたのは、なんとチェリーリカーだったのだ。

「酒だ、酒だ!」

酒、そしてコーヒー、思わぬ捕獲品で兵士たちの士気は大いに上がった。

しかし、隊列の状況は相変わらずだった。後続する猟兵一コ大隊はようやくクー湖に到着したところで、さらに後ろにも行軍する部隊が長々とつづいていた。

ラグスは、クー湖道の補修を急がせるとともに、戦車第三中隊の一二両の戦車に、穴にはまり込んだ車両を脱出させるため、「牽引車」として後方に派遣しなければならなかった。

貴重な戦車がこんな使われ方をすることになろうとは。

一方で、前線からはいい報告も入った。先行するヒィンニネン隊は、なんの抵抗も受けずにオストセチナを占領し、そこで大量の捕獲品を得ることができた。

また、第一五軽部隊は午後七時にミハイロフ丘を占領した。彼らはここで夜を明かし、翌日の進撃にそなえた。

翌一九日朝は、太陽が輝くいい日よりであった。しかし、前日の雨と朝露のため、道路事情は相変わらずだった。道の表面には水が染みだし、泥は柔らかく滑りやすかった。ラグスは工兵中隊長に、マティソヴァ～ピトモ湖道の補修を命じた。

ラグス戦闘団の各部隊は、バラバラになって道路上を苦闘しつつ前進をつづけた。

ヒィンニネン隊は午前四時半にオストセチナを出発した。彼らは全く抵抗をうけることなく、午前七時半にはイーヴィナに到着した。

モランデル隊は午前一〇時にトカリ駅の攻撃を開始し、午後二時には占領した。彼らはレフセルガ方向に進撃をつづけたが、強力な敵の抵抗で進撃を中止せざるをえなかった。

敵は二コ大隊に装甲列車をともなっていた。それなのに我が方は！　頼みの戦車は？　この日一日中、クー湖道で「牽引任務」にあたっていたのだ！

第一中隊は第一七師団に貸し出されたままだったが、彼らも困った状況に陥っていた。ルンペ大尉からの電話連絡によると、エンジンオイルがなくなってしまったというのだ。これ以上、スヴィル北岸での行動は不可能となった。

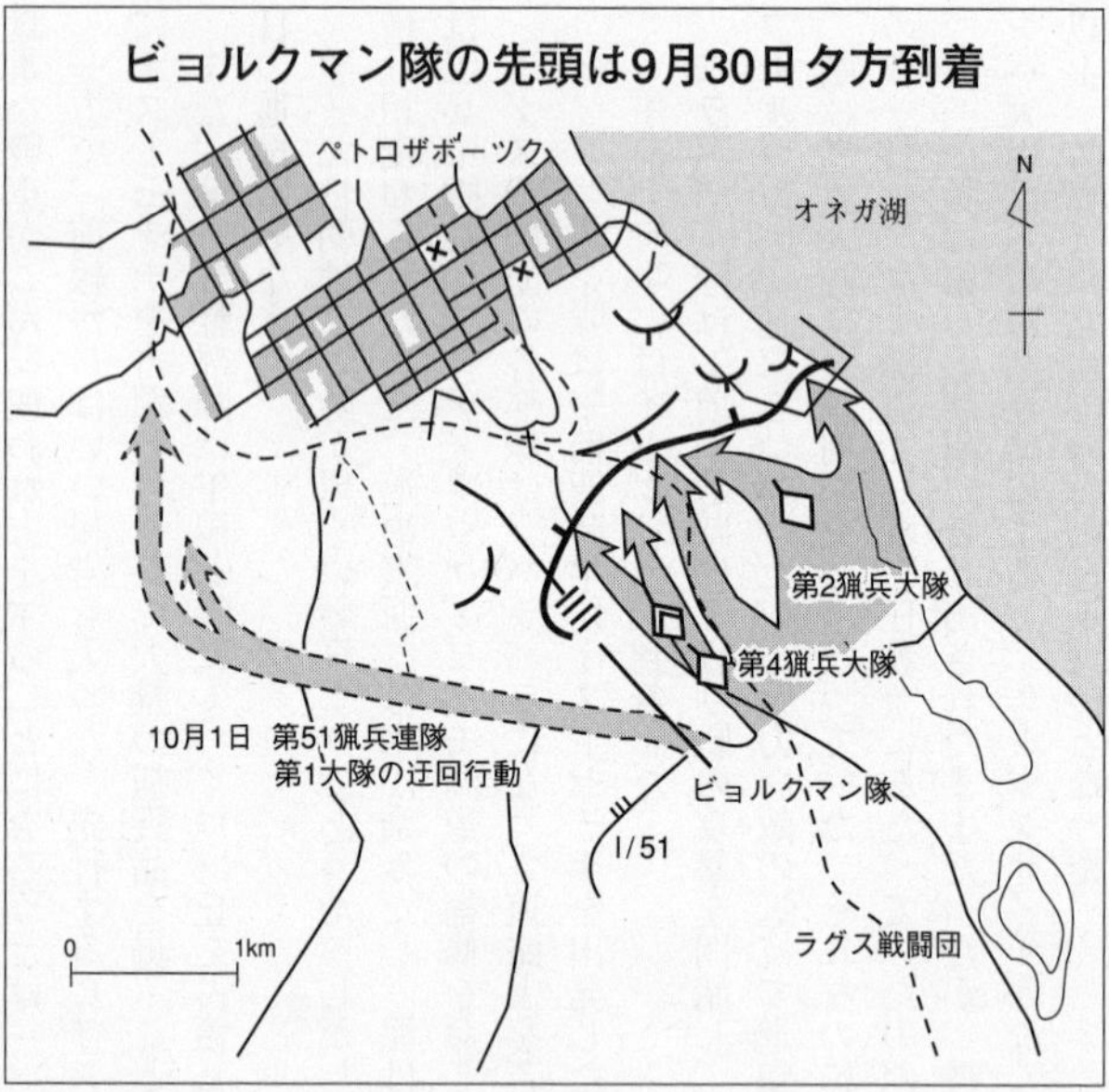

一方、ラグス戦闘団本隊は、夕方、ブライェヴァを占領した。しかし、ここで不幸なできごとが起こった。

「シュルルル、ドワ、ドワ」

突然、戦車隊の集結地に重砲弾が落下したのだ。

「ウ、ウ、やられた」

「衛生兵！」

戦車兵たち、安心しきってハッチを開け放って戦車の回りにたたずんでいた戦車兵たちが悲鳴をあげて転がり回る。

「敵襲！」

そうではなかった。なんと味方重砲兵部隊の誤射であった。二発の榴弾が戦車の近くに落ち、不運にもユハ・レフトヴィルタ

悪路を進むフィンランド軍のＴ26Ａ軽戦車

中尉、マッティ・F.ミュハネン軍曹、アイモ・ライネ伍長が死亡したのである。

不幸は一人ではやってこない。そのうえ本隊の戦車の補給状況も危機的となった。エンジンオイルの予備はすでになく、燃料ももう残っていなかった。輸送部隊の車両には、これらの物資が積まれていたが、彼らは泥沼のクー湖道で悪戦苦闘していた。

「ジー、ジー」

マケラ中尉に電話が入った。朗報である。

「六〇〇〇リッターのエンジンオイルと三〇〇〇リッターの燃料を搭載したトラックが、マクリアを発ちました」

二〇日朝、燃料が到着し、ラグス戦闘団の行動が再開された。幸いなことに工兵隊の修復作業と天候の回復のおかげで、スヴィル川沿いの道は、「比較的」にましだった。

しかし、それもブラコヴィ丘までで、そこから先は「アーレットマン、ケフノ（際限なく悪い）」有り様だった。工兵中隊が投入され、道の補修が開始された。

ラグスは車両はあきらめ、徒歩で前進をつづけた。夕方には多くの人員がピトモ湖道にたどりついた。しかし、全く惨めな気分であった。これが戦車部隊の行動なのか。戦車隊の敵はロシア兵ではなく、ロシアの野蛮な原始のままの悪路であった。それでも「足で」猟兵たちの前進はつづけられた。

ヒィンニネン隊は、夕方にイーヴィナを出発し、翌日のラトヴァ攻撃を図った。コモネン隊、ヴェセンテラ隊はヴロブイェヴァに到着し、ヒィンニネン隊を追いかける。さらに対戦車砲を装備したスオカス隊がピトモ湖道を追いかけていた。

一方、モランデル隊は、レフセルガの南側で苦闘していた。そして、トカリからスヴィル川にかけて猟兵がつづいた。戦車は？　第一中隊はスヴィル川北岸でエンジンオイルを待っていた。第三中隊は相変わらず牽引任務を勤めていた。

二一日はとても美しい朝だった。しかし夜降った雨のため、路面は濡れていた。砲兵隊は猟兵を追って前進したが、粘土のように細かくつるつるになった路面で、牽引車の車輪はスリップした。このため前進はきわめてゆっくりしたものとなった。

だが、心配はいらなかった。この日の朝、ヒィンニネン戦闘団は短い戦闘で、ラトヴァを占領したのである。残された目標は、ラグス戦闘団の最終目的地ペトロスコイだけであった。

ラグスはすぐに全勢力をあげて、ペトロスコイへの進撃を命じた。
「パンサリ、リーッケーレ！」
「エデタ、パーヴォイメネーン、ペトロスコイン！（最高の賞品、ペトロスコイに前進）」

見ろ、あれがペトロスコイだ

フィンランド軍部隊は、一斉にペトロスコイへの前進を開始した。各部隊はわずかな道路だけを通った分進合撃の態勢となった。

西のクティスマ、プラーサからは第一、第一一師団が、南からは第七、第一七師団そしてラグス戦闘団がムルマンスク鉄道とペトロスコイ道に沿って攻めのぼって行った。

ピャジツェバ・セリザ～デレブヤンカ～オルゼガ、プフカ～ペダセリガ～デレブヤンノエ。九月三〇日、ついに戦闘団はペトロスコイを指呼に望むことになった。夜は平和が保たれた。

しかし、戦闘団は進撃を急ぎまだ南の森の中には敵が潜んだままで、散発的に小競り合いがつづいていた。そして北の町でもソ連軍は活発に活動し、防衛準備をすすめていた。

「敵襲！」

突然、警報が発せられた。オルセガ近くに敵装甲列車が出現したのだ。

ラグスはすぐヒィンニネンに撃退を命令した。ヒィンニネンは、砲兵隊の支援を受けてオルセガに向かった。

「ズーン、ズーン、ダダダダダ」

装甲列車は線路上に止まったまま、悠然とフィンランド軍部隊に砲火を浴びせていた。

戦車隊は散開して装甲列車を遠巻きにした。一方、砲兵隊は、装甲列車を攻撃できるよう近くの丘に布陣して射撃陣地の構築にとりかかった。

ヒィンニネンはケスキネン中尉に八〇名の猟兵を指揮させてウーシセルカへ向かわせた。ここで装甲列車の進路をふさごうというのだ。ヒィンニネンはウーシセルカを火制できるよう、砲兵の一部にも移動を命じた。

さらにウーシセルカには工兵部隊が送られた。彼らは線路を爆破して、装甲列車の退路を断とうというのだ。

「ドーン、ドーン」

午前三時二〇分、ウーシセルカの南の線路方向から、大きな爆発音が響いた。爆発音は二回聞こえ、さらに三時四五分、三回目が響いた。

これらはライティス軍曹のひきいる工兵部隊によるものであった。爆破と前後してソ連軍はペトロスコイ方向から反撃に出たが、敵は弱体でわずか一五分で撃退された。

ラグス戦闘団は、孤立した装甲列車を囲んだまま、ペトロスコイへの進撃を開始した。ビョルクマン戦隊の攻撃、ポロン隊が左翼、ハッキネン隊が右翼に並んで、オネガ湖岸を北上する。主力は右翼のハッキネン隊で、戦車もそこに集められた。

午前一〇時半すぎ、ビョルクマン集団の攻撃は開始された。

死闘のすえ擱座したBT７戦車

猟兵はペトロスコイに向かって歩みを速める。当初ハッキネン隊の前進は、全く敵の抵抗をうけなかった。ハッキネン少佐は、ルンペ大尉とラウイ大尉に敵防衛線の突破を命じた。

一〇時半、オルセガ陣地の掃討が完了したという連絡が入った。これによってペトロスコイの全力攻撃が開始されることになった。橋の西で攻撃が開始された。

ペトロスコイの町の南半分はフィンランド軍のものとなった。本部からは、左翼隊に遅滞なく前進し、左翼側の街道を押さえる命令が発せられた。

一方、ハッキネン隊の攻撃の重心は右方向に指向され、リウッコネン中尉に港の攻撃が命令された。ルンペ大尉には、全ての稼働戦車をもって、ハッキネン隊の攻撃に加わるよう命令された。

「パンサリ、エテーンパイン！」

一方、ヒィンニネン隊には、別の命令が出された。ウーシセルカに残置されたマヤバ中隊に加わり、南からペトロスコイに突破しようという、ソ連軍部隊を撃破せよ。

残された三両の戦車と装甲車が追従する。街道上で戦車と猟兵は戦闘集団を形成した。工兵部隊には線路を徹底的に破壊する命令が下され、砲兵にも出撃が命じられた。さらにオルセガ方向から、ユルクネン大隊に北に急ぐよう命令された。

午後一時半、ウーシセルカの北一・五キロで、北へ突破しようとするソ連軍との戦闘が激しくなった。（ソ連軍装甲列車は、なんとか前進しようと試みる。「榴弾」（なぜ榴弾？　それは豆鉄砲では装甲列車のぶ厚い装甲が撃ち抜けないからである。榴弾で群がる歩兵と線路を補修しようとする工兵を追い払うのだ）

「トゥルタ！」

戦車と対戦車砲は、激しく射撃してこの試みを撃退した（結局、装甲列車は一〇月一日午前、フィンランド軍の攻撃で完全に破壊された）。

ペトロスコイを攻撃するビョルクマン戦隊は、しだいにペトロスコイの市街地へと侵入していった。午後二時一五分には右翼猟兵は、港の引き込み線を占領し、左翼の猟兵も森を抜けて開闘地へと進出した。戦車集団も到着し、街道上の敵重車両にたいする戦闘を開始した。戦車は猟兵と協力して街道を前進する。

ソ連軍の兵器で強化されたフィンランド軍機械化部隊

「パンサリ、エテーンパイン！」

午後四時、戦車集団の攻撃が開始された。小山のようなT28戦車が主砲をもたげ、左右に機関銃筒を振ってゆっくりと動きだした。

「榴弾、トゥルタ！」

T28は敵歩兵陣地に向かって七六ミリ砲を乱射しながら前進した。

「キュラキュラキュラ」

突然、ソ連軍のクリスティ戦車三両が躍り出た。

「徹甲弾、トゥルタ！」

外れた。しかし、敵戦車はT28の発砲に驚いて、たちまちフルスピードで逃走した。すでにフィンランド軍の攻撃で、ソ連軍防衛線は穴だらけであった。

午後六時、フィンランド軍は町からわずか一五〇〇～一七〇〇メートルに迫った。敵の抵抗は完全に破砕された。

攻撃は夜通しつづけられた。八時二〇分、フィンランド軍はペトロスコイの町を南北に分かつロヒ川を越えた。線路を境に右翼、左翼部隊は手をつないで前進した。太陽は美しく輝き、ペトロスコイの町は一面に煙りで覆われていた。

午後四時半、ついにカイマー川の北岸に到達、オネガ湖岸の重要都市はついにほとんどフィンランド軍の手中に落ちた。

この後、さらにフィンランド軍は北方に向かってソ連軍部隊を押し上げていった。しかし、一一月になると雪のため、フィンランド軍でさえそれ以上の進撃は不可能となった。

マンネルヘイムは一二月に入ると、フィンランド軍部隊に対して進撃停止を命じた。もう十分だ。フィンランドにこれ以上の攻勢を取る余裕はない。フィンランド軍は停止し、塹壕を掘って防衛線を固めた。

結局、戦線は東カレリアのラドガ湖からオネガ湖、セグ湖を結ぶ線で安定した。

フィンランド軍の作戦は大成功だった。

だが、彼らの友軍ドイツ軍は、ロシアの寒気の中でもがいていた。彼らは作戦の行き詰まりを解消すべくフィンランド軍が攻勢を取るよう要請した。

しかし、マンネルヘイムはレニングラードやムルマンスク鉄道の攻撃を求めるドイツの要請を断わった。

ドイツ軍はスヴィル川まで進撃し、フィンランド軍と手を結ぶはずだった。しかし、彼らはチフビンで駆逐されてしまい、レニングラードの包囲は完成しなかった。

1941年10月1日、ペトロスコイ／ペトロザボーツク方面への進撃
ウル湖
ロフモイ湖
スオユ川
オネガ湖
ペトロザボーツク
第8猟兵連隊
第50猟兵連隊
カリ隊
ビョルクマン隊
ラグス 戦闘団
パルカナ隊
ロヒ川
ロヒ湖
マース湖
第VI軍
(タルベラ)
III/8
I/8
II/8
I/29
II/29
III/29
III/50
II/50
I/50
II/60
I/60
III/60
I/51
N
0
5
10km

北方ではムルマンスクを攻略するはずのノルウェー派遣独部隊は進撃不可能なツンドラとソ連軍の激しい抵抗に阻まれて退却を余儀なくされていた。

どうしたことか。フィンランドが問い詰めても、ドイツ軍側の説明はしどろもどろで本当のことを言わない。マンネルヘイムはしだいにドイツへの不信感を高めていった。

一二月二一日、マンネルヘイムはリュティ大統領に戦争の見通しについて語った。すでにドイツ軍はモスクワ前面で敗れ、日本の真珠湾奇襲によってアメリカが参戦していた。

彼はリュティに言った「カタストロフ」がはじまった。もはやドイツに勝ち目はないことを早くも彼は見抜いていたのである。

フィンランドにとっての戦争は終わった。いまやフィンランドにとっては、どうやって戦争に勝つかではなく、どうやって戦争から脱出するかが問題となった。

マンネルヘイムはフィンランド軍部隊にすべての攻撃行動をやめさせた。無駄な攻撃を止め、穴に潜って戦力を温存するのだ。

ドイツとソ連の死闘はつづいている。フィンランドの前面にはソ連軍部隊がおり、国内ではドイツ軍部隊が闊歩しているのだ。いまはまだ時期が悪い。小国フィンランドは、無用な犠牲を避けて嵐が通りすぎるのを待つしかなかった。

第７章　惰眠を貪るフィンランドの独戦車隊

バルバロッサ作戦によりソ連領になだれこんだドイツ軍は、極北の同盟国フィンランドからも作戦を開始したが、ここはあまりにも地の果てすぎて軍事行動が遅滞、奇妙な戦争となった！

一九四二年一月〜一九四三年九月　忘れられた戦場

静かなフィンランド戦線

「軍曹殿、大きな獲物が釣れました！」

「こいつはすごいな、今夜はこいつで一杯やろう。そっちはなんだ」

兵士は手に持ったバケツを軽く持ちあげた。

「ははあー、野イチゴか、大収穫だな」

戦車のまわりには笑い声があがった。今日も釣りと野イチゴ摘みで一日が暮れた。もちろん戦車の整備もしなければならないが、それほどの大事ではない。もっとも、部品がなかなか届かないことには悩まされるが……。

なんとものんびりした光景だが、はてさて、いまはいつだ。まだ平和なころの話か。そして、ここはいったいどこだろう。本国ドイツの駐屯地か、はたまた演習場か。

とんでもない、いまは戦争の真っ最中で、ドイツとソ連はたがいの生存をかけた激闘のまったただなかだった。そしてここも、平和な演習場どころか、そのドイツ軍とソ連軍がぶつかりあう、まさにその東部戦線である。

しかし、場所はだいぶ北、それも完全にはずれといっていい、フィンランド北部であったが……。

一九四一年六月に発動されたバルバロッサ作戦で、ドイツ軍は広大なロシアに、南部、中央、北部の軍集団をもってなだれこんだ。その結果は、レニングラード包囲、モスクワ攻撃、キエフ占領と有名である。その主力とははずれた北の大地、フィンランドでもソ連への侵攻がこころみられた。

その顚末は、東カレリアに侵攻してソ連軍を後方におしやったものの、目標であるムルマンスク、およびムルマンスク鉄道には、どの地点でもたどり着くことができず、みじめな失敗におわった。

ドイツ軍は一定の地歩を得たものの、それはほとんどなんの意味も持たなかった。

一九四一年から四二年の冬にかけて、両軍の戦闘はつづけられたが、どちらにとっても、この戦線は副次的な戦場でしかなかった。もちろん、現地の兵士にとっては命がけの戦いであったが、上層部からはほとんど忘れられた戦場となった。

こうして人員装備の補充もなく、補給もとどこおった状態で、フィンランドに展開した戦車隊は、しだいに装備は故障、損耗し、旧式化していった。

「われわれは戦闘経験を持つ実戦部隊であり、予備役部隊ではないのですぞ」

現地部隊がいかに口を酸っぱくして要請しても、色よい返事はなかった。そう、総司令部はもっと大事な戦場に忙殺されていたのだ。

なにせヒトラーの気まぐれで、部隊はあちらこちらへ振りまわされ、レニングラードもモスクワも取れず、ソ連軍の抵抗はついえるどころか、ますます激しさを増していたのだ。部隊も装備も人員も、いくらあっても足りはしない。

極北のペッツァモで、ムルマンスクへの攻撃をくわだてた第四〇特別編成戦車大隊第一中隊は、一九四一年の九月には前線から引きあげられ、一〇月には再編成と休養のため、はるか後方のオウルに移動した。

東カレリア北部で戦った第四〇特別編成戦車大隊の残りは、もうすこし長く前線で戦いつづけたが、それも一九四二年一月にはオウルへ移動し、第一中隊と合流した。このとき、大隊にはおもしろい命令が出された。

「大隊の人員と車両の双方が申し分のない状態でなければならない。そして、人員の外見をふくめて、すべての面で命令に反した場合、きびしく罰せられねばならない」

というものである。

これは戦車部隊の威信の問題であるとともに、もっと大きな意味があった。もし前線からもどったドイツ軍戦車隊が、尾羽打ち枯らし、みじめに憔悴した状態であったら、フィンランド国民がドイツの勝利宣伝に疑問を持ってしまうからである。

ともに戦うフィンランドがドイツへの信頼をうしない、戦争から離脱しては大変だ。ドイツ戦車隊はこれまでどおり、いつまでも栄光ある無敵戦車隊でなければならない。

こうして厚化粧でごまかした第四〇戦車大隊は、オウルに到着した。威儀を正して戦車と隊員はオウルの町にはいる。

「ウラー！」

街路にでたフィンランド市民は歓呼で迎えた。部隊は指定された駐屯地に到着すると、すぐに戦車の修理にとりかかった。

消耗はいちじるしかった。戦車はすっかりくたびれて、ほとんど完全なオーバーホールが必要だった。

問題は、部品の不足にあった。部品も、この極北まではなかなかまわしてもらえないし、大隊の使用する戦車は、いま生産されているタイプとことなる旧式戦車ばかりだったのだ。

いちおう整備が完了したのは、なんと一九四二年五月になってしまった。当初、大隊はノルウェーに送られる予定だったが、けっきょくフィンランドにとどまることになった。

この間、フィンランドの戦場でもすこしは戦闘がおこなわれた。一九四二年春、ソ連軍はキエスティンキでドイツ軍の撃滅をこころみた。

「警報！　戦車！　戦車！」

彼らは北方の森をぬける補給道路を建設しており、一コ大隊ものＴ34戦車、ＫＶ1戦車と

増加装甲を取り付けたKV１重戦車

砲兵まで持ってきていた。これはフィンランド戦区では、とんでもない大兵力だ！

　四月末、第四〇戦車大隊の使用可能な戦車は、この戦場にいそぎ派遣された。部隊は前線に到着するやいなや、戦う部隊のなかにばらばらに分割された。

　一コ戦車中隊はＳＳ師団にあたえられ、もうひとつはフィンランドＪ師団に組みこまれた。一コ小隊は軍団予備にとどまり、もうひとつはトゥオッパ湖周辺地域の増援に送られた。

　フィンランドでの戦車運用は、他の戦場とはちがっていた。それは戦車ですら道路以外を行動できなかったからで、戦車の任務は道路沿いに進み、歩兵に支援火力を提供する、ただの移動歩兵砲でしかなかった。

　ソ連軍は撃退されたが、これは歩兵の戦果であった。戦車のはたした任務は、補給路である道路を確保したことであった。

　そしてもうひとつ、戦車は補給にとって死活的な役割をはたした。というのは、道路事情はあまりに悪く、なんと戦車でしか食糧と弾薬の補給ができなかったこともあったからだ！

五月なかばにドイツ軍の反撃が開始されたが、地形とソ連軍の構築した障害物によって戦車の使用は限定され、攻勢開始後すぐに、ほとんど無価値となった。五月末、戦線はほぼ以前の状態に回復され、ドイツ軍は防衛陣地にはいった。

戦場にはふたたび静けさがもどった。第四〇特別編成戦車大隊は、警戒のため一コ中隊を残して後方に引きあげた。移動後、大隊にだされた命令は、戦線の後方警備であった。

戦車のエンジンが動きだす。

「パンツァー、マールシュ！」

戦車の出動である。といっても、街道沿いに走りまわってパルチザンの襲撃にそなえるだけ。毎日の退屈な任務であった。

このころ、東部戦線の各所ではドイツ軍とソ連軍の死闘がつづけられていた。フィンランドのような静かな戦線に、第四〇特別編成戦車大隊をおいておくことは、なんともムダな話である。

「喜べ、移動命令だ、本国に帰れるぞ！」

一九四二年一一月一八日、大隊にノルウェーへの移動命令が発せられた。大隊には新しい機材が装備されて、再編成されることになった。大隊は道路をつかってオウルまで輸送され、そこから鉄道をつかってボスニア湾岸南部の港に運ばれ、ノルウェーへと船積みされた。

「アウフヴィーダーゼン！」

船上から戦車兵たちは、奇妙な戦場であったフィンランドに別れを告げた。

残された「フランス」戦車

バルバロッサ作戦でフィンランドに送られたドイツ戦車隊は、第四〇特別編成戦車大隊だけではなかった。もうひとつ、第二一一戦車大隊という部隊も送られていた。

第二一一戦車大隊は、ひじょうに奇妙な大隊であった。それは大隊の装備戦車にあった。なんと彼らはドイツ戦車ではなく、一九四〇年の戦いでドイツ軍が捕獲したフランス戦車を装備していたのである。

ドイツ軍が戦車不足であったことはよく知られており、たしかに捕獲したフランス戦車も使用された。しかし、それは主として第二線任務の後方警備などで、攻撃のための主力兵力として投入されたのは、フィンランドそのものが第二線級の戦場と見なされたことを物語っているようだ。

第二一一大隊はバルバロッサ作戦当初、サッラからアラクルッティへの攻撃に参加した。九月に戦闘が下火になると、大隊はアラクルッティで「冬眠」することになった。

「なんてひどいところだ」

隊員がぼやくのも無理はない。アラクルッティはド田舎の寒村で、大隊は適当な宿舎すら見つけられなかったのだ。彼らはなんと、自分の宿舎を自力で建設しなければならなかった。

大隊は一九四二年の冬のほとんどを、車両の修理と宿舎の整備についやした。というのも、彼らの任務は後方警備くらいで、あまりすることがなかった。

戦闘がなくとも、零下何十度にもなる厳寒のフィンランドの冬を生きのび、戦車を稼働状態にたもつことは、一大事業であることはたしかであった。

さらに悪かったのは、大隊がフランス戦車を装備していたことだった。というのも、ドイツ軍はフランス製車両の補給デポをジアンにおいており、スペアパーツはおおむねそこにあったからだ。必要な部品は、戦車大隊が発注してから、なんと六ヵ月後にしか届かなかった。戦車が動くのは、たまさかである。

「パンツァー、フォー！」

ちっぽけなフランス戦車が雪を踏みしめて前進する。戦車のうしろからは、真っ白なカモフラージュの歩兵がぞろぞろとつきしたがっていく。

ドイツ軍の冬季攻勢。いや、そうではなかった。二月二七日、第二一一大隊の六両の戦車が参加した演習がおこなわれたのである。

この演習中、戦車はほとんどの場合、道路上を行動した。カレリアでは、夏も冬も戦車は道路上しか行動できなかったのである。こうした演習は、この後も何回かおこなわれている。

八月終わりには、ヴォルフ少佐が指揮する一コ戦車中隊が、アラクルッティ近郊でおこなわれた演習に参加した。そして、一九四三年七月終わりにも、戦車大隊は第三六軍団の歩兵部隊と共同演習をおこなっている。

フランス軍のソミュアS35中戦車。各部を鋳造してボルトで結合されている

戦闘は――あるにはあった。一九四二年五月には七両の戦車が、防衛線強化のための限定的な攻撃にくわわった。それだけ。もちろん、記録するまでもない小競りあいはあったかもしれない。しかしこれが、長期間、アラクルッティにとどまった大隊の戦果である。

この大隊の場合、どこか他の戦線に移動させたとしても、この装備ではほとんど役に立たなかったろう。

しかし、人員は――そうそのとおり。ただし、ドイツ軍も抜かりはなかった。大隊からは人員が引き抜かれ、東部戦線で戦う他の戦車部隊に転属させられた。その代わりには、練度の低い新米戦車兵が送りこまれた。

いい方法ではあったが、これによって大隊の戦力は、ますます低下した。訓練部隊であればいい。しかし、大隊は実戦部隊なのだ。みじめなことに、一九四三年秋以降は燃料さえも不足して、訓練もままならなかったという。第二一一戦車大隊は、まさに忘れられた、いや見捨てられた戦車部隊であった。

任務は魚釣りと苺摘み？

バルバロッサ作戦開始時にフィンランドに展開した部隊は、第四〇特別編成戦車大隊と第二一一戦車大隊であったが、予期に反して戦線が膠着すると、局面打開のために、あらたな機甲兵力の投入が要請された。それこそが、ドイツ軍で伝説的兵器として名高い突撃砲であった。

突撃砲とはドイツ独特の兵器で、歩兵部隊の突撃を支援するための兵器であった。戦車と同様の装甲した車体を持ち、もともとは短砲身の歩兵砲（榴弾砲）を装備していた。戦車も突破用兵器ではあるが、電撃戦型の戦いでは、戦車は戦車集団で運用され、あまり歩兵のことはかまってくれない。代わりに、ドイツ軍で歩兵を直接支援してくれたのが、動く装甲歩兵砲、突撃砲であった。突撃砲が歩兵から神様のように評価されたのは、つねにそばにいてくれたからで、本当は戦車の方が役に立ったはずだ。それはともかくとして、フィンランドの戦線は、電撃戦型の戦いとはほど遠く、歩兵の突撃でしか突破できない戦線であった。

「戦線突破のためには、突撃砲が必要だ。ぜひ突撃砲部隊を派遣していただきたい」

一九四一年一〇月、ドイツのラップランド軍は、突撃砲部隊の派遣を要請した。しかし、たびかさなる要請にもかかわらず、フィンランドにはたった一両の突撃砲も送られなかった。

もっとも、これは当然のことであった。一九四一～二年の冬、ドイツ軍はロシアで大損害をうけた部隊への新しい装備の供給におおわらわで、こんなどうでもいい戦場に、貴重な装備をおくる余裕など、どこにもなかったのだ！

こうしてラップランド軍の要請は店ざらしにされた。陸軍総司令部がこの要請を思いだしたのは、なんと一年以上たった一九四三年一月のことであった。

「カタカタカタ」とテレックスが鳴り、電文をはきだす。

「突撃砲二コ中隊を派遣する」

いまさらだが、うれしい知らせではある。フィンランドに到着するのは、一九四三年五月だという。

おもしろいのは、隊員を現地で集めるよう命じられたことである。戦争が長びき、ドイツ本国はずいぶんと人手不足になったようだ。

当初予定されたのは、第一六九歩兵師団第二三〇戦車駆逐大隊、第一六三歩兵師団第二三四戦車駆逐大隊のおのおの一コ中隊から、人員を移行することになっていた。しかし、これはすぐに変更され、人員は廃止された戦車小隊や、対戦車、砲兵部隊から集められることになった。

「突撃砲部隊員募集！」

ラップランド軍は一九四三年一月一八日、隷下各部隊に必要な人員抽出の命令を発した。人員は本当に、あちこちから寄せ集められた。砲兵部隊、戦車保安部隊、独立戦車小隊、砲兵集積所などなど。

命令は、とくに質の高い兵士をもとめていた。これは、指揮官はしばしば性格的に問題ある人員を転属させたがる傾向があったからだ。エリート部隊の突撃砲部隊が、はんぱ者の集まりではこまるのだ。

一月中に、まず人員だけの部隊がフィンランド北部に編成され、車両はドイツで受領されることになっていた。部隊の名称は第七四一、第七四二突撃砲中隊とされた。

部隊はラップランドから苦労してフィンランド南部のトゥルクまで移動し、二月末、そこから船でダンチヒに渡った。それから部隊は、訓練のためベルリン近郊のユターボクの突撃砲訓練場に送られた。

「集合、よく聞け。貴官らに二週間の休暇をあたえる！」

兵士たちは喜びの雄叫びをあげた。彼らは極北のフィンランドに送られてから、半年間も帰郷していなかったのだ。あたふたと半数の隊員が帰郷した。

しかし、この休暇は三月一日に終わってしまった。三月六日にはふたたび訓練がはじまり、四月一日にいったん終わった。訓練終了後、隊員はあらためて四月一四日までの休暇をあたえられた。兵士たちには、つかの間の休息があたえられた。

歩兵部隊を支援する突撃砲。写真はⅢ号突撃砲G型。対戦車戦闘に特化した型式

本当につかの間であった。部隊は五月一六日にはユターボクを発って、フィンランドへと旅立った。

「アウフヴィーダーゼン、愛するドイツよ！」

部隊はふたたび船に乗せられ、五月二七日にフィンランド西岸のピエタリサーリに到着した。ピエタリサーリからは、鉄道でオウルへ、オウルからは自走して前線に向かった。

「ブスブスブス、ガタン」

突撃砲は停止した。

「エンジンがかかりません」

操縦手は悲鳴をあげた。自走しての行軍は悲劇をもたらした。おおくの車両が機械的故障で落伍したのである。

これらの故障の一部は、工場でのエンジン生産段階での破壊工作によるものであった。落伍した車両は、中隊の行軍ルートに点々と放置された。

このようなトラブルはあったものの、二つの中隊は、なんとかコッコサルミに到着することができた。中隊はコルホーズの建物を宿営地とし、車両は以前、馬屋として使われていた建物に収容された。そして、コルホーズの農地は中隊の訓練場として使用された。

「コルホーズか、こいつはいい。ここはさしずめ、わが中隊のコッコサルミ森林収容所というわけだ」

実際、コッコサルミは彼らの収容所となった。強制労働はなく、命の危険もなかった。その代わり、彼らの敵となったのは、とんでもない退屈であった。

「気をつけ、ディートル閣下に敬礼！」

突撃砲部隊は、ラップランドでは注目のまとであった。それもそのはず、ここでは突撃砲ははじめて見る「新兵器」であった。各種のレベルの指揮官が、「新兵器」を見るべくコッコサルミに足を運んだ。ラップランド軍の司令官であるディートル大将も、その一人だった。

「貴官らの活躍に期待する」

六月一七日、中隊を訪問した大将は隊員を激励した。

実際のところ、中隊のレベルはまだ実戦参加には不充分であった。ユターボクでの訓練は、メカニカルな部分に重点がおかれ、運用面の訓練はおざなりなものであった。

このため、コッコサルミで中隊の錬成訓練がつづけられた。夏のあいだ、部隊は精力的に訓練をおこない、練度を高めていった。

それが何になる。じつはフィンランドでの攻勢は、一九四一年のあと、一九四二年には計

森林地帯を進撃するドイツ軍のⅢ号戦車

画されただけにとどまり、四三年になると、ほとんどありえなかった。実際、困難だっただけでなく、ドイツ軍が望んでも、すでにドイツの敗北を見越して講和の道をさぐっていたフィンランド側は、言を左右して、ドイツの攻撃に協力しようとはしなかった。

一九四一年にラップランド軍が要請したときには、突撃砲の配備に意味があったかもしれないが、それが配備された四三年には、もはやなんの意味もなかったのである。

訓練の一方で戦争を忘れた隊員は、夏のあいだ、魚釣りと野イチゴ摘みに明け暮れたという。これが「コッコサルミ森林収容所」の実態であった。

一九四三年秋の終わりには、貴重な中隊をフィンランド北部にとどめおくことは、まったくの無駄でしかないことが明らかになった。平和なフィンランドとちがい、はるか南の戦場では、ソ連軍の攻勢にさらされたドイツ軍は、各所で後退をつづけていた。

中隊は、東部戦線のもっと南の戦域であれば、より役に立つはず。平和を思うぞんぶんに楽しんだ隊員さえ、ここでの怠惰な日々が無意味であることを感じとっていた。

「どうやら、移動らしいぞ」

中隊員らはひそひそ話をかわした。どうやら、この次の冬には南の戦線に移されることを、隊員たちも気がついていた。

「全員集合！」

中隊長からの伝達だった。

「中隊は現在地から移動し、ドイツ本国に帰還する」

九月半ば、中隊はコッコサルミの「森林収容所」からの移動を開始した。

九月二三日には、オウル近郊のキーミンキに到着し、オウルからトゥルクへは鉄道で移動した。中隊はトゥルクで船積みされ、ドイツへと向かった。

こうして二つの突撃砲中隊はフィンランドを去り、あらたな戦場へと向かった。

「アウフヴィーダーゼン、フィンランド、また来る日まで」

フィンランドでの奇妙な「戦争体験」は、けっして忘れられることはないだろう。

彼らは、ふたたびフィンランドの地を踏むことはなかった。しかしこのわずか九ヵ月後、突如フィンランドは激戦地となり、フィンランドと彼らとは別のドイツの突撃砲部隊が、ソ連軍と血まみれの戦いを演じることになるのである。

【第2部　スターリングラード戦からハリコフ戦まで】

第8章　最強戦車が味わった屈辱のデビュー戦

ソ連領に攻めこんだドイツ戦車部隊は、深刻なT34ショックにみまわれ、より強力な新型戦車を待望する声があがった。そこで登場したのが、ヒトラーお気入りの〝ティーガー〟だった！

一九四二年八月二九日〜九月二二日　ティーガー戦車の初陣

第五〇二重戦車大隊編成

一九四一年六月二二日、ドイツ軍によるソ連侵攻作戦「バルバロッサ作戦」は開始された。ドイツ軍は奇襲により、たちまち多数のソ連軍部隊を打ち破り、破竹の進撃を開始した。

ここでも、ドイツ戦車は無敵だった。いや、そのはずだったが、話はちがっていた。彼らの前に突如、ソ連軍の新型戦車が立ちはだかったのである。いわゆるT34ショックである。

戦線に投入されたソ連軍のT34やKV1は、大威力の主砲にぶ厚い装甲をもち、あきらかにドイツ戦車をうわまわる性能だった。ドイツ軍は、ソ連軍の指揮のまずさと戦車兵の技量の圧倒的な差で、これらの敵を打ち破ることができたものの、とてもこの事態を放置することはできなかった。

なんとかT34をうわまわる戦車を……。新型戦車の開発が、大車輪で進められることになった。

こうしていそぎ完成されたのが、ティーガーであった。ただし正確にいうと、ティーガーはゼロからつくられた戦車ではない。

もともとは、戦前から開発がつづけられてきた突破用の重戦車がベースとなっており、それまでは必要性がとぼしいため、ゆっくり開発していたものを、急きょ新型戦車としてまとめ上げたものといえる。

このため、ティーガーの開発は迷走し、ポルシェとヘンシェルの設計が競争することになった。

ティーガー戦車には、ヒトラー総統みずからただならぬ関心を示していた。ティーガー戦車は一九四二年四月二〇日のヒトラーの誕生日に、無理やりあわせてお披露目された。

総統は、とにかくティーガーの実戦配備をせかした。このためティーガー戦車は、ほとんどろくにテストもおこなわないまま、大量生産にうつされることになった。

総統はポルシェのティーガーが気にはいっていたが、これはユニーク過ぎる失敗作で、けっきょく生産は中止され、生産途中の車体はフェルディナンド（エレファント）自走砲に流用された。こうしてヘンシェルのティーガーのみが、一九四二年八月から生産が開始された。

ティーガーⅠ極初期型。当初は故障が頻発し、工場から技術者が派遣された

総統命令では、一九四二年八月二六日には、九両からなるティーガー一コ中隊の出動準備が整えられることが要求されていた。ティーガーは、これまでで最大のドイツ戦車の二倍もの重さの巨大な戦車であり、これはほとんど無理難題であったが、ヘンシェル社は突貫工事で、これをなしとげた。

ティーガーの生産と並行して、ティーガー戦車を装備する部隊の編成も開始された。

ティーガーは重戦車として、これまでの戦車とは別個に、特別に独立した重戦車大隊に装備されることになった。その最初の部隊となったのが、第五〇一、第五〇二の重戦車大隊であった。

両大隊は、はやくも一九四二年五月には編成が開始されている。隊員は既存の戦車部隊から抽出されて、バンベルクの第三五補充戦車大隊に集められた。ただし、ティーガーは四月にたった一両が完成しただけだから、彼らの手元にはとどかない。

彼らは五月から七月にかけて、キューベルワーゲン、トラック、牽引車等だけで、本部中隊、戦車三コ中隊、捜索小隊、整備中隊を編成した。

七月二八日、大隊は命令によりファリングボステルに移動した。八月五日になって、ようやく新任の大隊長が着任した。リヒャルト・メルカー少佐で、彼は兵器局でティーガーの開発計画にふかく関与した人物で、最初のティーガー大隊長にふさわしい人物といえた。

彼の部隊にはじめてめぐりあった少佐は、着任のあいさつでいった。

「諸君、私ははじめてのティーガー戦車をひきいて敵に立ち向かえることを、ひじょうに誇りに思う」

この思いは、大隊に配属されたすべての将兵に共通したものであった。

八月一九日、ようやく最初のティーガー二両が到着した。大隊の将兵は、その巨大さに目を見張った。

大隊にはティーガーの不足をおぎなうためⅢ号戦車も配備されていたが、ティーガーはその二倍もの大きさだった。

これでまず第一中隊が編成される。ティーガーは二〇日にも二両が到着した。

とにかく、巨大な戦車の取り扱いになれなければならない。これらの車体を使用した訓練は、すぐに開始された。

「エンジン始動」

「ババババ、カタ、プス……」

エンジン、トランスミッション、操向装置、すべては巨大な車体に比してひ弱すぎ、頻繁に故障しては、工場から派遣された技術者の世話にならなければならなかった。

しかし、装備されていた八・八センチ砲の威力には、だれもが目を丸くした。すでに一九四二年三月から、長砲身七・五センチ砲を装備したⅣ号戦車の生産は開始されていたが、八・八センチ砲の威力は、その比ではなかった。

「こいつは、すごい。あのとき、この戦車があったら……」

前年冬、ソ連軍との血みどろの戦闘を経験した戦車兵たちは、口々につぶやくのだった。

一九四二年八月二二日、はやくも大隊に出動命令がくだされた。翌二三日には貨車積みして、東部戦線へと送られるのである。

このとき、大隊にはティーガーはわずか四両しかなかった。しかも、受け取ったばかりで、訓練は不十分という言葉ですら不十分なほどだった。

それにもかかわらず出動命令がくだされたのは、とにかくヒトラーが、個人的に新兵器の実戦投入を望んだからであった。ヒトラーは新しいおもちゃをもらった子供のように、この戦車を使ってみたくて仕方がなかったのだ。

グデーリアンは、これを批判している。

「新兵器を使用するのなら、それが大量生産されるまでずっと辛抱し、その後にいっきょに大量投入すべきである」

というのは、いくら新兵器でも、ごく少数をさみだれ式に投入するのでは、そこから得られる戦果は、たかがしれたものにしかならないからだ。

それにたいして、新兵器の存在が敵に知れたことで、早期に新兵器に対抗する手段を編みだすチャンスを、敵にあたえてしまうことになる。実際、ティーガーの出現におどろいたソ連は、このあと、ティーガーに対抗する戦車（IS2として完成する）の開発に、躍起となるのである。

レニングラードへの出動

一九四二年夏、ドイツ軍の夏季攻勢は、ウクライナからコーカサスとバクーの油田地帯に指向された。一九四一年いらい包囲されたまま放置されたレニングラードは、ドイツ軍にとって副次的な戦場にすぎなかった。

しかし、一九四二年七月にマンシュタインがセバストポリを陥落させると、ヒトラーは考えをかえた。

セバストポリからコーカサスへ進撃させる予定だったマンシュタインの第一一軍を北に送り、レニングラードを陥落させてしまおうというのである。そして、新編のティーガー戦車大隊も、レニングラード攻撃の輝かしい任務に投入されることになったのである。

一九四二年八月二三日、第五〇二戦車大隊、といってもティーガー四両とⅢ号戦車数両からなる第一中隊に、本部中隊と整備中隊の半分が、移動第一陣と第二陣として列車に乗せられた。

Ⅲ号戦車と一般車両の乗車には問題はなかったが、ティーガーの乗車には大いに手間どらされた。というのも、この車体は大きすぎて、ドイツの鉄道の車幅限界を越えていたからである。

このため、輸送のためには一番外側の転輪をはずして、キャタピラを輸送用の幅の狭いものに変更しなければならなかった。

輸送用履帯をはいたティーガーは、自走して静々と渡り板をのぼって、無蓋貨車の中央部におさまった。ティーガーを積んだ無蓋貨車と無蓋貨車のあいだには、すくなくとも四両の貨物車が連結されたが、これはティーガーの過大な重量で、レールや橋梁に過度の負担がかかるのを避けるためであった。

積みこまれたティーガーは、たったの四両にすぎなかったが、付随する兵員、資材はおどろくべき数量にのぼった。

回収用の一八トン牽引車が数両、整備、弾薬、予備機材を積んだトラック多数に、砲塔の取りはずしや、キャタピラの積みこみなど、輸送時に必要になる一〇トンの移動式クレーン、衛生小隊やオートバイ兵その他の乗る客車、二センチ対空砲を装備した対空小隊などである。

大隊を乗せた列車は、ハノーファーを経由してドイツを東にむかった。翌二四日にはシュナイデミールに到着し、東プロイセンを横断する。

二六日にはティルジットに到着し、ここで休息、さらにミタウにむかって出発する。長い

工場でつぎつぎと組み立てられるティーガー戦車

長い列車の旅は、まだまだつづく。二七日早朝、ようやく独ソ国境の町ヴァルクに到着した。

さらに列車は進み、プレスカウ、モラーヒノ、ルガ、ヤッシュを通過した。新幹線のない時代、しかも貨物列車の旅は時間がかかる。二八日にはガッツィナ、クラスノグバルディスクを経てトスノにいたる。

その先で輸送列車は、ソ連空軍機に襲われたが、これは対空砲が追いはらった。いよいよ前線はちかい。

八月二九日午前六時、列車はようやくムガーに到着し、大隊の旅はおわった。しかし、旅の疲れをいやす暇はなかった。ムガーはまさに最前線で、それこそソ連軍の砲弾があちこち飛びまわっているなかで、大隊はすぐに列車を降りて、出動しなければならなかったのだ。右も左もわからない場所で、ろくに地形を偵察することもなく。メルカー少佐はいやな感じがしたが、どうすることもできなかった。

ティーガー戦車の初出陣

「ちょい右、ゆっくり、ゆっくりやるんだ」

四両のティーガーは、慎重に渡り板をわたって、列車上からムガーの操車場へと降りたった。そのままムガー市街を抜けて、準備陣地の森林地帯にむかう。

目的地には午前一〇時すこし前に到着した。部隊はそのまま命令を待って待機する。午前一一時数分前、司令部より攻撃命令が到着した。

「乗車、エンジン始動せよ！」

メルカー少佐の命令が発せられた。戦車兵はバネ仕掛けのように飛び去り、巨大な戦車の所定の位置にはいりこむ。

「主砲よし、機関銃よし」

武器類のチェックに、無線手は無線機の周波数を、指定の周波にあわせる。

「無線機よし！」

すべては良好。大隊長のメルカー少佐みずから、先頭のティーガーに乗りこんだ。

「パンツァー、フォー！」

メルカー少佐の出動命令がくだる。「ボボボボボ」という重々しい音で、ティーガーのマイバッハエンジンがうなり、巨大な戦車はゆっくりと動きはじめた。「キュラキュラキュラ」とキャタピラがまわり、雑草のおい茂る地面を踏みしめる。

ティーガーの進んだあとには、幅広いキャタピラの轍の跡がえんえんとつづいた。周囲の塹壕やタコツボからは、ドイツ兵士たちがうさんくさい視線をむけたが、見なれぬ重戦車が味方の新兵器とわかると、皆いちように喜びの表情にかわった。

「頼んだぞ、たのもしいカメラード！」

彼らの顔は、そう語っていた。

ティーガーはドイツ軍の戦線を通りすぎ、無人地帯を越えて、ゆっくりとソ連軍の戦線へとちかづいていった。

「チカッチカッチカッ」

機関銃の発砲炎。前方には、そこかしこにソ連兵の立てこもる拠点が発見された。

「榴弾込め！」

「安全装置解除！」

「フォイエル！」

ティーガーは停止すると、最初の目標に巨大な八・八センチ榴弾を撃ちこんだ。

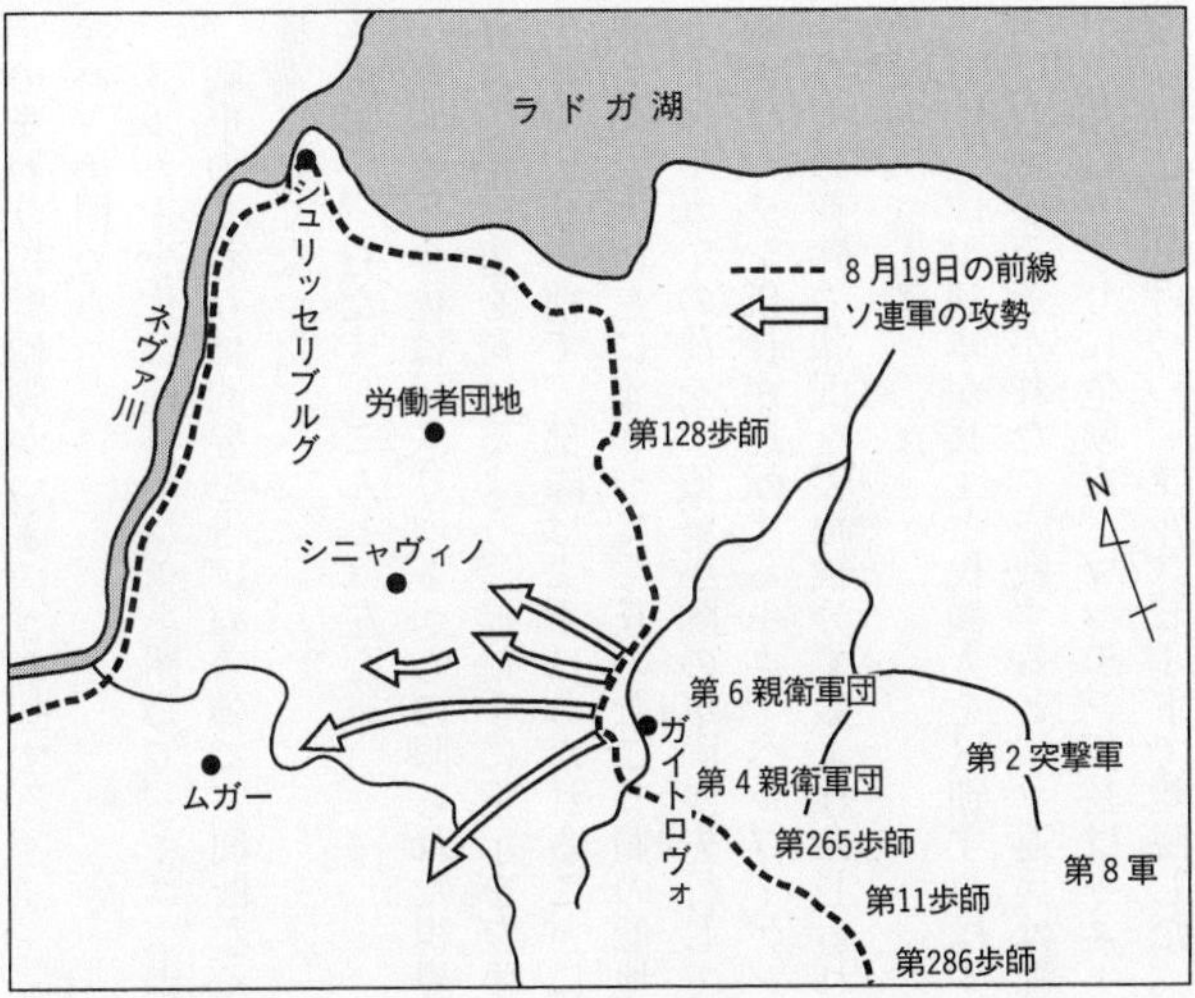

「ズーン！」

爆発の煙がおさまると、目標は消し飛んでいた。

「パンツァー、フォー！」

ふたたび前進が開始される。ティーガーのうしろからは、ドイツ歩兵の一団が徒歩でつづく。前線のソ連兵たちは、これまで見たこともない巨大な戦車におどろいて、クモの子を散らすように逃げだした。大隊長のメルカー少佐は、緊張のなかで、ほっと一息ついていた。

彼は出動地域の地形が、あまりティーガー向きでないことを懸念していたのだ。

「この分なら、どうやらなんとかなりそうだ」

しかし、ソ連軍はすぐに手を打った。

「シュー、シュー！」という風きり音につづいて、「ズーン、ズーン！」と、戦車のまわりに野砲弾がつぎつぎ着弾する。

「ハッチ閉め！」

メルカー少佐は砲塔ハッチを閉めて、キューポラの視察口に顔をすりよせた。

戦車のまわりは間髪を告げぬ着弾で、間断なく草の切れはしと土埃がまいあがり、視界は極端に悪くなった。

「操縦手、右だ！　こんどは左だ！」

メルカー少佐は、スリットからの限られた視界から前方をにらんで、溝や窪み、着弾穴などの地形障害を避けるよう、操縦手に指示をだす。

小高い丘の前で、部隊は二手にわかれることになった。二両のティーガーは右にまわり、残りの二両は左にまわって、丘のむこう側の低地で、ふたたび合流するのだ。

ティーガーの前を、偵察小隊の車両が先行して前進する。ティーガーのうしろからは、大隊のマッテン伍長が運転するキューベルワーゲンがつづいた。これは戦闘用ではなく、ティーガーの初陣の状況を実地検分するよう命じられた軍事評議員のエーベルと、技師のフランケが乗っていた。

しかし、ソ連軍が兵士と民間人を区別するはずもない。突然、キューベルワーゲンにソ連兵の射弾がそそがれた。応戦すると、ソ連兵は森のなかに消えた。

これはあまりに危険だ。マッテン伍長はキューベルワーゲンをUターンさせると、地面のでこぼこを避けつつ、フルスピードで離脱した。

マッテン伍長は敵から隠れるように、小さな丘の陰にまわって車を停めた。すると、近くに停止しているティーガーが目にはいった。

「なんで停まっているんだ」

エーベルはフランケに聞いたが、フランケにはもちろんわかるわけがなかった。

「なにかあったんだろう。いってみよう」

マッテン伍長は、敵に注意しつつ車をティーガーに近づけた。

近づいてみると、ティーガーはさかんに空吹かしをくりかえして、なんとか動こうとしていた。しかし、聞こえてくるのはデファレンシャルからのガリガリという、ギアのこすれあう音だけだった。

明らかに、ギアがいかれてしまったのである。内部からは、車長と操縦手のどなりあう声が聞こえた。

エーベルは開いたハッチから、なかに声をかけた。

「どーした、なぜ進まないんだ」

「だめだ、操縦装置がいかれた」

なかからは、操縦手がどなり返してきた。もはや、どうしようもない。道具も部品もないなかで、修理のしようがなかった。フランケはいった。

「ここで、じっとしているしかないだろう。今夜、回収にこよう」

しかし、悲劇はこれだけでは終わらなかった。しばらくすると、伝令が悪い知らせをもっ

てきた。

「この先の路上で、ティーガー一両がエンジン故障で擱座しました」

「またか」

エーベルは小さくため息をついた。フランケはいそいでようすを見にいこうとしたが、敵に撃たれるからと、マッテン伍長が反対した。しかたがないので、エーベルとフランケはめだたぬように、キューベルワーゲンを降りて徒歩で現場にむかった。

二両目のティーガーも操向器の故障だった。巨大な虎にとって、操向器は最大のウィークポイントだった。それでも、十分に試験をして改良すれば、あとに見るように問題なく使いこなせたのだが、とにかく今は、どうすることもできなかった。

このティーガーも、ここに置いておいて、あとで回収するしかない。

しばらくして、ソ連軍の砲火がやんだのをみはからって、二人はマッテンのところへ帰ってきた。二両のティーガーの回収作業の段取りをつけるべく、野戦修理班にもどろうとしたおりもおり、大隊長のメルカー少佐の乗ったティーガーがもどってきた。

メルカー少佐によれば、この先の茂みのなかで、もう一両のティーガーが、操向器の故障で動けなくなったというのだ。戦局を挽回すべく投入された四匹の虎は、なにもしないうちに、たった一匹になってしまったのだ。

その夜、すわりこんだ三匹の虎の回収作業がおこなわれたが、回収はえらい大仕事であった。ティーガーの回収には、Ⅲ号、Ⅳ号戦車なら一両ですむ18トン・ハーフトラックが、三両も必要だった。しかも、ソ連軍は照明弾を撃ちあげ、迫撃砲を撃ちこんで回収作業を妨害した。

しかし、回収小隊と整備兵たちの必死の努力のおかげで、三両のティーガーは、その夜のうちに回収された。

うしなわれた〝虎〟戦車

最高司令部からは、四両のティーガーを完全整備して、すぐに次の戦闘にそなえるよう命令がくだされた。

第五〇二重戦車大隊の野戦修理班は、夜を日についだ突貫作業で、この難題に取り組んだ。欠陥部品はすぐにＪｕ52輸送機でドイツに送りかえされ、ヘンシェル社からは交換部品がとどけられた。

しかし、野戦修理班そのものが砲撃をうけるような状況下で、修理は思うように進まなかった。実際、九月一日には砲撃で、戦車隊員でなく、野戦修理班員に戦死者と負傷者がでるありさまだった。

それにもかかわらず、最高司令部からティーガーの修理をいそがす、矢の催促がとどいた。悪いことに九月七日には、ロシアの秋雨が降りはじめ、三日間にわたる豪雨となった。このため、幹線道路さえ泥の海となった。

その後、ようやく九月一五日に、四両のティーガーの修理が完了した。

九月二一日、四両のティーガーは数両のⅢ号戦車とともに、第一七〇歩兵師団に派遣された。一九四二年八月から九月にかけて、シニャヴィノ攻勢でガイトロヴォから西へ進撃したソ連第二突撃軍は、攻撃に失敗して、すでにムガーの東で包囲されていた。

ティーガーは歩兵師団の先鋒となって、トアトロウォ周辺に包囲された敵部隊を、北に向かって締めあげるのである。

事前の偵察の結果は、前回とおなじく、かんばしくないものだった。周辺の地形は、やはり戦車の行動にはまったく不向きだった。

メルカー少佐は出撃を中止させるべく司令部とかけあったが、どうすることもできなかった。ティーガーの出撃は、絶対の「総統命令」だったのである。

九月二二日朝、予定どおり攻撃は開始された。砲兵隊は激しい砲撃を浴びせ、〝空の砲兵〟スツーカは敵部隊に正確に爆弾を浴びせた。

この間、第五〇二重戦車大隊第一中隊のティーガー戦車とⅢ号戦車は、攻撃準備地点の支流堰堤の切れ目で待機していた。攻撃部隊との調整をおえたメルカー少佐は、帰ってくるとすぐ、先頭のティーガーに乗り命令した。

「パンツァー、フォー！」

ティーガー戦車の二度目の出撃である。

攻撃は、今度もさんざんであった。わずか数百メートルもいかないうちに、大隊長車は前面に対戦車砲弾を食らってエンジンがとまり、操縦装置も動かなくなった。停止した戦車は、いい的になるだけだ。

つづけざまに対戦車砲弾が命中する。ティーガーのぶ厚い装甲は、弾丸の貫徹を許さなかったが、パニックとなった戦車兵は、戦車を捨てて脱出した。すると突然、戦車は燃えあがった。

もう戦車は回収できないと勘ちがいした誰かが、車内に手榴弾を投げこんだのである。

ティーガー戦車の攻撃は、あっさり頓挫した。他の戦車も、ソ連対戦車砲にやられるか、湿地にはまりこむかで、早々に擱座してしまったのである。

このうちの三両は、さんざん苦労したあげく、なんとか回収することができた。しかし、一番遠方まで、といっても五十歩百歩なのだが、進んだティーガーは、沼地にはまりこんで、車体までどっぷりと水に浸かってしまった。

このティーガーは、なんとしても沼から引きずりだすことができなかった。困ったことに、最新の秘密兵器であるティーガーを放棄することは、厳に禁じられていた。最高司令部と現地部隊とのやりとりは、えんえんとつづいた。

しかし、回収できないものはどうにもならない。ついに司令部はおれ、一一月二五日、擱座したティーガーは爆破された。

こうしてティーガーの初陣は、まったくの失望におわった。これは、ティーガーと戦車兵たちに責任があったわけではない。新型戦車にありがちの初期故障が、すべてを台なしにしたのだ。

そして、レニングラード周辺は湿地帯がひろがり、ティーガーのような重戦車の行動に不向きだったのである。

道路上しか行動できないティーガーは、敵弾にやられるか、それを避けようとして湿地にはまりこむかしかなかった。それでも大隊は、懸命に状況改善につとめた。

実際、これはほんのはじまりにすぎなかった。第五〇二重戦車大隊第一中隊は、このあと三年にもわたり巨大な虎を駆って、この北の湿地帯での苦闘をつづけることになるのである。

第9章　雪原を血で染めて「天王星」作戦発動す

ドイツ軍の波状攻撃に陥落寸前にまで追いつめられたスターリングラードのソ連軍だったが冬将軍の足音が近づいてきたころ、優勢であるはずの大包囲網にもほころびが見えはじめた！

一九四二年一一月一九日　スターリングラード攻防戦Ⅰ

スターリンの町陥落せず

一九四二年の一一月にはいっても、スターリングラードをめぐる泥沼の戦いは、あいかわらずつづいていた。ドイツ軍は膨大な犠牲を出しつつも攻撃をくりかえし、着実にソ連軍の支配地域を奪いとっていった。

八月いらい激戦がつづいていた市北部のスパルタコフカも陥落し、のこされたソ連軍の支配地域は、チュイコフの司令部のあるヴォルガ川岸の二〇〇メートルと、その南の赤い一〇月工場の東半分、ラツール化学工場、中央港鉄道フェリー駅周辺の、せいぜいスターリングラード全域の一〇パーセントにすぎなかった。

一一月一一日、チュイコフはドイツ軍にたいする反撃をおこなったが、その結果は悲惨なものだった。すぐに失敗に終わっただけでなく、翌日にはドイツ軍の逆襲が開始されたのだ。

チュイコフ司令部前の石油タンクにドイツ兵が殺到した。ソ連軍の一コ狙撃兵連隊が眼前の陣地を死守した。

「ファシストの戦車！」

三両のドイツ戦車が、廃墟を縫って進みでる。

「チカッ」

砲口がひかるや否や、陣地に榴弾がつき刺さる。ほとんど零距離射撃の弾丸は、ひとつずつロシア兵の立てこもるタコツボを沈黙させていった。

しかし、ロシア兵たちはまったくひるまなかった。連隊本部前の塹壕は、一人の生きのこりの海軍歩兵が守っていた。彼はすでに負傷して、右手が粉砕されていたが、左手で手榴弾を投げつづけて、ドイツ兵の侵入を阻止した。

死守する連隊の第一大隊などは、わずか五〇人の兵力にすぎなかったが、彼らはヴォルガ川までわずか六〇メートルの戦線を、増援の連隊の到着までなんとか守りぬいた。

増援——守るソ連軍にとって悪いことに、ヴォルガ川が凍りはじめたために、船で増援を送ることは、しだいに困難になっていった。

「一一月一四日、弾薬と食料の不足。結氷のため対岸との連絡がとだえる」

チュイコフの報告は、スターリングラード防衛がもはや不可能となりつつあることを物語っていた。

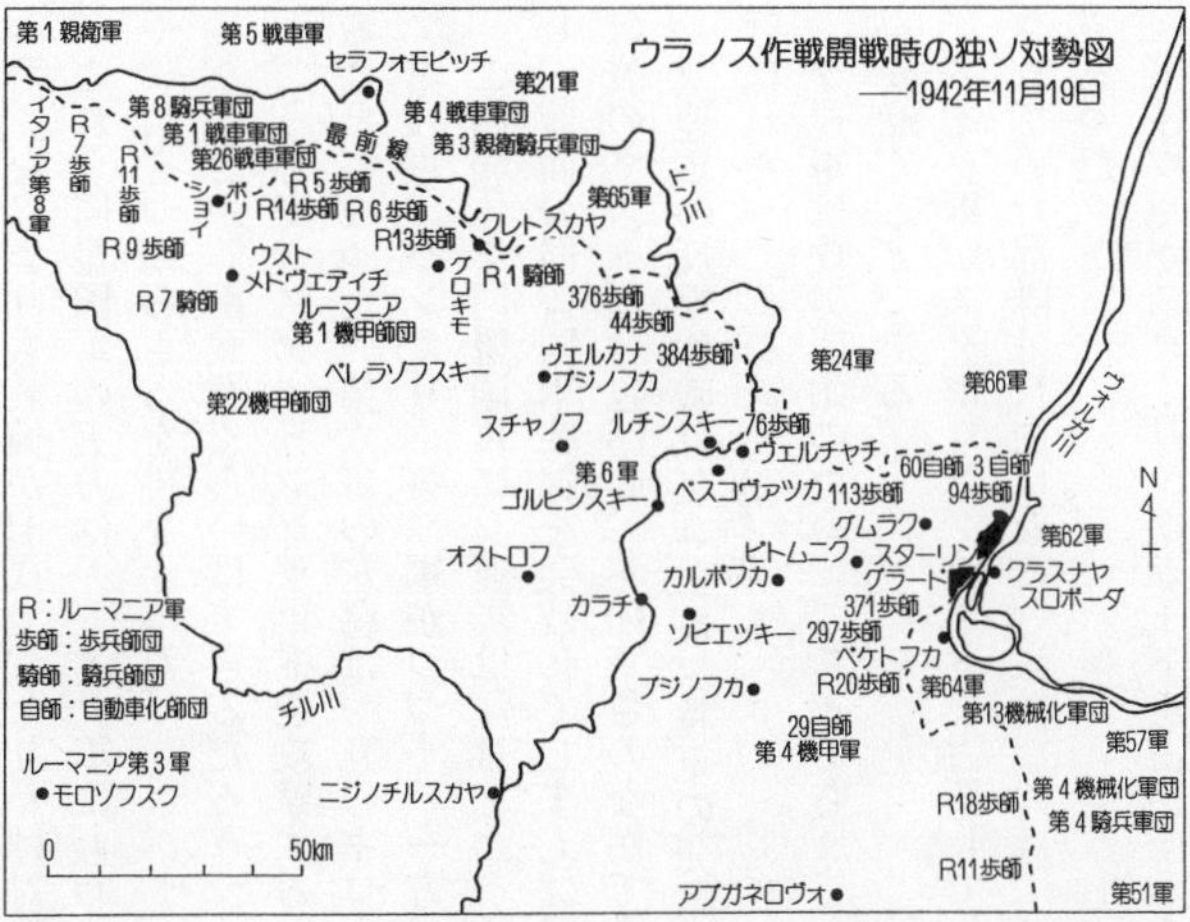

しかし、ソ連軍はどうしてもスターリングラードを死守する必要があった。独裁者であるスターリンの町だから？

いや、いまやそんな抽象的な理由ではなく、現実的な理由があった。ドイツ軍はヒトラーの厳命でスターリングラードの占領に固執したが、その結果、強力なドイツ軍部隊が砂糖にむらがる蟻のように、スターリングラードに集中していた。

ドイツ軍といえども、兵力は無尽蔵ではない。いや、それどころか、前年冬の敗戦で、ドイツ軍の兵力は不足しはじめていた。それをおぎなうために、彼らは危険な手段に訴えた。

ルーマニア、イタリア、ハンガリーといった同盟国軍の活用である。

同盟国軍！　これらの軍隊は頭数だけは豊富だったが、その戦闘能力はお話にならなかった。なによりも装備が旧式で、とりわけ対戦車能力に欠けていた。

これら同盟国軍の実力は、ドイツ軍にもわかっていたが、彼らはそれに目をつぶった。いや、目をつぶらざるを得なかった。

「なんとか防衛戦闘ぐらいはできるだろう」

こうして、スターリングラードを攻撃するドイツ軍の側面は、弱体な同盟国軍にまかされることになった。第六軍の左翼は一五〇キロをルーマニア第三軍が守り、その先にはイタリア第八軍、ハンガリー第二軍がつづく。一方、右翼はルーマニア第四軍である。

この弱体な同盟国軍にソ連軍は注目した。スターリングラードのドイツ軍を直接たたくより、側面の同盟国軍戦線を突破してしまえば、スターリングラードにしがみついたドイツ軍は袋のネズミだ。包囲し、冬の寒さのなかで殲滅すればいい。

ソ連軍の反撃作戦はジューコフ将軍の発案によるもので、「天王星（ウラヌス）作戦」と呼ばれた。

ソ連軍は攻勢開始のために、ちゃくちゃくと戦力の集積にとりかかった。必要なのは時間をかせぐことである。

ドイツ軍がスターリングラードを占領してしまえば、それまでスターリングラードに拘束されていた部隊は自由になる。必要なのは、スターリングラードを守るチュイコフの頑張りであった。

ドイツ軍がスターリングラードを占領するのがはやいか、ソ連軍の反攻が先か。時間との

スターリングラード近郊の草原を疾駆するソ連軍のKV重戦車

競争に勝利したのは、ソ連軍の側であった。

動きはじめた大反攻作戦

北方でのソ連軍の攻撃地点には、ふたつの場所がえらばれた。セラフォモビッチとクレトスカヤである。

ドイツ軍はスターリングラードの西に、ドン川に沿って防衛線を敷いていたが、兵力が足りなかったために、完全に川に沿った防衛線を構築できず、距離を節約したゆるやかな弧状の防衛線とせざるを得なかった。

このため、ソ連軍はドン川の西岸に労せずして、反撃の発起点となる橋頭堡を確保することができたのである。

セラフォモビッチにはロマネンコ将軍の第五戦車軍と第二一軍、クレトスカヤにはパトフ将軍の第六五軍が展開した。

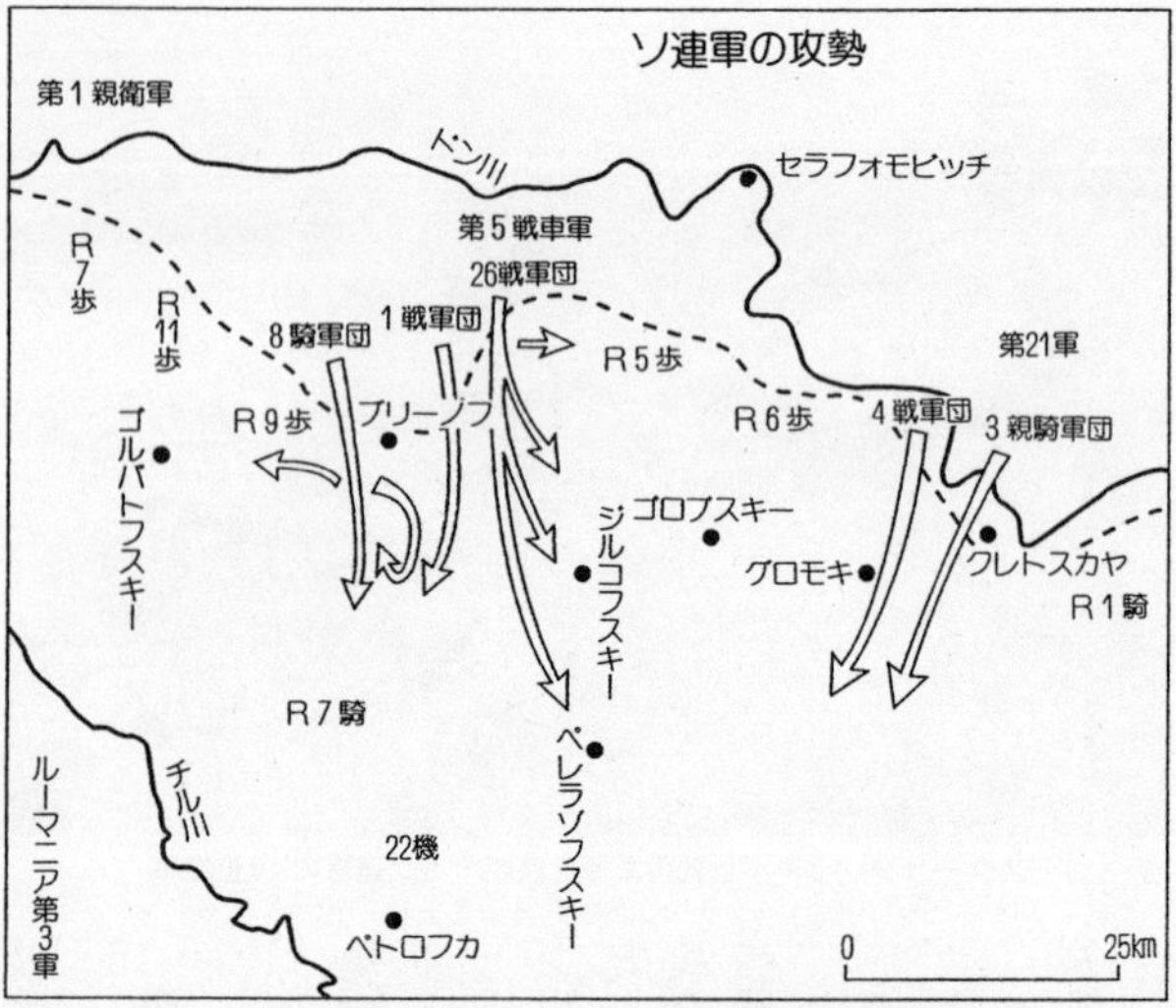

ソ連軍の攻勢

主役となるのはセラフォモビッチの第一、二六戦車軍団と第八騎兵軍団、クレトスカヤの第四戦車軍団と第三親衛騎兵軍団である。第一、二二戦車軍団と第三親衛騎兵軍団は、ルーマニア軍の戦線を突破したのち、戦線後方でドイツ軍の予備兵力と司令部機構を破壊し、さらに後方部隊を蹂躙する。

彼らはそのまま南に進んで、スターリングラードのドイツ軍の西方および西南方への撤退ルートを断つ。第四戦車軍団は突破後はひたすら南進したのち東に旋回して、一一月二三日までに、ソビエッキーで南からくるスターリングラード方面軍部隊と握手し、第六軍を包囲するのだ。

ソ連軍はすっかり腕をあげていた。彼らは人民防衛委員会指令三二五号にもとづいて行動した。三二五号は、戦争初期の戦車および機械化部隊の戦闘経験からみちびきだされたものだった。

それによれば、戦車および機械化部隊は、方面軍および軍の主攻撃力として、特別な集団にまとめられなければならない。軍団から旅団サイズに分割することは禁止された。戦車部隊の行動は、歩兵、砲兵、航空機と十分に調整されなければならない。

もうひとつ強調されたのは、速度であった。戦車の攻撃は最大速度でおこなわれなければならず、走りながら射撃することが要求された。

戦車部隊の隊形は、火力と機動力の発揮のために散開することが必要で、敵の翼側と後方に火力を指向しなければならない。戦車の正面攻撃は禁止された。

これらの指令は、ソ連軍がもはや以前の機械化戦闘のイロハも知らない、低級な軍隊ではなくなったことを示していた。

もっともソ連軍らしい、まぬけなエピソードもあった。

クレトスカヤのソ連軍は、一一月八日には最前線の一・五キロから二キロ後方に、主力のクラブチェンコの第四戦車軍団を進出させていた。作戦開始までまだ一一日もあり、これは反攻作戦にとって、致命的なミスとなりかねなかった。

実際、ドイツ軍偵察機はこの戦車部隊を発見し、戦車軍団は連日、ドイツ軍の砲爆撃をうけるはめとなった。

企図が暴露されては、作戦の成功などおぼつかない。しかし、ソ連軍に幸いだったのは、ヒトラーがあいかわらずソ連軍をやっつけてしまったという、彼の思いこみに固執していたことである。

このため、ソ連軍の集結への対策としてとられたのは、イタリア第八軍の後方にいた第四八機甲軍団をルーマニア第三軍の後方、セラフォモビッチの南に移動させたことだけだった。

悪魔にとりつかれた師団

機甲軍団が一コあれば、火消し役としては十分なはずだ。しかし、その実態にはいささか問題があった。第四八機甲軍団は、第二二機甲師団と第一四機甲師団の一部、ルーマニア第一機甲師団から編成されていた。

問題はそれら師団の中身である。主力の第二二機甲師団の主力装備となっていた戦車は、この時期にはほとんど役にたたない38（t）戦車だったのだ！

Ⅲ号、Ⅳ号戦車への改変は進められていたものの、配備は遅々として進まなかった。

「そんなものは、あとまわしだ」

ベルリンの役所の安楽な椅子にすわった役人の決めることだった。戦車はどこでも必要とされ、予備の後方部隊に送る余裕なんかは、どこにもない。

さらに悪いことに、所属していた第一四〇機甲擲弾兵連隊は、数ヵ月前に第二七機甲師団編成のため、師団からひきぬかれてヴォロネジ地区の第二軍戦区にあった。さらに、師団の機甲工兵連隊もとりあげられて、すでにスターリングラードで戦っていた。

第二三機甲師団は悪魔にとりつかれていたのか、不運はこれだけではおわらなかった。師団は九月末から休養のため、イタリア第八軍の後方にいたが、これはとんでもない災難を招いた。

後方で遊んでいるこの師団には、訓練用や修理所にいくための燃料がほとんどあてがわれなかったため、戦車は車体に藁をかぶせて土塁のかげに隠していた。

一一月一〇日、師団はルーマニア第三軍戦区への移動命令をうけとった。

「藁束をどかせ。移動の準備だ」

第二〇四戦車連隊の兵士は、久しぶりに自分たちの愛車にとりついた。

「エンジン始動！」

車長が操縦手に命令する。操縦手はスターターのスイッチをいれた。

「………」

どういうわけか、エンジンは沈黙したままである。

結局、連隊の保有していた一〇四両の戦車のうち、三九両のエンジンがまったくかからないか、ひじょうに調子が悪かった。いったい、どうしたことか。

「おい、なんだこれは！」

戦車のエンジン室内部にもぐりこんだ整備兵は驚いた。戦車を擱座させた張本人は、なんとネズミだったのだ。

長く藁の山に埋もれていたあいだに、ネズミが安楽な住処《すみか》と思って、戦車に住みついたのだ。それだけならいいが、彼らは電気コードをかじり、戦車の電気系統をめちゃめちゃにしてしまったのだ。

その結果、エンジンはかからず、砲塔旋回装置や照準器も不調となってしまった。

一一月一六日、師団はやむなく故障した戦車を放置して、南のドン川大屈曲部への移動を開始した。

しかし、ドイツ軍はよほどついていなかったようだ。師団の移動中は悪天候がつづき、道路は完全に凍りついてしまった。戦車はまだ冬季装備がほどこされておらず、キャタピラはスケートリンクと化した路上で空転するばかりだった。

このため、前進速度が低下するだけでなく、滑落して落伍する車両が続出した。その数は三四両にものぼり、師団の全戦力は単に移動しただけで、一〇四両から三一両（！）に低下してしまったのである。じつに三分の一だ。

おまけに、燃料不足で付属の第二〇四戦車修理中隊は置いて来たので、戦車の本格的な修理も不可能だった。それでも落伍した戦車の何両かは、自分で応急修理をして師団に追及した。

一一月一八日付の報告書によれば、第二二機甲師団の戦力は以下のようになっている。

Ⅱ号戦車二両、38（t）戦車五両、Ⅲ号戦車長砲身型一二両、Ⅲ号戦車七・五センチ砲型一〇両、Ⅳ号戦車短砲身型一両、Ⅳ号戦車長砲身型一〇両。

1942年秋、スターリングラード郊外の村落内を進撃するドイツⅢ号戦車

これを見ると、どうやら落伍したのはほとんどが38（t）戦車のようで、あまり慰めにはならないが、これだけは不幸中の幸いだったのかもしれない。

一方、第一四機甲師団は結局、セラフォモビッチには到着しなかった。もっとも、同師団の戦力はわずか三六両でしかなかったから、たいして影響はなかったかもしれない。それでも、もし全車両が無事に到着すれば、その戦力は第二二機甲師団に匹敵するものだったのではあるが……。

もうひとつのルーマニア第一機甲師団は、ルーマニア軍の虎の子の機甲戦力であった。その戦力は戦車一四五両という堂々たるものであったが、主力戦車のR－2は、ドイツ軍ではとっくの昔に前線からさげられた、旧式なチェコ製軽戦車の35（t）戦車であった。

さすがにこれではまずいと、ドイツからⅢ号、

Ⅳ号戦車の導入が開始されていたが、第一大隊がうけとったのは一一月一六日のことで、まだ十分に戦力とすることはできなかった。

ルーマニア第一機甲師団も災難にみまわれた。移動にさいして、チル川の向こうに、おおくの戦車を残置せざるをえなかったのだ。なんと三七両のR－2、三両のドイツ製戦車がのこされたのである。

前線に到着した師団の戦車は、R－2が八四両、Ⅲ号、Ⅳ号戦車が一九両、捕獲されたソ連戦車が二両であった。それでもドイツ軍にくらべれば、立派なものかもしれない。ただし、数だけならばである。

これにたいして、彼らの相手となったソ連第五戦車軍はどうだったか。じつに戦車二コ軍団、騎兵一コ軍団、狙撃兵六コ師団に重戦車一四五両、中戦車三一八両、軽戦車二六七両という大兵力をもっていた。

敵はこれだけではない。彼らは、戦車一コ軍団、親衛騎兵一コ軍団、狙撃兵六コ軍団からなるソ連第二一軍にも対処しなければならなかったのだ。第二一軍の戦車は約一〇〇両で、ほんのひと握りの戦車しかない第四八戦車軍団には、手にあまる敵だった。

発動されたウラヌス作戦

「ズーン、ズーン」

ミルクのような濃厚な霧をひきさいて、激しい砲撃がルーマニア軍戦線を襲った。

「ヒューン、ヒューン」

かん高い叫びはカチューシャ・ロケットの飛翔音である。一一月一九日午前七時三〇分、ソ連軍の反攻作戦である「天王星（ウラヌス）」作戦は開始された。

野砲、迫撃砲、カチューシャ・ロケットの猛烈な射撃は八〇分間もつづけられ、ルーマニア軍の野戦陣地は粉砕された。

唐突に砲撃がおわり、わずかに生きのこったルーマニア軍兵士が塹壕から頭をだすと、眼前には恐ろしい光景がひろがっていた。戦車の大集団の突進である。

「キュラ、キュラ、キュラ」

キャタピラがルーマニア軍の塹壕を踏みにじると、ろくな対戦車兵器を持たないルーマニア軍兵士は、クモの子を散らすように逃げだした。ソ連軍の戦車は、そんなものには目もくれずに突進をつづけた。

「ウラー」

戦車につづいて前進を開始したコサック騎兵の乱射する短機関銃弾を浴びて、逃げまどうルーマニア兵は、雪を真っ赤にそめて絶命した。

ソ連軍戦車部隊の大波にさらされたルーマニア軍戦線は、パニックに襲われてつぎつぎに崩壊した。正午ころには、セラフォモビッチのルーマニア第一四、九歩兵師団、クレトスカヤのルーマニア第一三歩兵師団の戦線が崩壊し、兵士たちは先をあらそって逃げはじめた。

身軽になって走るため、小銃さえも投げ捨てる兵士。砲兵も逃げ出した。砲も弾薬もそのままにして……。

一九日の夕刻には、ソ連軍の先鋒はブリーノフ付近で五〇キロも進出していた。

この敵に立ちはだかったのは、第二三機甲師団の戦車、ハーフトラック、オートバイをかき集めて編成された、急ごしらえのオッペルン戦闘団である。指揮をとるのは、フォン・オッペルン・ブロニコフスキー大佐。彼らはペスチャーヌィで、ソ連軍戦車に立ちむかった。

「パンツァー、マールシュ！」

一斉に戦車のエンジンが始動される。

「ババババババ」

聞きなれたエンジン音。

「……………」

しかし、ふたたびエンジンが沈黙する戦車が続出した。ネズミの呪い。このため、オッペルン戦闘団はたった二〇両の戦車で出撃しなければならなかった。

幸いにして機甲猟兵大隊がいて、彼らは七・六二センチ砲を積んだマーダーⅢ対戦車自走砲七両と、四・七センチ砲を積んだⅠ号対戦車自走砲四両を装備していた。ペラペラの装甲だが、砲威力だけは戦車に負けない。

自走砲は前方に射界を確保したうえで隠蔽を厳重にし、戦車は射界とともに機動できる位置に待機する。

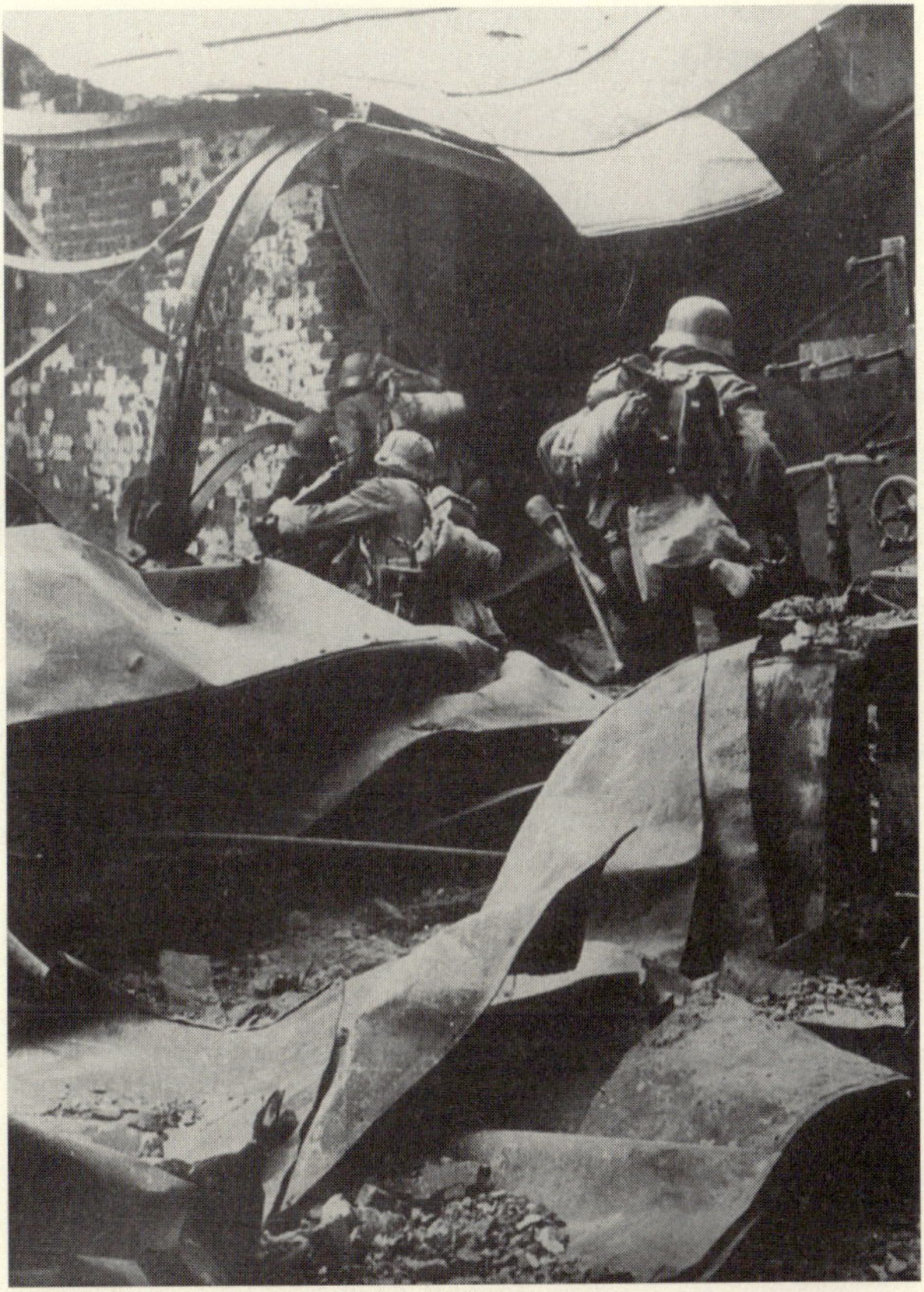

スターリングラード市内に突入したドイツ軍

「フォイエル！」

ソ連戦車の大群に、急ごしらえの陣地に布陣したドイツ自走砲の四・七センチ、七・六二センチ砲弾が降りそそがれた。雪上はソ連戦車だらけで目標にこまることはなかった。

マーダーⅢの七・六二センチ砲は、捕獲したソ連軍の野砲を転用したものだ。それが元の持ち主に向かって、火を吐いたのだ。

「ズーン」

発砲の衝撃で、軽い自走砲車体は激しく揺さぶられる。

「命中！」

徹甲弾が吸いこまれるように、ソ連戦車に命中する。一瞬おいて、戦車は爆発して黒煙をあげた。この砲は、当時のドイツ戦車の主砲より、よほど威力があった。

戦車は間合いをつめるため陣地から前進を開始し、ソ連戦車に殴りこみをかける。またたく間に陣地の前では、二六両のＴ34が炎上して骸《むくろ》をさらした。ソ連軍はやはりまだ、ドイツ軍の敵ではなかった。

しかし、オッペルン戦闘団はあまりに小さすぎた。彼らがいかに奮戦しようとも、しょせん蟷螂《とうろう》の斧だった。ソ連軍の戦車の奔流は、とどめようもなかった。

「速度が重要、戦車の攻撃は最大速度でおこなわれなければならず、走りながら射撃すること」

ソ連戦車はこの指令にしたがって、オッペルン戦闘団の抵抗などには目もくれず、ひたすら全速力で走りつづけた。ソ連戦車は、戦闘団の布陣した地域の左右を通りすぎて、どんどんドイツ軍の戦線後方へと進出していった。両翼から浸透するソ連軍によって包囲の危険にさらされて、オッペルン戦闘団は南に後退せざるを得なかった。

おなじころ、ルーマニア第一機甲師団は、オッペルン戦闘団の東で戦っていた。師団にはオッペルン戦闘団と合同して衝撃力をもって戦うよう命令が出されていた。しかし、ここでも運がなかった。

ソ連第二六戦車軍団先鋒は、夜のうちにジルコフスキーのルーマニア第一機甲師団司令部を奇襲したのだが、このとき、配属されていたドイツ軍通信連絡班が蹂躙されてしまったのである。

このため、師団は命令を知らないまま、単独でソ連軍に立ちむかい、機甲兵力をまとめて活用する機会はうしなわれた。彼らがオッペルン戦闘団とようやく合同したのは、じつに一週間後のことだった。

ドイツ軍と戦闘中のソ連兵

貴重な一週間。もし両者が合同して、ソ連戦車部隊の横合いからカウンターパンチを浴びせたら、彼らの進撃は停止させられたかもしれない。すくなくとも、それを遅らせることができれば、ドイツ軍にも事態に対応する時間が得られただろう。

クレトスカヤの突破口にたいして、第一四機甲師団が東から反撃するよう命じられた。しかし、彼らはあまりに遠く、あまりに弱体で、ひとりではどうすることもできなかった。

このため、圧力に耐えかねたルーマニア第一騎兵師団は、陣地を明けわたして南に撤退した。クレトスカヤの突破口からは、ソ連第四戦車軍団と第三騎兵軍団が、戦線後方へとなだれ込んだ。

結局、ソ連軍の突破作戦にたいするドイツ軍の反撃は、あまりにも兵力がすくなすぎてバラバラで、ほとんど見るべき成果が得られなかった。

ドイツ軍の統帥部は、せまりくる危険に気がついてはいなかった。ソ連軍がルーマニア軍の戦線を突破して、自身の後方深く侵入しているそのとき、スターリングラードでは第一六、二四機甲師団の戦車たちが、あいかわらず穴に籠もったソ連軍歩兵をいぶりだすため、無意味な戦闘をつづけていたのだ。

彼らはソ連軍の攻撃が、せいぜい第六軍の後方連絡線をおびやかす程度のものと、たかをくくっていたのである。それが第六軍を、まるまる包囲して殲滅しようとするものとは、考えもしなかった。刻一刻と破局が近づいていた。

第10章　南北から結ばれた赤軍の大包囲網

ウラヌス作戦によりスターリングラードをめぐるソ連軍の大反攻がはじまり、南翼では四〇〇両の戦車が前線を突破して進撃、正面にあったルーマニア軍は一瞬にして消滅してしまった！

一九四二年一一月二〇日〜二三日　スターリングラード攻防戦Ⅱ

南翼にひびいた大砲撃音

北方でドイツ第四八機甲軍団がむなしい奮戦をつづけていたそのとき、スターリングラードの南では、天王星（ウラヌス）作戦南翼部隊の攻撃が発動されようとしていた。

スターリングラード南方では、ソ連軍はヴォルガ川からサルバ湖、ツァッツァ湖、バルマンツァク湖とつづく湖沼地帯にそって防衛線を敷いていたが、攻撃はこれら湖沼地帯から開始された。

攻撃部隊は北から、シュミロフ将軍の第六四軍、トルブーヒン将軍の第五七軍、トルファノフ将軍の第五一軍がならんだ。主役となるのは、タナシュチシン大佐の第一三機械化軍団とヴォルスキー少将の第四機械化軍団、そして第四騎兵軍団である。

第一三機械化軍団はベケトフカの南から西に突破のあと、すぐ北に方向をかえ、スターリングラードを直接包囲する。一方、第四機械化軍団と第四騎兵軍団は、サルバ湖、ツァッァ湖の間隙部から突進する。

突破後、第四機械化軍団は一文字に北西に進み、カラーチで北から突破したソ連軍部隊と握手して、スターリングラード周辺の大包囲を完成させる。第四騎兵軍団はそのまま西方に前進して、ドイツ軍の防衛線にクサビをうちこむ。

南翼では、北翼にくらべると攻撃準備はおくれ、戦意もとぼしかった。それはたぶんに、ドイツ軍と激しい戦闘をくりひろげるスターリングラードの防戦に足をひっぱられ、前線でのつらい戦いのようすを、目のあたりにしていたからであろう。

ヴォルスキー少将にいたっては、天王星作戦が失敗におわるだろうという意見書を、スターリンに送っていたくらいである。

この意見書にもかかわらず、ヴォルスキーはなんの処分もうけなかった。真相は不明だが、スターリンは天王星作戦が失敗したときに、失敗の責任をジューコフとヴァシレフスキーに押しつけるための材料として、握りしめていたのではないかとされる。ソ連らしい、なんともグロテスクな話である。

彼らの攻撃の矢面に立たされたのは、ルーマニア第四軍であった。第四軍は五コ歩兵師団と二コ騎兵師団からなっていた。しかし、その戦力は開戦当時の一〇万一八七五名から七万五三八〇名に低下しており、十分な補充はうけられていなかった。そしてもちろん、装備が

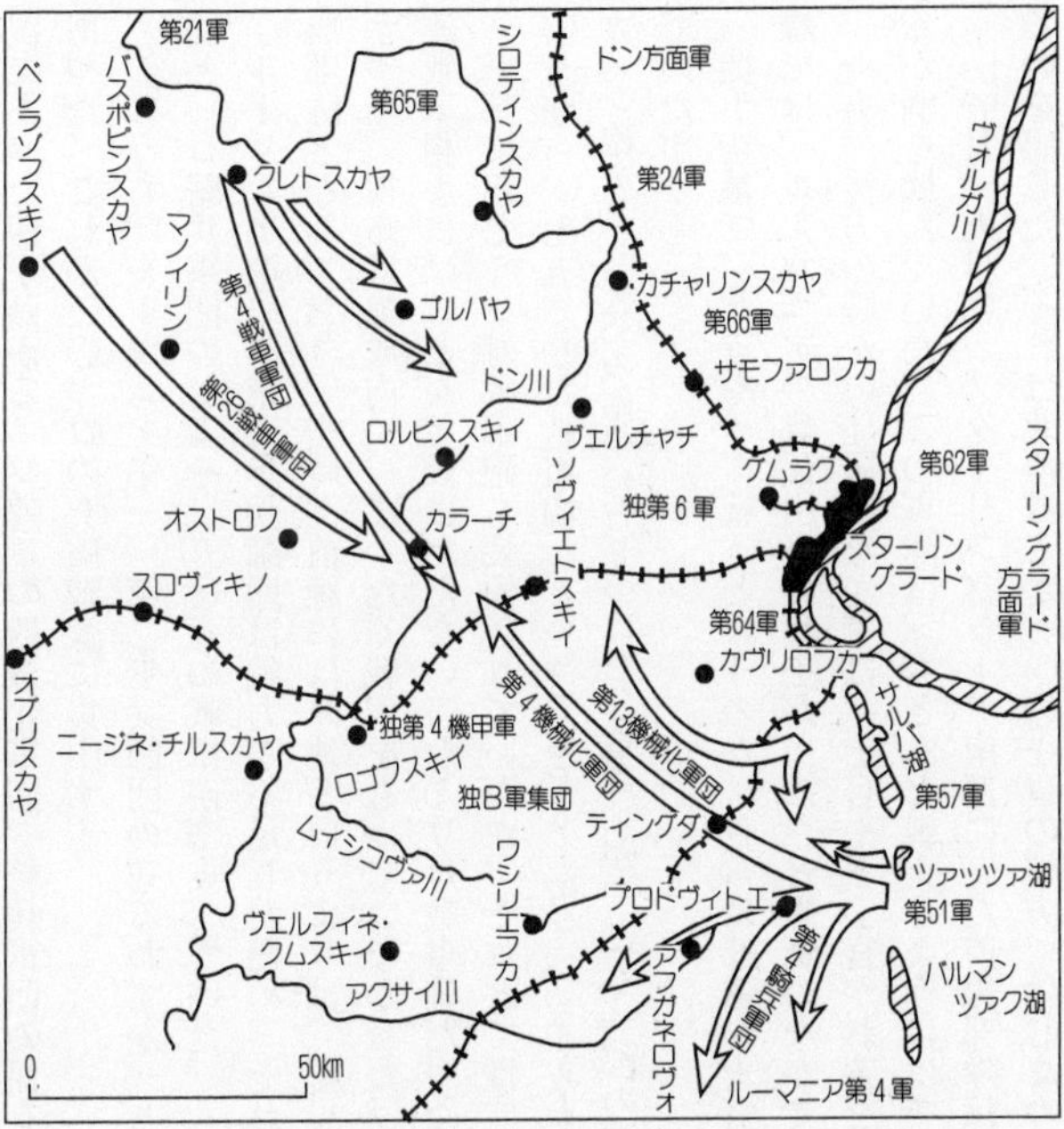

不足していたことはいうまでもない。

第四軍には、ドイツ軍部隊の応援はまったくなく、火消し役となる機動予備兵力もなかった。反攻開始直後の一一月二一日に、ようやく第六自動車化連隊がプロドヴィトエに到着した。

危険な状況にあることは認識されており、第八騎兵師団を自動車化師団に改編する命令がだされたが、一一月九日のことで、ソ連軍の反攻には間にあわなかった。

両軍の戦力を比較すると、いかに危険かつ絶望的な状況であったかがわかる。ソ連軍の機械化軍団、騎兵軍団の保有する戦車は全部で三九七両であった。これが三〇キロの突破戦線に集中する。

このうち、ルーマニア第一、第二歩兵師団の守るわずか一八キロの戦線に、一コ機械化軍団と一コ騎兵軍団のおよそ二五〇両の戦車が密集していた。

ルーマニア第一、第二歩兵師団は戦力が不足したため、それぞれの大隊をよせあつめた集成部隊となっており、当時、前線には陣地というよりは、監視哨ぐらいしかつくられていなかった。彼らは編成内に、まったく戦車をもっていなかった。主力対戦車装備も、もはやソ連戦車相手にはほとんど役にたたない三七ミリ対戦車砲だった。

一部に四七ミリ対戦車砲も装備されていたが、それとて性能的には大差ない。ようやく一〇月から、七五ミリ対戦車砲（といってもＰａｋ97／38、すなわち、捕獲したフランス製の旧式カノン砲をＰａｋ38の砲架にとりつけた急造砲）が、ごく一部の部隊に配属されるようになっていたが……。

徒手空拳で、どうやって戦えというのか。さらに部隊の士気も弛緩《しかん》していた。最前線の塹壕では、ルーマニアの農民出身の兵士が、寒さと恐怖のなかで凍えていた。

一方、後方の暖かい住居のなかでは、士官や下士官がお茶を飲みながら、トランプに興じるか酒を飲んでいた。この軍隊は、もともと戦えるようにはできていなかったのだ。

一一月一九日朝、スターリングラード南部にいた前線部隊は、激しい砲撃音がひびいてくるのを感じた。それは北西はるか一〇〇キロの彼方ではじまった、ソ連軍の大攻勢を告げる

R１戦車部隊を視察するルーマニア国防相パンタッチ

ものだった。
しかし、彼らはなにが起きたのかわからず、ましてや自分たちの前面で、おなじことが起ころうとは、想像だにしていなかった。

開始された戦車隊の進撃

一一月二〇日朝、大地はかたく凍り、ステップを吹きわたる風は頬につきささり、舞いあがる雪煙りは、まるで霧のようにたちこめていた。

「霧が深すぎて、観測ができない」

スターリングラード方面軍のイェレメンコ将軍は、天王星作戦南翼の攻勢開始をためらっていた。モスクワからは、攻勢開始をせかせる電話が鳴りひびいていた。

「南西方面軍の攻勢は順調に進行している。はやく攻撃を開始せよ！」

午前一〇時、ついにスターリングラード方面

ルーマニア軍のシュナイダーM1897 75㎜野戦砲

軍の攻勢が開始された。ふたたび地獄の業火がルーマニア軍戦線を襲った。

「ズーン、ズーン」

あちこちで雪煙りがあがる。

「ヒューン、ヒューン」

かん高いカチューシャ・ロケットの飛翔音。

「ズバババババ」

つづけざまに着弾するや、あたり一面が火の海につつまれる。ルーマニア軍の前線は大混乱におちいった。

四五分後、戦車部隊の前進が開始された。生きのこったルーマニア歩兵は、霧のむこうから戦車のエンジン音とキャタピラのたてる金属音が、だんだんと近づいてくるのに気がついた。彼らは息をひそめて、なにかが起こるのを待ちうけた。

「……」

なにも起こらない。前線には対戦車地雷が敷設されていたはず。しかし、ソ連軍は夜のうちに、工兵部隊によって地雷原に通路を啓開していたのだ。

冬期のスターリングラード戦線でソ連軍のロケット弾がつぎつぎと発射

「見たこともないほどの戦車と歩兵の集団が、潮のように押しよせてきた」

ベケトフカの南に布陣した、ルーマニア第二〇歩兵師団の大隊長であったゲベレ少佐は、連隊長のグロス大佐に報告した。ゲベレ少佐にも、グロス大佐にもできることはなにもなかった。連隊にはなんとわずか一門の馬挽式の三・七センチ対戦車砲しかなかったのだから。

あえてルーマニア兵の名誉のためにつけくわえよう。彼らはすくなくとも勇敢に戦った。しかし、こんな装備でなにができようか。ソ連軍の報告書が認めている。

「ルーマニア軍は装備さえよければ、もっと有効に防戦できたであろう」

突破した第一三機械化軍団の最初の戦車は、すくなくとも四門（他の連隊が持っていたのか?）の対戦車砲を、そのキャタピラで踏みにじり、三ヵ所の防御火点を破壊したという。おそらくそれで、ルーマニア軍の抵抗は打ち止めとなったのだろう。

ゲベレ少佐は自分の戦区の監視哨が攻撃されるようすを、みずから観察しつづけた。

「ルーマニア兵は勇敢に戦ったが、ソ連軍のうちつづく激しい攻撃に、長く耐えられそうにないのははっきりしていた」

ソ連軍の攻撃は順調に進んだ。

「彼らはまるで、射撃場での演習のようにふるまった。射撃～移動～射撃～移動」

抵抗できないルーマニア兵は、射的の的のように殺されていった。

攻撃はニュースフィルムで見るソ連軍の攻撃シーンそのままだった。T34戦車の大群が雪をけたてて前進する。その背中には八名のタンクデサントが、白のカモフラージュスーツを着てしがみついていた。戦車のまわりに炸裂する砲弾と、雨あられと降りそそぐ機関銃と小銃弾。

戦車の装甲板には、傷すらつけることはできなかったが、生身のタンクデサントは傷つき、バタバタと落ちていった。T34は落ちこぼれるタンクデサントには目もくれず、全速力で走りつづけた。走れ、走れ！

しかし、スターリングラード南部の突破部隊には弱点があった。それは、凍結のはじまったヴォルガ川を、浮橋で渡って補給しなければならなかったことだった。

このため、攻勢開始わずか二日目には、補給に窮してしまった。彼らは、手持ちのありとあらゆる車両を補給に転用した。そのなかには、前線からの負傷者を運ぶ救急車もふくまれていた。

このためソ連軍の負傷者は、雪のなかにそのまま放置された。激しい寒気のなかでは、治療することはできない。負傷者は失血死するか凍死した。

それでもソ連軍が前進をつづけたのは、スターリンへの忠誠や政治将校への恐怖からではなかった。彼らは祖国を解放する戦いに参加する喜びに、身をふるわせていたのである。

攻撃に参加したものにとって、この瞬間は、ベルリン陥落までの最高の瞬間であった。

「長く待ちつづけた瞬間がきたのだ。スターリングラードの防衛者たちが、妻の、子の、兵士たちの血を贖《あがな》うために、敵の血をしぼりとるのだ」

その血は、ドイツ人でもルーマニア人でも関係なかった。

さらに南では、なにが起こっていたか。第四機械化軍団と第四騎兵軍団とは、ルーマニア第一歩兵師団の左翼と第一八歩兵師団の右翼を粉砕し、二〇日の夕方にはプロドヴィトエに到達した。プロドヴィトエにはルーマニア第六自動車化連隊の第二中隊と自動車化砲兵中隊の一〇五ミリ砲部隊がのこっていた。

彼らはソ連軍の大海のなかで、希望のない反撃をおこなったが、この反撃が奏功するはずもなかった。戦いのなかで、彼らは降伏するか殲滅された。

皮肉なことに、彼らはソ連軍を助けることになった。捕獲されたトラックとR１戦車は、車両不足に悩むソ連軍二コ連隊に、そのまま配備されたという。

しかし、第四機械化軍団の三コ戦車旅団は、初日にルーマニア軍の地雷原にまぎれこみ、五〇両もの戦車をうしなったという。第四機械化軍団のヴォルスキー少将は、この損害にたじろいだ。

そして、もうひとつの戦いが、あやうく天王星作戦を失敗させかねない危機をもたらすことになる。それは、ドイツ第二九自動車化歩兵師団の反撃であった。

第二九自動車化歩兵師団

スターリングラード南部でのソ連軍の攻撃開始は、彼らがなにをたくらんでいるかをはっきりさせた。しかし、攻勢当日のドイツ軍統帥部は、不足し、錯綜した情報で、正確になにが発生したかを、理解することができなかった。

とくに痛かったのは、悪天候で空中偵察ができないことだった。しかし、最前線のドイツ軍部隊は、彼らが適切に運用されれば、なにができるかをはっきり示した。

ドイツ軍は、スターリングラードの攻略にかかりっきりとなり、ほとんどの戦力をつぎこんでいたが、第四機甲軍所属の第二九自動車化歩兵師団だけは、九月末にスターリングラード戦線からはずされて軍集団予備となり、休養再編成中であった。

ヒトラーはスターリングラード攻略後に、この部隊を、なんとはるかアストラハン攻略に使う予定だったという。

一一月はじめ、同師団はコーカサス戦線のゆきづまりを解消すべく、月末にはコーカサスへ出発する準備を完了するよう命令された。運命の一一月二〇日、同師団はスターリングラードの南にあって、野外演習の準備をしていた。

第四機甲軍のホト上級大将は、軍集団司令部と連絡がとれなかったため、独断で行動した。午前一〇時三〇分に師団に演習を中止させるとともに、スターリングラードの南を突破してきたソ連軍にたいする反撃を命じた。

第二九自動車化歩兵師団のライザー少将は、命令をうけるとすぐに行動を開始した。自動車化歩兵師団は名前のとおり機甲師団とはちがうが、主力に第一二九戦車大隊をもつ。一一月一六日付の報告書によれば、師団の戦力は以下のようになっている。Ⅱ号戦車七両、Ⅲ号戦車長砲身型二三両、Ⅲ号戦車七・五センチ砲型九両、Ⅳ号戦車長砲身型一八両、指揮戦車二両の計五九両である。

さすが休養再編成されただけあって、前線の機甲師団にまさる戦力である。Ⅲ、Ⅳ号戦車とも長砲身型ばかりで、戦闘力ではT34に負けない。

ライザー少将は、Ⅲ号、Ⅳ号戦車五五両（前記と数がことなるが、若干の異動があったのだろう）をひとかたまりにして、広いパンツァーカイル（楔形）隊形をとらせた。側面は装甲兵員輸送車に乗った猟兵が援護し、後方からはハーフトラックに乗った歩兵がつづく。さらに後方には、支援の砲兵部隊。

「ドドドド」

砲撃を行なうソ連軍の152ミリ砲

エンジンが始動される。エンジンの調子は良好。

「パンツァー、マァールシュ！」

命令とともに、隊列はゆっくりと前進をはじめた。

「キュラキュラキュラ」

キャタピラがきしみ、積もった雪をまきあげる。戦いの場はひらけた雪原であって、いまいましいスターリングラードの市街地とはちがう。

しかし、視界が悪い。ミルクのような霧で、前方わずか一〇〇メートルも見通すことはできない。戦車長はすべてキューポラの上に身を乗りだし、すこしでも遠くを見通そうと目をこらした。突然、霧が晴れた。

「敵戦車！」

驚いたことに、眼前わずか四〇〇メートルにソ連の戦車の大群が出現した。ルーマニア第二〇歩兵師団の前線を突破したソ連第一三機械化軍団である。

「パタン、パタン」

いっせいに戦車のハッチが閉められ、ドイツ戦車にいつもの命令が発せられた。

「砲塔一二時の方向！」

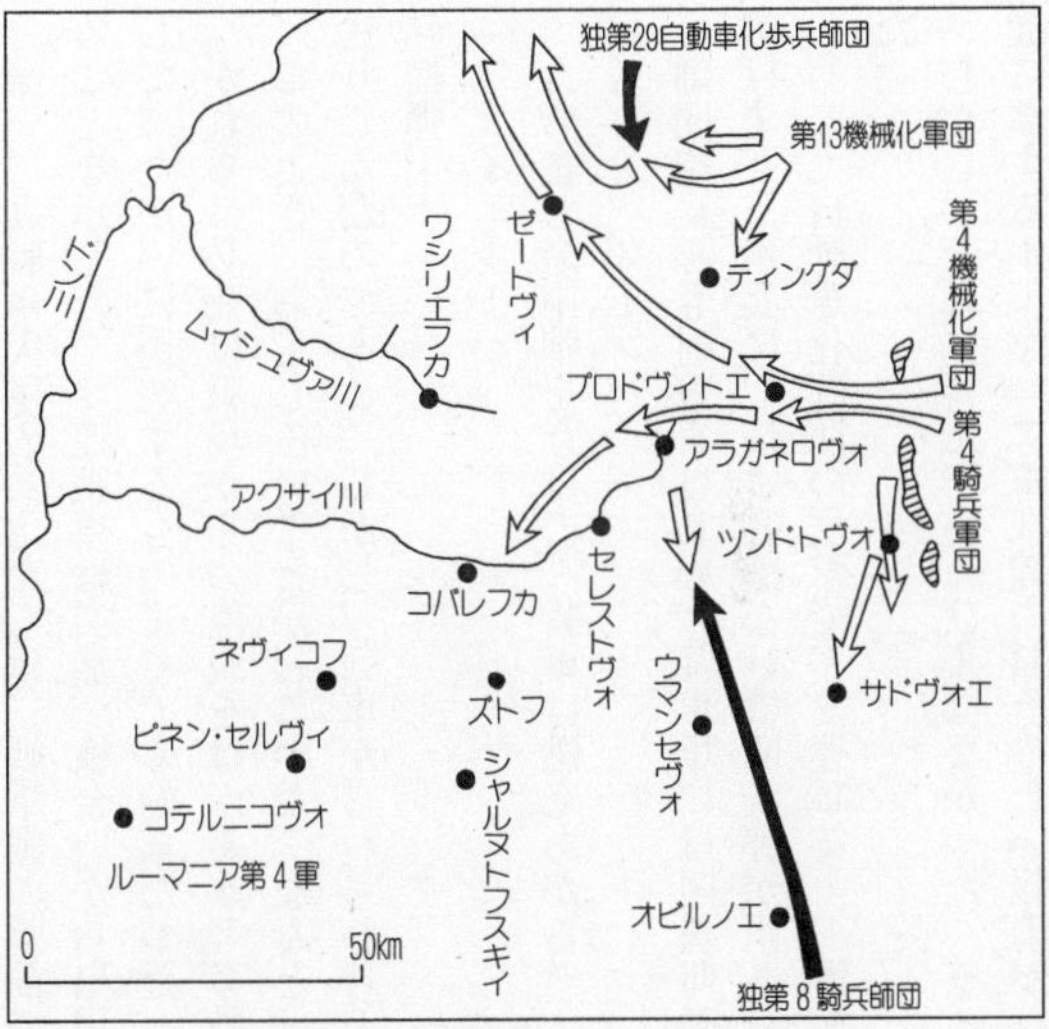

「徹甲弾込め！」

「距離四〇〇」

「フォイエル！」

　この距離ではずれるはずもなく、弾丸は赤い曳光薬の燃える尾を引きながら、敵戦車の土手っ腹に吸いこまれていった。

「ドーン」

　弾薬に誘爆したのか、T34が赤い炎と黒煙をあげて大爆発した。

　なにかを考えるまもなく、車長はキューポラをめぐらせて、つぎの目標をさがす。

「砲手、右隣の奴を狙え！」

「発射！」

「命中！」

「発射！」

第一二九戦車大隊の兵士たちは、戦車戦の腕前では、まだドイツ軍の方がはるかに上であることを示した。ソ連戦車は突然、横合いから出現したドイツ戦車の大群に驚き、右往左往して、たがいに衝突するものまででる始末だった。

かれらは必死に戦場からの離脱をはかるが、多数が撃破され、雪の上に骸《むくろ》をさらした。

このとき、おもしろいことが起こった。なんとソ連軍は鉄道を使って、直接戦場に歩兵を送りこんだのである。しかし、列車からわらわらと降りてくる歩兵は、戦車の的でしかない。

「榴弾！」

「フォイエル！」

たちまち命中弾をうけて、貨車は燃えあがる。

「ズーン、ズーン」

師団砲兵隊も射撃をはじめ、降車場には阿鼻叫喚の地獄絵図さながらの光景が出現した。逃げまどう歩兵に、情け容赦ない機関銃弾が雨あられと降りそそぐ。

第二九自動車化師団の反撃で、ソ連軍第一三機械化軍団の攻撃は、いったん頓挫させられた。

しかし、それに喜んでいるひまはなかった。ライザー少将のもとには、ソ連軍の攻撃で危機に瀕するルーマニア軍戦線のおそろしい報告がはいってきた。

さらに、南方三〇キロのルーマニア第六軍戦区でソ連軍が突破し、まっすぐゼートヴィにむかって突進しているというのだ。まさに最大の危機である。

ドイツ軍にとって、この敵に対処できる部隊は、第二九自動車化歩兵師団しかなかった。幸運にも師団はゼートヴィにむかい、ソ連第四機械化軍団の横腹を衝くには絶好の位置にあった。第一三機械化軍団との戦闘は、師団にさしたる損害をあたえることもなく、士気は高まるばかりである。

第四機甲軍のホトは、第二九自動車化歩兵師団を南西に機動させ、ヴォルスキー少将の第四機械化軍団を攻撃する計画をたてた。ふたたび横合いから攻撃すれば、第四機械化軍団の攻撃を頓挫させられるかもしれない。

そうすればスターリングラードを包囲する片腕は切り落とされ、ソ連軍の大攻勢は失敗におわる。それどころか、その伸びきった北側の右腕は、ドイツ軍からの攻撃の的となるのだ。

しかしこのとき、驚くべきことが起きた。

スターリングラード包囲

前線で戦車対戦車の息づまる対決が演じられていたころ、後方のB軍集団司令部では、あいかわらず前線の状況がわからず、大混乱がつづいていた。

彼らは、ソ連軍が大攻勢を開始したことはわかっていたが、それがどのような巨大な狙いをもっていたかを理解していなかった。

スターリングラードを攻略しようとするドイツ軍を阻止すること。単なる反撃だと思っていたのだ。

　このため、B軍集団はスターリングラードの第六軍の側面をかためるため、ソ連軍にむかって、まさに攻撃を開始しようとしていた第二九自動車化歩兵師団を、呼びもどすことにした。

「攻撃を中止し、第六軍の南側面の援護のため防御陣地を構築せよ！」

　第二九自動車化歩兵師団は、ホトの第四機甲軍から第六軍に編成がえとなり、ありもしないソ連軍の攻撃にそなえることになった。

　ライザー少将はわが耳を疑った。目の前をソ連軍の戦車が奔流となって走り去り、ドイツ軍の後方は切断されようとしているのだ。戦車は機動的に運用されてこそ意味があるのに。

　われわれは機械化部隊である。陣地をつくって穴にこもっては、意味がないのだ。しかし、命令とあらば仕方がない。

　上級司令部がそう命令する以上、高度な情勢判断による必要があるのだろう。ライザーはそう思って、納得するしかなかった。

　その結果、第二九自動車化歩兵師団は、スターリングラード包囲網内にとじこめられ、その兵士のおおくが命を落とす結果となるのだが、それはまだ先の話である。

　一方、ソ連軍でも不思議なことが起こっていた。ゼートヴィにたっした第四機械化軍団が、暗くなる前に、その進撃を停止したのである。いったいなにが起こったのか。

　それは第二九自動車化歩兵師団の奮戦が原因であった。ヴォルスキー少将は、同師団によ

冬の東部戦線におけるドイツⅢ号戦車。雪は戦車の大敵だった

って第一三機械化軍団が大損害をうけたのを知って、自分たちもおなじ目に遭うのではないかと、縮みあがってしまったのである。

軍司令官は怒ってヴォルスキーに前進をうながす命令をよこしたが、彼はなかなか動こうとしなかった。やっと二二日になって、ドイツ軍の攻撃がないことを知ると、ヴ方面軍司令官のイェレメンコの命令で、ヴォルスキーはしぶしぶ動きはじめたのである。

そこから前進することわずかに一日、彼らはドン河畔のカラーチに到着した。

一一月二三日、スターリングラードの南北から進攻を開始したソ連軍部隊は、がっちりと握手をかわした。スターリングラード大包囲網の完成である。スタフカ（大本営）は八万五〇〇〇人の枢軸軍を包囲したと考えていたが、そのなかには、じつにドイツ軍二〇コ師団、ルーマニア軍二コ師団、その他各種部隊、機関をあわせて、なんと三三万人もが包囲されていたのである。まぎれもなくソ連軍の大勝利であった。

第六軍のパウルス将軍は、スターリングラードからの脱出許可を求めた。

「現状にかんがみ、行動の自由をあたえられたい」

しかし、ヒトラーの答えはちがっていた。

「現在の戦線を死守せよ」

第六軍の脱出の機会はうしなわれた。彼らはヒトラーによって、スターリングラード要塞と名づけられた地獄で、戦いつづけなければならなかった。

しかし、戦いは容易にはおわらなかった。このあとさらに数ヵ月にわたって、包囲網にたてこもるドイツ軍と、包囲するソ連軍、そしてドイツ軍救援部隊と、それを阻止しようとするソ連軍との、スターリングラードの戦い第二ラウンドともいうべき、血みどろの戦いがつづけられるのである。

第11章　戦車軍に突撃したコサック騎兵の雄叫び

ソ連軍の反攻をうけてスターリングラード攻略戦に参加していたルーマニア軍はたちまち蹴散らかされて潰走、そんななかドイツ軍第二二機甲師団のオッペルン戦闘団の奮戦がはじまった！

一九四二年一一月二一日〜二六日　スターリングラード攻防戦Ⅲ

オッペルン戦闘団の奮戦

一九四二年一一月一九日、ソ連軍が突破したスターリングラード北部では、ソ連軍の戦車が前進するなかで、包囲されまいとするルーマニア軍兵士が、ちりぢりとなって敗走をつづけていた。そのなかで隊列を組み、戦いつつ後退する一群の部隊があった。

そう、これこそ、北翼でのソ連軍の突破をふせぐべく出撃したものの、あまりの戦力差に後退せざるを得なかった、第二二機甲師団の主要部、オッペルン戦闘団であった。

一一月二〇日の戦闘で、敵に両翼を突破された戦闘団は第四八機甲軍団司令部から、ソ連軍とはなれ、ドンシュシナと一九一・二高地に新陣地をもうけて、そこを固守するよう命令された。

しかし、戦闘団の撤退に気づいたソ連軍は、すぐにドンシュシナの占領をはかった。戦車と歩兵が、ドンシュシナの村におしよせる。

「徹甲弾！」

「フォイエル！」

戦闘団の戦車が、この敵に火を吹く。ソ連軍は一日中、攻撃をつづけた。ソ連軍のやり方はこうだ。まず歩兵が突撃し、その後で戦車がやってくる。最後は騎兵の突撃である。

騎兵？　そう、本当に馬に乗った騎兵が突撃してきたのである。戦車兵たちは目を丸くした。

「ウラー！」

コサックたちはサーベルをふりまわして、ドイツ軍陣地めがけて突進してきた。

「砲手、無線手、機関銃射撃！」

機関銃が吠えると、駆け足で突撃する騎兵の隊列に、そこここで間隙が生じた。人間、そして馬の体に、情け容赦なく銃弾がつきささる。

馬がもんどりうって倒れ、騎馬兵は地面に投げだされた。騎兵の襲撃は大虐殺におわり、生きのこったコサック兵は北方に後退した。

なんと幸運なことに、オッペルン戦闘団は、ここで補給をうけとることができた。

「いそげ、いそげ！　いそいで燃料と弾薬を補給するんだ」

オッペルン大佐は補給をすませると、戦車兵たちにすぐ戦闘態勢をとらせた。

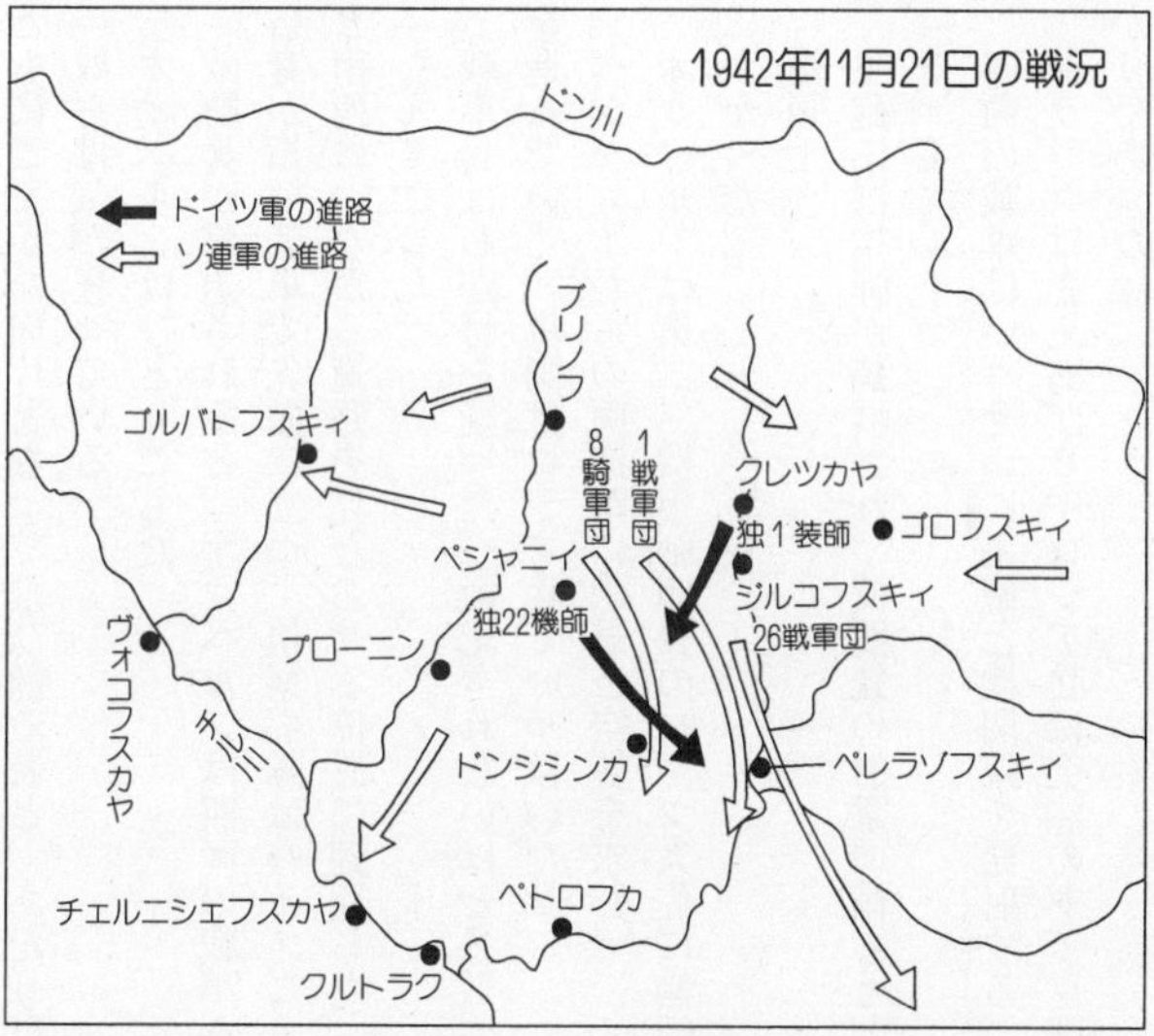

「奴らはすぐにもどってくるぞ」
敵の火線をくぐりぬけて、偵察にいった装甲車がもどってきた。
「敵の大部隊が、ペシャニイから南東をめざして前進中です」

大変だ。しかし戦闘団は、善後策を検討する間もなく、ふたたびコサック騎兵の襲撃をうけた。こんどは発見がはやかったので、砲兵が対応することができた。

「ウラー！」

突進する騎馬の隊列に榴弾が発射される。土煙があがるたびに、そこここで騎馬兵がくずれ落ちる。

落馬して、そのまま馬にひきずられる者、馬が驚いて立ちあがった拍子に、もんどりうって地面にたたきつけられて息絶える者、直撃弾をうけて、人馬ともにこまかな肉片となって飛び散る者と、あたりは阿鼻叫喚の地獄絵図と化した。

「奴らは気が狂っている」

オッペルンはひとりごちた。

敵騎兵が撃退されると、オッペルンは四両の戦車を偵察のために送りだした。オッペルン自身が指揮戦車で先頭に立つ。偵察部隊はハイスピードで北にむかい、ペシャニイから南東と南西につながる道路を見とおせる位置に到達した。

「なんてこった」

戦車兵はわが目を疑った。数えきれないほど多数のトラックと馬車が、えんえんと道路上を進んでいく。車両はロシア兵でいっぱいだ。

「ペシャニイからの両道路に砲撃と空襲を求む」

オッペルンは第二二機甲師団長のロッツ大佐に無線で連絡するとともに、みずからも攻撃にかかった。

「榴弾！」

主砲には榴弾が装填され、機関銃の射撃準備もととのった。

「フォイエル！」

四両の戦車はいっせいに主砲と機関銃を発射する。

トラックは燃えあがり、ロシア兵は突然のドイツ戦車の攻撃で、やみくもに逃げまどうばかりであった。

ソ連のコサック騎兵たち。スターリングラード戦では、サーベルをふりかざして突進した

ドイツ軍のロケット砲の一斉射撃が、あたりを揺るがしはじめた。もうお役御免と、戦車は大いそぎで戦闘団の本部へととってかえした。

戦車は最大スピードで、ジグザグに走りぬけた。その後を追って、ソ連軍の野砲弾が着弾した。

オッペルンは激しい衝撃を感じた。たちまち車内にはガソリンのにおいが充満する。命中弾で指揮戦車の車体後部に損傷をうけたのだ。

「脱出！」

乗員は、車長ハッチと操縦手ハッチからころがりでた。とたんに至近に着弾し、オッペルンは吹き飛ばされた。幸いにもオッペルンの体に怪我はなく、しばらく耳が聞こえなくなっただけですんだ。

オッペルンの指揮戦車が被弾し、乗員が

脱出したのをみて、僚車が救援のため走りよってきた。オッペルンと乗員たちは、すかさず戦車の後部エンジンデッキに飛び乗った。

「出せ！」

オッペルンがふり返ると、彼の指揮戦車は炎をあげて燃えていた。オッペルンは、からくもドイツ軍陣地にたどり着くことができた。

ソ連軍の攻撃部隊は大混乱となったものの、それは一時的なものにすぎなかった。一時間後には敵の進撃は再開され、第二三機甲師団第一二九擲弾兵連隊の戦線は突破されてしまった。

オッペルンは戦闘団にのこった戦車のすべて、といっても二〇両にもみたなかったが、それらをひきつれて待機地点から出撃した。

「奴らを追いだすんだ」

オッペルンの戦車部隊は、やっと第一線陣地を奪ったばかりのソ連軍歩兵部隊を痛撃した。

「榴弾！　フォイエル！」

突然あらわれた戦車から、主砲と機関銃の猛撃を浴びて、ロシア兵はたちまち陣地をすてて逃げだした。擲弾兵連隊の陣地は回復された。

「敵戦車！」

警報が発せられた。ソ連軍は戦車をくりだして、ドイツ軍陣地の奪取をはかった。

「徹甲弾！」

戦闘団の戦車は戦闘準備をととのえた。

「ガーン、ガーン」と、そのとき先に撃ちはじめたのは、砲身を水平にした対空砲だった。ハチハチ（八・八センチ対空砲）、こいつの弾を食らったら、装甲の厚いソ連戦車といえども、ひとたまりもない。あっという間に九両が擱座し、のこりの戦車は撤退した。

なんとか戦線は保持されたものの、情勢はあいかわらず危機的だった。うちつづく激戦によって損害が累増しており、第二二機甲師団には、戦線を保持するのに十分な兵力はのこっていなかった。

とくに歩兵がたりず、戦線の側面は、わずかに配された歩兵が警戒しているにすぎなかった。ソ連軍が側面を突破すれば、師団は包囲されてしまう。

このとき、軍団から師団への命令がとどいた。

「師団はクルトラクの後方まで撤退せよ」

これで包囲されずにすむ。しかし、無線の傍受によって、すでに敵戦車は東からカラチェフに迫っていることがわかっていた。このため、クルトラクへの後退ルートを守るため、オートバイ兵と対空砲部隊が先に陣地をはなれて、後方へといそぐことになった。

ここで軍団司令部から、新しい命令がはいった。

「師団は現在地を保持しつづけよ。もし、すでにクルトラクの線まで後退していたなら、翌朝ただちに北に向かって攻撃せよ」

なんという命令。第二二機甲師団はすでに戦闘開始時の半分の戦力しかなく、現在地を保持することなど非現実的な命令にほかならない。しかし、命令は命令、師団はメドヴェシュまで後退したものの、町の両側の高地を占領して戦いつづけた。

第二二機甲師団、脱出せよ

一一月二二日、第二二機甲師団は北に進んで、ルーマニア第一機甲師団と連絡するよう命じられた。ルーマニア第一機甲師団はドンシシュシンスキィにいると考えられた。

しかし、状況はそれどころではなかった。偵察の結果、ソ連軍はすでに左翼で深く突破しており、師団の後方にたっしていた。

ダウモフはソ連軍が占領し、ペトロフカは攻撃をうけていた。クルトラクでは、その西を敵が機動していて、すでにゴルバトフスキィに到着していた。

メドヴェシュの北と北東の高地は、すでにソ連軍に占領されていた。そして、今もとめどなく、ソ連軍の戦車と車両の大群は南に進みつづけていた。

ドンシシンカ〜メドヴェシュ〜マラヤ〜ドンシシュシンスキィと、師団のまわりで敵の包囲網はとじられつつあった。オッペルンは、すべての機密文書の破棄を命じた。文書類が火のなかに投げ入れられる。これまでの戦闘を記録した貴重な戦時日誌も……。

「パンツァー、マールシュ！」

午前一一時、オッペルンは戦車に移動を命じた。そのわずか数分後だった。

「ウラー！」

コサック騎兵の大群が、ふたたびドイツ軍陣地に襲いかかった。

オッペルンが命令をくだすより先に、師団の砲兵が射撃を開始し、またも騎兵は戦車の装甲板に一片の傷さえつけられずに虐殺された。

「偵察小隊！」

オッペルンの命令が飛ぶ。

「ベッカー、ペレラゾフスキィ方面を偵察せよ！」

ベッカー中尉のひきいる装甲車部隊が、全速力で走りだす。しかし、すぐに偵察部隊は帰ってきた。

「ペレラゾフスキィは、すでにソ連軍に占領されています」

どうする。進むしかない。止まれば死あるのみ。師団はソ連軍に発見されずに、ペレラゾフスキィの東の高地にたっすることができた。

偵察の結果、ソ連軍はすでにペトロフカを通って、はるか後方のチェルニシェフスカヤ方面にたっしていることがわかった。

「ということは、わが部隊の後方補給ルートは切断されたということだな、ベッカー」

オッペルンは問うた。

「大佐殿、我々はなんとかして、自力で突破しなければなりません」

ベッカーは答えた。

「なんとか脱出するぞ。まずはハリネズミの陣をはれ。ソ連軍の攻撃にそなえるのだ」

オッペルンはロッツのもとにおもむいて報告した。ロッツの結論もおなじだった。二人は地図をひろげると、脱出ルートを探しはじめた。

「ペレラゾフスキィの西にある一六八・九高地から出撃するのが最適なルートだと思います」

「よしそうしよう、オッペルン」

夜更けに師団は高地に到着し、全周防御陣地を構築した。

二三日、オッペルンのもとには、装軌車両だけが集められた。戦車、擲弾兵と戦闘工兵の乗った装甲ハーフトラック、自走砲に突撃砲である。不整地走行能力のない車両は足手まといになるだけだ。

「オッペルン、一時間以内にドンシシンカ方面を攻撃して、ルーマニア軍と共同して防衛態勢をととのえるんだ」

師団の衝角の役割りをになったオッペルン戦闘団は、戦車を先頭にソ連軍陣地に攻撃をかけた。

「カーン、カーン」

敵の銃弾が戦車の装甲板をたたく。ソ連軍は機関銃と対戦車ライフルで応戦した。

何両かのハーフトラックが撃破されたものの、戦闘団はドンシシンカの村に到達することができた。こんどは、戦車にかわってハーフトラックが先頭に立ち、村に突入してソ連兵を

敵陣に突撃するソ連軍騎兵部隊

追いはらった。

驚いたことに、ドイツ軍が村を奪いかえしたことを知ると、まわり中からルーマニア兵がわきだしてきた。オッペルンはあらわれたルーマニア軍の指揮官にいった。

「閣下、ルーマニア軍は村を防衛する意向でありますか。私たちは、ソ連軍を村の西の高地から追いはらう所存です」

オッペルンは戦車とハーフトラックで全速力で丘を駆けあがった。敵の対戦車砲と野砲が激しく撃ちかけてきた。

「ガーン！」

命中弾をうけて戦車が擱座する。擲弾兵を満載したハーフトラックも命中弾をうけて撃破された。もう一両、こんどは燃料タンクに命中して、一瞬に燃えあがった。だれも降りてくるものはいない。全員戦死。

しかし、丘の斜面にとりつくと、敵の火砲

は俯角がたりなくて、射撃することができなくなった。右往左往する敵を尻目に、戦車は頂上ににじりよる。

「ガーン」

対戦車地雷だ。キャタピラを切断された戦車が、横を向いて止まった。幸い地雷を踏んだのは一両だけで、丘は奪取された。

ドイツ軍がソ連兵を追いはらった陣地には、あとから登ってきたルーマニア兵がはいった。偵察によると、ペレラゾフスキィから西に敵の動きが見られた。すぐに砲兵に連絡が飛び、敵は蹴散らされた。午後になるとドンシシュシンスキィの北東とペレラゾフスキィの北で、ドイツ戦車とソ連戦車が衝突し、数両のT34が撃破された。

午後、オッペルンは夜のうちに、ドンシシュシンスキィの河岸に後退することを命じられた。オッペルンは戦闘団をまとめると、ゆっくりと移動を開始した。敵に感づかれてはならない。

しかし、この行動はとんでもない悲劇をまねいた。単なる移動をルーマニア兵は、ドイツ軍が自分たちを見捨てて逃げだすのだと思いこんだのである。

村にいたルーマニア兵は、われ先にと陣地を飛びだし、ドイツ戦車を追いかけた。やがて算を乱しての逃走となり、この動きはソ連軍に気づかれた。

ただちにソ連軍は、戦車と歩兵の突撃グループにより、村へと攻めこんできた。ロッツ大佐は第一二九擲弾兵連隊と一部の勇敢なルーマニア兵によって、しばらくの間、なんとか村を守りぬき、逃走が大崩壊となることをふせいだ。

二四日、第二二機甲師団は北にむかい、ルーマニア第一機甲師団と連絡をとるよう命じられた。しかし、メドヴェシュの住人によれば、およそ三〇両のルーマニア軍戦車が、すでに南に通過していったという。もしそれが事実なら、彼らはソ連軍の包囲網にぶちあたって、とうに撃破されてしまったことだろう。

けっきょく軍団司令部は、第二二機甲師団に二四～二五日の夜に包囲網を突破して、チル川南方にあるドイツ軍の戦線まで脱出するよう命令をくだした。

「すべての装甲車両により敵包囲網を攻撃する。部隊を三つのグループにわけ、一点に攻撃を集中するのだ」

ロッツはオッペルンに命じた。ふたたびオッペルン戦闘団が師団の衝角の役割りをはたすのだ。

戦車とハーフトラックは最大速力で突っ走る。ソ連軍は突然のドイツ軍の攻撃におどろき、有効な反撃をくわえることができなかった。

かれらが反撃をはじめたのは、師団の最後衛部隊さえも通りすぎたあとで、しばらくの間、ソ連軍は同士討ちを演じていた。

一一月二五日夜明け、オッペルン戦闘団の先頭戦車は、凍りついたチェルニシェフスカヤの西でチル川の北岸に到達した。師団はルサコフの村を突破して、チェルニシェフスカヤでチル川にかかる橋を渡る。

午前五時、オッペルン戦闘団を先頭に立てたルサコフ突破のこころみは失敗した。しかし、午前一一時に師団全戦力をあげての攻撃は成功した。このとき、戦功をあげたのは、西側の丘に配置されたハチハチ（八・八センチ対空砲）であった。

「いそげ、橋を渡るんだ」

橋を爆破しようと爆薬をだいたソ連工兵が走るのが見えた。

戦車の機関銃が吠え、ソ連兵はもんどりうって倒れた。

「走れ！」

全速力で突っ走る戦車とハーフトラックに、敵の対戦車砲弾が炸裂する。ハーフトラックがまた一両やられた。

「ガーン」

オッペルンは衝撃をうけて倒れた。やられた。彼の足元には装填手がうずくまっている。

「脱出！」

オッペルンはオーバーコートがキューポラにひっかかって脱出できなかった。

「連隊長がやられた」

戦車はオッペルンの指揮戦車をとりかこむように突進し、対戦車砲を沈黙させた。オッペルンは足を負傷したものの、後続の戦車に乗りこむと、指揮をとりつづけた。

この日の夜までに、町は擲弾兵がとりかえした。そして戦車パトロールは、クテイニコフに通じる道路を啓開し、後方との補給ルートを確保した。

翌二六日、補給部隊のトラックが到着した。第二三機甲師団は突破に成功し、ドイツ軍戦線へとたどり着いたのだ。オッペルン戦闘団と第二三機甲師団の冒険はおわった。

火消し役のヴェンク大佐

一一月二三日、スターリングラード南北から侵攻を開始したソ連軍部隊は、カラチ南東のソヴィエトスキーで握手をかわし、ドイツ第六軍はスターリングラードに包囲された。

包囲された第六軍をどうするかも問題だったが、ドイツ軍にとってより緊急な課題は、イエランスカヤからスターリングラードの南のバルマンツァク湖にいたる三〇〇キロもの戦線に開いた大穴を、なんとかすることだった。

ソ連軍の戦車は、奔流のように南西へと前進し、B軍集団そのものが崩壊のせとぎわに立たされていた。B軍集団が崩壊し、ソ連軍が黒海にたっすれば、コーカサスに進撃したA軍集団も包囲されてしまい、さらには、ドイツ軍のロシア南部戦線そのものが崩壊することになる。

ソ連戦車の奔流を、どうしても止めなければならない。しかし、どうやって?

陸軍総司令部は、すでに一一月二一日に、第一一軍司令官のマンシュタインに火消し役を命じていた。

「第一一軍司令部はドン軍集団司令部となり、第四機甲軍、第六軍、ルーマニア第三軍にたいする指揮を担当すべし」

しかし、第一一軍はまだデュナ川上流のヴィテブスク地区にあって、すぐには戦場に急行できない。となれば、あるものでなんとかするしかない。

なんとかした男、それがヴェンク大佐であった。

コーカサスの第五七機甲軍団参謀長であったヴェンク大佐は、一一月二一日に陸軍総司令部からの命令をうけた。スターリングラード北西部、ドン川のルーマニア第三軍に、ドイツ軍側参謀長として着任せよというのだ。

空軍の特別機がまわされ、大佐はその日の夕方にはモロゾフスカヤに飛んだ。

ソ連軍の突破をうけて、ルーマニア第三軍はほとんど四散していた。クレッカヤの西で、ラスカル将軍の指揮下に数コ師団が包囲されていたが、壊滅するのはもはや時間の問題だった。のこりの部隊は算を乱して潰走中で、まとまった戦力としてもちいることなど、望むべくもなかった。

防衛のため、とにかくまわりにいた兵力がかき集められた。第四八機甲軍団の後方にのこされていた兵力、空軍の対空部隊、第六軍所属部隊で、たまたま後方にあって包囲をのがれた各種部隊など、よせ集めた兵力で臨時の戦闘団が編成されて、戦線に投入された。

シュパング少将のシュパング戦闘団、シェターエル大佐のシェターエル戦闘団、ザウアーブルッホ大尉のザウアーブルッホ戦闘団、アダム大佐のアダム戦闘団、さらには第六軍の後方部隊や建設部隊、戦車を失った戦車兵、工兵、対空砲兵と、武器をもてる者はすべて前線

ドン川
R７師
R１軍団
R11師
R９師
ドゥボフスキィ
21騎師
G17軍団
G294師
ヴォコフスカヤ
R14師
G２軍団
R６師
ラスポピンスカヤ
クレツカヤ
R15師
ジルコフスキィ
ドンシシンカ
55騎師
G22機師
メドヴェシュ
チエルニシエフスカヤ
112師
１装師
クルトラク
R１装師
オセルスキィ
オシノフスキィ
ゲオギエフスキィ
チル川
前線
オブリスカヤ
N
G=ドイツ
R=ルーマニア
11月30日の前線位置

におもむいた。

とくに重要な予備兵力となったのは、休暇をおえて帰ってくる第六軍や第四機甲軍所属の兵士たちだった。兵士集めのためには、奇想天外な方法までもちいられた。

モロゾフスカヤでは、国防軍宣伝中隊があちこちの辻々で宣伝映画を上映し、集まった兵士をとっつかまえて部隊をでっちあげた。

装備は補給所や工場、あるいは隠匿《いんとく》物資からまかなわれた。さらに、燃料補給所に群がってきた乗用車、補給車両が挑発された。そのうえ、他の部隊に送られるはずの車両を盗みとることさえあったのだ。これらの人員と装備ででっちあげられた部隊は、かりに「応急部隊」と呼ばれた。

これら応急部隊によって、ドン～チル川屈曲部に数百キロの応急陣地がつくりあげられた。部隊はできあがった順に送りこまれた。

アダム戦闘団がニージニ・チルスカヤに、シュパング戦闘団、シェターエル戦闘団がそれぞれチョークポイントに布陣し、その両側に新着部隊が腕をのばしていく。しかし、その内実は紙のように薄い戦線で、突破されれば、他にはもうドイツ軍はいない。

ヴェンク軍にとって最大の助けとなったのは、第二二機甲師団、主としてそのなかの第二〇四戦車連隊を基幹としたオッペルン戦闘団であった。彼らこそ、寄せ集めのヴェンク軍にとって、最大の「援軍」であったからだ。

師団はこのあと数日間にわたって、パラモノフ、レオンティエフスキイ、チスタコフカといったチル川沿いの拠点を攻撃し、ソ連軍の手から奪いかえした。

一二月一日、オッペルンはわずか七両の戦車でワルラモフを攻撃した。村は奪取されたものの、激しい砲火で四両の戦車が失われた。たった三両の戦闘団！

しかし、軍団司令部は翌日にも、オッペルンに出撃を命じたのだ！

一二月四日、第二二機甲師団は、ようやく到着したホリト将軍の部隊と、ヴェンク軍をもとに新たに編成されたホリト軍支隊に配属された。師団には第二大隊の戦車、第一二九擲弾兵連隊や第二四オートバイ大隊などに増援が配備され、その戦力はしだいに回復した。

ここでも第二二機甲師団、そしてオッペルン戦闘団は、支隊の火消し役として活用された。彼らはつねに激しい戦闘の渦中におもむいた。

オッペルンはつねに彼の38（t）指揮戦車に座乗し、戦闘団の先頭に立って指揮しつづけた。戦闘から戦闘へ、ソ連軍の攻撃をふせぎ、歩兵部隊を救出した。オッペルン戦闘団の戦いぶりは、救われた歩兵部隊の兵士から、ほとんど伝説のように語り伝えられたという。

第12章　ヒューナースドルフ戦闘団のむなしき苦闘

スターリングラードに閉じこめられたドイツ第六軍を救出するため、新たにドン軍集団司令官となったマンシュタイン元帥は「冬の嵐」作戦を発動、第六機甲師団が正面突破をはかった！

一九四二年一二月一二日〜二三日　スターリングラード攻防戦Ⅳ

ドイツ第六軍の救出作戦

ドン軍集団司令官となったマンシュタイン元帥は、一一月二七日に、ようやくノヴォチェルカスクに司令部を開設することができた。

マンシュタインに課せられた任務は、ずばりスターリングラードで包囲されたドイツ第六軍の解囲であった。しかし、ドン「軍集団」としてマンシュタインの指揮下にあったのは、現にいまスターリングラードで包囲されているドイツ第六軍に、第四機甲軍とルーマニア第三、第四軍の生きのこり、そしてエリスタふきんにあった第一六自動車化歩兵師団しかなかった。

これで、どうやってスターリングラードを解囲するのか。必死になって、解囲部隊がかき

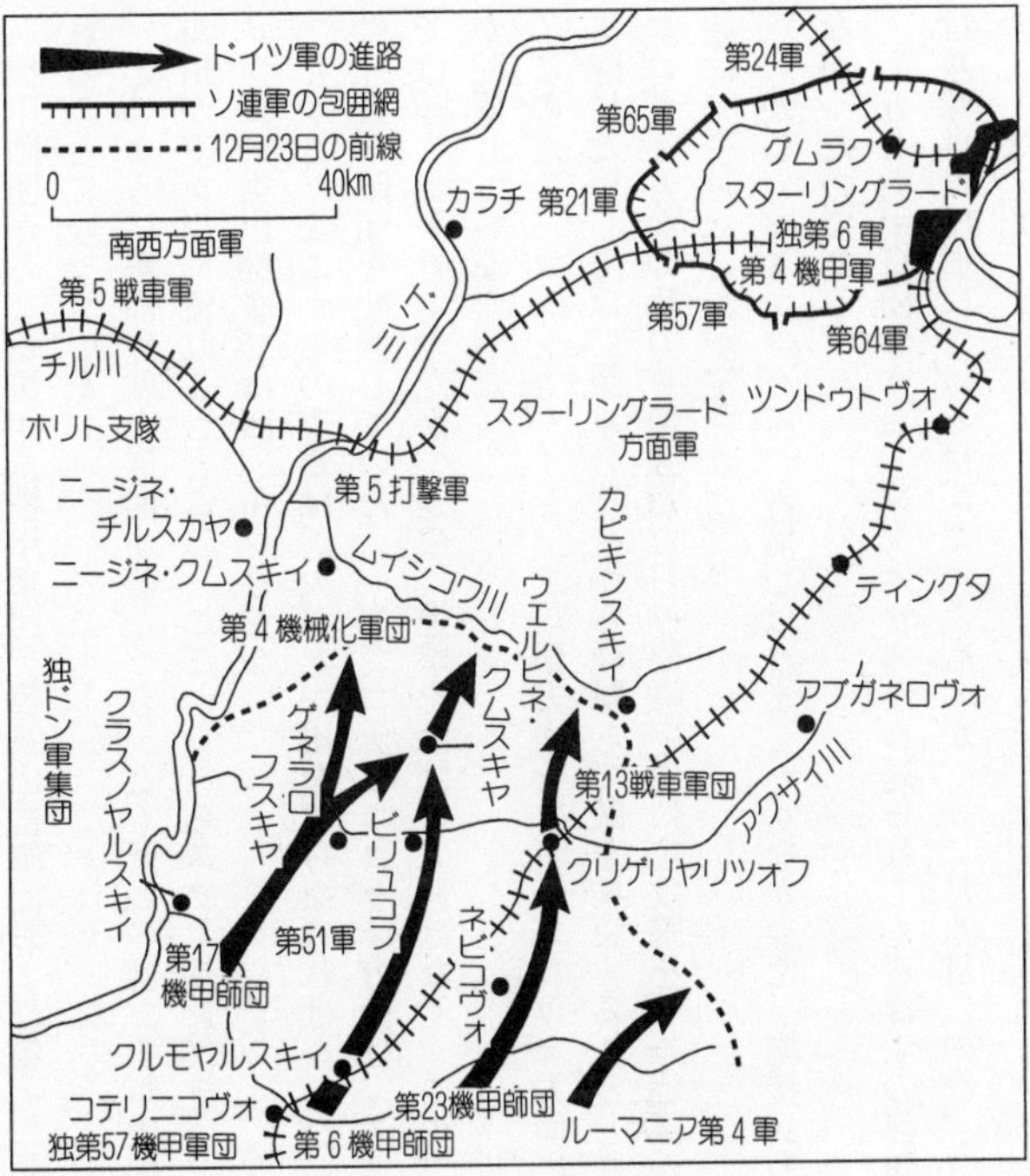

集められた。

陸軍総司令部によれば、第四機甲軍の作戦地域（スターリングラード南西方コテリニコヴォ周辺）に、第六、第二三機甲師団および空軍第一五野戦師団から編成された第五七機甲軍団が一二月三日に到着し、スターリングラード西方のチル川上流地域に一二月五日までにホリト支隊が新編成された。

ここには第六二、第二九四、第三三六歩兵師団に、第一一、第二二機甲師団からなる第四八機甲軍団、第三山岳師団および第七、第八空軍野戦師団が配属されることになっていた。

どのように解囲作戦を展開するか。もっとも近いのは、チル戦線ウェルフチルスカヤのチル川がドン川に流れこむところ。ここからならスターリングラード包囲網の西端であるマリノフカの突出部までは四〇キロしかない。

しかし、ここからの攻撃は、大河ドン川を渡らなければならないうえ、ソ連軍はこの方面に一五コ師団を配置していた。一方でコテリニコヴォ方面は、スターリングラード包囲網まででは一〇〇キロあったが、途中、進撃をはばむ大河はなく、この方面にソ連軍は五コ師団しか配置していなかった。

このため、マンシュタインは主攻撃方面をコテリニコヴォ方面に定め、チル戦区のホリト支隊にたいしては、敵軍の背後から攻撃して敵を拘束することとした。ただし、敵がコテリニコヴォ方面の兵力を増強したら、臨機応変に主攻撃をチル戦区からにきりかえる。攻撃開始は一二月八日が予定された。

しかし、マンシュタインの構想はうまくいかなかった。増援兵力が、予定どおりに到着しなかったのである。

第五七機甲軍団のうち、コーカサスから送られてくるはずの部隊は、最初は一二月三日には攻撃準備配置につけるはずだったものが、一二月八日にのび、さらには一二月一二日となってしまった。

そして、チル戦区ではソ連軍の圧力がつづき、第六二、第二九四歩兵師団は到着したものの、そのまま防戦にあたらねばならず、第四八機甲軍団ももっぱら火消しにいそがしくて、攻勢準備どころではなかった。

また、空軍野戦師団は練度が低く、とても攻勢作戦などまかせられなかった。このため、マンシュタインはチル戦区での攻勢はあきらめ、コテリニコヴォ方面からの攻勢一本にしぼらざるを得なかった。

ヒューナースドルフ大佐

コテリニコヴォからの救出兵力の中心となったのは、第六機甲師団であった。彼らは前年、モスクワ前面での必死の戦闘で全装備をうしない、フランスで再編成された部隊であった。兵士の戦闘経験は豊富で、装備も新型の長砲身型のⅢ号、Ⅳ号戦車にきりかえられていた。

救出作戦「冬の嵐」はコテリニコヴォから、スターリングラードへの鉄道線路に沿った一五〇キロを、戦車部隊を突進させ、正面から突破しようというものである。成功の可能性は微妙であったが、他に方法はなかった。

「パンツァー、マールシュ！」

凍《い》てつく寒気のなか、師団の全戦車に命令が発せられた。

「ボボボボボ」

エンジンがまわりだし、マフラーからは、黒い排気煙と白い水蒸気がまじった排気が吐きだされる。一二月一二日五時二〇分、第六機甲師団はスターリングラード解囲のための攻撃を開始した。

部隊は戦車を中心とするヒューナースドルフ戦闘団と、擲弾兵が中心の三コ戦闘団に区分された。

フォン・ヒューナースドルフ大佐は、第六機甲師団の第一一戦車連隊長である。ドイツ戦車隊指揮官の常として、かならず部隊の先頭にたち、勇猛果敢な戦車指揮で伝統ある部隊をひきいてきた。

ヒューナースドルフ戦闘団はコテリニコヴォから北進し、その後、東方へ旋回、鉄道線路上のグレムヤチャにむかう。ヒューナースドルフ戦闘団の右側では、第二三機甲師団も並行して前進を開始していた。まだ敵の反撃は軽微で、両部隊ともに容易に目標を奪取できた。

戦闘団は左側を前進する擲弾兵部隊を支援するため、そちらに旋回してウェルヒネ、ヤボルチェニヤを攻撃、占領した。さらに戦闘団はチィリェコフを占領して、この日の作戦をおえた。

戦闘団は、じつにこの日だけで、二〇キロの前進に成功したのである。作戦の前途は有望に思えた。前進の障害は敵の抵抗よりも、まるで対戦車壕のようなバルカと、戦車の足元をすべらす凍結した大地であった。

一三日午前五時、ヒューナースドルフ戦闘団は前進を再開した。戦闘団は鉄道線路に沿って、まっしぐらに前進した。

「全速前進！　いそげ」

雪原地帯で使用されたソ連軍のプロペラソリ

ヒューナースドルフ大佐は、今日は速度をたのみに、できうるかぎり前進しようと決意していた。敵の抵抗が軽微なのは、防御態勢が不十分だからである。ならば、その機に乗じて、速度を利して攻撃するのが、戦車戦術の常道である。

彼は、右翼を隣接して前進する擲弾兵部隊からの救援要請も無視して、戦車を前進させた。目標はアクサイ川である。

ほんらいは、前日に到着しなければいけない目標だった。昨日は他部隊の救援に時間をとられてしまったが、今日はその轍は踏まない。

「キュラキュラ、キュラキュラ、キュラキュラ」

キャタピラをきしませながら、部隊の前進はつづけられた。なんと午前八時には、サリフスキヤで川を渡ることができた。敵の抵抗はあいかわらず軽微。なんと運がいい。このままスターリングラードまで走りつづければ……。

じつは、ソ連軍とても兵力が無尽蔵にあったわけではない。このようにすばやいドイツ軍の反撃は予想されておらず、兵力の展開が間にあわなかったのだ。

戦闘団は渡河後、北進してウェルヒネ・クムスキヤにむかった。これも一二時には占領。今日はすでに二〇キロを前進した。

しかし、サリフスキヤの渡河点で、連隊長の指揮戦車が橋を壊して擱座してしまったため、兵力の追送ができず、攻撃はストップしてしまった。また、右翼を進む第二三機甲師団が、アクサイ川直前で敵につかまってしまったため、救援に兵力をさかなければならなかった。

一四日の戦闘は、激しさを増した。当時、彼らは知るよしもなかったが、この日から数日間にわたった戦闘は、数百両の戦車が激突し、東部戦線でも屈指の戦いのひとつとなったのである。

「パンツァー、マールシュ！」

午前五時、ふたたびいつものように命令が発せられ、ヒューナースドルフ戦闘団は行動を開始した。前方のスヒャバリスキヤ、グロモースラフカ、そして警戒のためサリフスキヤ西方のノウォ・アクセイスキヤにもオートバイ斥候を送る。

主力は五時三〇分に出発した。しかし、今日はこれまでのようにはいかなかった。ソ連軍の反撃がはじまったのである。

ヒューナースドルフ戦闘団の戦力は分散していた。ヒューナースドルフはウェルヒネ・ク

凍てついたロシア戦線において燃料や弾薬の補給をうけるドイツのⅣ号戦車

ムスキヤに戦力を集中するよう厳命していたが、現実がそれを許さなかった。サリフスキヤの橋頭堡が危険となったのである。

まず敵との交戦がはじまったのは、サリフスキヤであった。

「一〇時の方向、敵戦車！」

戦闘団の二コ中隊は、橋頭堡北西で敵戦車を発見した。

「徹甲弾！　フォイエル！」

たちまち一両を破壊すると、残りの二両は逃走した。

しかし、これだけではすまなかった。敵の砲撃が開始され、橋頭堡を拡大しようとした擲弾兵は撃退されてしまった。さらに南西からも、敵戦車の攻撃がはじまった。

「多数の敵戦車が集結しつつあり」

無線機から、西方の村には敵戦車二〇～三〇両が集結中という情報が入る。これでサリフスキヤの戦車部隊は、村を離れることができなくなった。

九時には敵への突出部となっていたウェルヒネ・クムスキヤにも、ソ連軍の攻撃がくわえられた。

グロモースラフカから押しだしてきた歩兵をともなう戦車部隊は、北と北東からヒューナースドルフ戦闘団主力に戦いを挑んだ。グロモースラフカには、なんと三〇〇両もの敵戦車が集結していたのである。

師団司令部では、サリフスキヤの橋頭堡拡大が先と考え、ヒューナースドルフに支援を命じたが、ヒューナースドルフはこれを拒否した。彼は前面に集結しつつある敵を、機先を制して叩かなければならないと考えたのである。戦闘団第一大隊は、ウェルヒネ・クムスキヤから北にむかって出撃した。

戦闘団に先行した偵察部隊からは、敵戦車発見の報告が刻々とはいる。

「南東方向に四〇〜五〇両の大部隊を認む」

偵察部隊は戦闘を回避し、この敵には第二大隊がむかう。ところが、前進すると今度は、報告とは別の戦車部隊を発見した。彼らは停止して休息中で、敵か味方か判断できない。

「ゆっくり近づくんだ」

近づいていくと、はたして敵であった。

「敵戦車！　攻撃せよ！」

六〇〇メートルの距離で戦闘がはじまった。

「ズーン！」

まぢかに着弾した弾丸に、敵はあわてて戦車に乗りこむ。それから先は、戦車と戦車がぶつかり合う乱戦となった。

「ガーン！」

命中弾をうけた戦車が擱座する。

「ドーン！」

激しい爆発。搭載弾薬に誘爆したのだ。激しい戦闘は二時間におよんだ。その結果、ソ連軍は戦車三二両をうしなって後退した。

これにたいする損害は二両という、一方的な勝利であった。さすがに歴戦戦車部隊の戦闘能力は高い。

「敵戦車発見！」

この間、偵察部隊はつぎつぎと敵の戦車隊列を発見した。敵はウェルヒネ・クムスキヤを南方から包囲するつもりだったようだ。偵察部隊は主力に連絡するが、彼らの軽戦車は敵との交戦で破壊された。

「被弾、脱出！」

さいわい、生きのこった乗員は第二大隊に救出された。戦闘団の敵との交戦はつづいたが、日が暮れたため、この日の戦闘は終了した。夜に部隊はウェルヒネ・クムスキヤに帰還した。

戦車隊が機動戦闘している間に、ウェルヒネ・クムスキヤも敵戦車の攻撃をうけていた。

しかし、これは対戦車砲と戦車破壊班の決死の戦いで撃退された。サリフスキヤの橋頭堡に残置した自走砲も敵戦車を撃破し、ドイツ軍は戦線の維持に成功した。

第六機甲師団は大戦果をあげ、敵の第二三五戦車旅団を撃滅した。第二三機甲師団もアクサイ川の橋頭堡を強化しつつあった。第一七機甲師団もようやく到着するみこみとなった。翌日の戦闘が期待される。

しかし一方で、敵もウェルヒネ・クムスキヤに全力をあげて攻撃してくるだろう。

Ｐａｋフロント防御戦闘

一五日早朝、どうやら北方から敵が攻撃前進を開始したらしい。まず敵の攻撃は、サリフスキヤに指向された。ここの擲弾兵はよく戦い、つねに敵戦車を撃退しつづけた。

サリフスキヤとウェルヒネ・クムスキヤとの連絡線はしばしば切断され、ヒューナースドルフ戦闘団への補給はとだえがちとなった。

それでもヒューナースドルフ大佐の戦闘意欲はおとろえなかった。彼はほとんど包囲された態勢下で、北および北東の敵にたいする攻撃を決意した。

戦闘団は防御のため、一部をウェルヒネ・クムスキヤにのこし、北にむかって前進した。彼はなんとか敵戦線の切れ目を見つけ、敵の後方に迂回して攻撃をしかけるつもりであった。

「二時の方向、対戦車砲」

「一時の方向、対戦車砲」

敵火線は、右方向に切れ目なくつづいていたため、戦闘団は北西方向に敵の間隙部をさがして前進しつづけた。しかし、敵の戦線は強固に防衛されたＰａｋフロントを構成している。対戦車砲、戦車、歩兵はうまく偽装されており、こちらからは手も足もでない。

ついには左翼への機動は八キロ以上にもなったが、どうしても突破することはできなかった。相当数の戦車、対戦車砲を破壊したものの、ソ連軍は豊富な予備をもっており、新手をくりだしてきた。ヒューナースドルフ戦闘団が一〇〇両の戦車しかもたなかったのにたいして、ソ連軍はこの方面に三〇〇両の戦車を投入してきたのである。

ソ連軍はＰａｋフロントで防御戦闘をおこなうだけでなく、ウェルヒネ・クムスキヤへの攻撃もしかけてきた。

村にのこっているのは、わずかな戦車と擲弾兵だけである。敵は村内に突入し、このままでは撤退するしかない。ヒューナースドルフ戦闘団は、攻撃を中止して救援にかけつけざるを得なかった。

「操縦手、止まらずに突っ走れ。砲手、敵を見つけしだい撃ちまくれ」

戦闘団は砲と機関銃を乱射しながら、村に突入した。ほとんど零距離射撃で敵戦車を撃破する。村は半分以上、ソ連軍のものとなっていたが、ようやく生きのこりのドイツ軍部隊との連絡を回復した。ウェルヒネ・クムスキヤは、あやういところで救われた。

ソ連軍の圧力は強まるばかりである。一方、ヒューナースドルフ戦闘団の攻撃開始時の衝

冬のスターリングラード戦線で射撃するソ連軍の対戦車砲

撃力は、すでにうしなわれてしまった。もはやウェルヒネ・クムスキヤの確保は不可能である。

ヒューナースドルフ戦闘団は、負傷者を救出してサリフスキヤにむけて突破する。さいわいソ連軍の追及は緩慢で、日暮れまでに退却は成功した。この日、敵には二三両の戦車のほか、多数の対戦車砲、人員の損害をあたえたが、ドイツ側の損害も戦車一九両にのぼった。

サリフスキヤに撤退しても、戦闘団には休む暇はなかった。敵は夜を徹してサリフスキヤの橋頭堡に攻撃をしかけてきたのである。ヒューナースドルフ戦闘団は橋頭堡を守る擲弾兵と協力し、防衛に成功した。いちおう戦線は安定した。

一六日、この日のヒューナースドルフ戦闘団の任務は、サリフスキヤの橋頭堡の維持であった。戦力回復には時間が必要である。戦闘団は北方に出撃したが、戦闘は小競りあいていどに終始した。

一方で擲弾兵は、橋頭堡西側の敵を攻撃して脅威を除去した。ソ連軍の攻勢も兵力の消耗で、沈静化したように見えた。攻撃は翌日、右側に接する第二三機甲師団と協調しておこなうことに決定された。

この日、ヒューナースドルフのあずかり知らぬところで、ソ連軍は攻勢にでた。それははるか北西、ヴォロネジ方面軍戦区で発起された。しかし、それでもマンシュタインはあきらめなかった。

頓挫した戦闘団の大攻勢

一七日、ヒューナースドルフ戦闘団は、ふたたびウェルヒネ・クムスキヤへの攻撃を開始した。今回は増援として第一七機甲師団が参加する。やっと三コ機甲師団がならんで前進することができる。

配置は、ヒューナースドルフ戦闘団がサリフスキヤから出撃、右翼のクリゲリヤリツォフから第二三機甲師団、左翼のゲネラロフスキヤが第一七機甲師団である。

攻撃ははじめからけちがついた。第二三機甲師団の出発がおくれたのである。このため敵が先手をとって攻撃をしかけてきた。撃退はしたものの、なによりも貴重な時間がうしなわれてしまった。

それでも戦闘団は、ウェルヒネ・クムスキヤへの前進を強行した。敵はお得意の対戦車陣地で彼らを迎えた。陣地の突破には、たこつぼをひとつずつ掃討する必要があった。ソ連兵は決して降伏することなく、しぶとく戦った。

戦闘団はネキリンスカヤ狭間を通ってソゴッコフへ、そこから西進してウェルヒネ・クムスキヤへ到達した。しかし、敵が後方を遮断する動きにでたため、後退をよぎなくされる。結局、出発点のサリフスキヤにもどっただけだ。

この日の戦果は敵戦車一一両、対戦車砲を一〇門撃破するが、損害も大きかった。戦車は一四両がうしなわれた。機材の故障も頻発し、人員の疲労もたかまっていた。しかし、やめるわけにはいかない。

一八日、戦闘団は攻撃行動を再開した。敵陣地線が強力なため、今日は戦術をかえて擲弾兵が先鋒をうけもった。彼らが敵を追いたてたあとから、戦車が突進しようというのだ。

当初、前進は順調にいくかに見えたが、ウェルヒネ・クムスキヤ前方の防御陣地にとりついただけで、村には侵入できなかった。

擲弾兵を支援した戦闘団の戦車は、例によって対戦車砲で損害をうけ、稼働戦車は悲しいくらいに減ってしまう。回収、修理に全力をあげているものの、この時点で使用可能な戦車は五〇両あまりと、当初の師団戦力の半分になってしまった。

敵には、それに勝る損害をあたえているはずだが、いっこうに弱る気配はなかった。それ

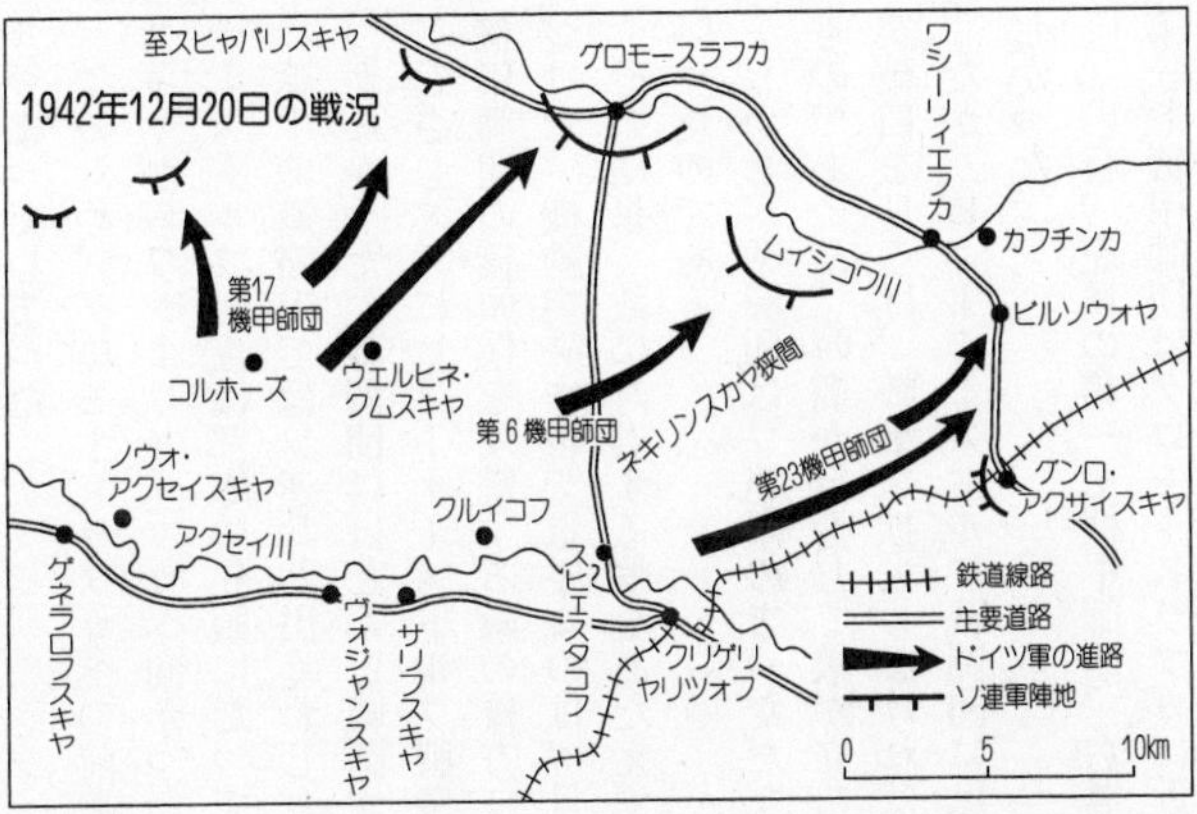

もそのはずで、敵はウェルヒネ・クムスキヤを最重点戦区として、防御部隊にスターリンが親衛部隊の称号をあたえていたのだ。いくら叩いても、戦力は強化されるばかりである。

同日、左翼の第一七機甲師団はゲネラロフスキヤで橋頭堡を拡大、右翼の第二三機甲師団もクリゲルヤリツォフの橋頭堡を拡大した。これで第六機甲師団への両翼からの圧力も減少するはずである。

一九日、攻撃、攻撃。方法は前日とおなじだ。目標はウェルヒネ・クムスキヤで、突破後はムイシコワ川への突進の予定。激しい戦闘ののち、午後、ついにウェルヒネ・クムスキヤを奪還した。北への追撃にうつるが、敵はなおも戦車で反撃する。

「パンツァー、フォー！」

損害にかまわず前進し、ほとんど零距離射撃で敵を倒した。しかし、前進は地形障害のため、行きづまってしまった。

このため、グロモースラフカへの前進はあきらめ、東に大きく迂回してグンロ・アクサイスキヤからワシーリィエフカへ向かった。時間は夜となっていたが、かまわず前進。ヒューナースドルフ大佐は部隊の先頭にたって指揮する。

途中の道路上ではソ連兵と出くわしたが、彼らはヒューナースドルフ戦闘団が敵だとは気づかなかった。戦闘団はほとんど戦闘することなく、ワシーリィエフカの橋頭堡を占領した。

ひさしぶりにヒューナースドルフ戦闘団の真価が発揮された。東方への迂回では、第二三機甲師団の橋頭堡を攻撃する敵の後方に進出したが、戦闘団はこれに目もくれずに前進をつづけた。機動突破作戦で重要なのは、目先の敵を撃滅するより、前進することなのだ。

その結果、敵に対処する暇をあたえずムイシコワ川の橋頭堡、ワシーリィエフカが手にはいったのである。

しかし、戦闘団はソ連軍のまっただなかに孤立してしまった。敵戦線の突破は奇襲によるものであった。時間が経過して敵が立ちなおれば、その効果はうしなわれてしまう。すぐに突破口をひろげ、戦果を拡大しなければならない。

だが、ヒューナースドルフ戦闘団にはたかだか二〇両の戦車しかなく、弾薬も燃料もとぼしかった。

二〇日、左翼の第一七機甲師団、右翼の第二三機甲師団はようやくソ連軍戦線を突破した。第一七機甲師団はグロモースラフカに近づき、第二三機甲師団は鉄道線路沿いのグンロ・アクサイスキヤに進出した。スターリングラードの包囲網まで、あとたったの四八キロである。ドイツ軍にとっては、これが限界だった。ソ連軍はこの方面の防衛のため、新たに第二親衛軍と第七戦車軍団を投入した。ワシーリィエフカへの圧力は増大した。

損害が増して、戦車をうしなったヒューナースドルフ戦闘団は、いまやほとんど歩兵として戦わなければならなかった。

二〇〜二二日と陣地は守りとおすことができた。しかし、攻撃することなど論外である。戦車はつぎつぎに破壊され、弾薬も燃料もない。そのうえ、ソ連のヴォロネジ方面軍の攻勢が深刻さを増していた。

二三日、ワシーリィエフカを守るヒューナースドルフ戦闘団に、ついに退却命令が発せられた。第六機甲師団は戦線後方のソ連軍の突破に対処するため、ドン川屈曲部に送られることになったのだ。

スターリングラード救出作戦は中止された。スターリングラードの戦闘はまだつづいていたが、それはもはや、なんの見込みもないむなしい戦いだった……。

第13章 赤い津波に呑みこまれたドイツ第六軍

ウラヌス作戦でドイツ軍の攻勢を頓挫させたソ連軍は、スターリングラード周辺に閉じこめた第六軍への救出作戦を徹底的に粉砕するため、ついに「リトル・サターン作戦」を発動した!

一九四二年一二月一六日~三〇日　スターリングラード攻防戦V

燃えるスターリンの野望

ドン軍集団司令官となったマンシュタイン元帥が、あわただしくノヴォチェルカスクに移動し、スターリングラード解囲作戦の準備をいそいでいたころ、ソ連の最高指導者スターリンの大本営スタフカでは、さらなる大作戦の準備が進んでいた。

スターリングラードでドイツ軍が包囲されるはめにおちいったのは、ヒトラーがソ連軍の戦力を誤算したためであったが、実際のソ連軍の戦力は、スターリングラードのドイツ軍を包囲できるだけでなく、それ以上のものがあった。

彼らは第六軍のようなちっぽけな獲物だけでなく、もっと大きな獲物、コーカサスに進撃したドイツA軍集団を、まるまる罠にかけようとしていたのである。

イタリア軍の軽戦車の前でポーズをとるソ連対戦車銃兵

ウラヌス（天王星）作戦（スターリングラード包囲）は、スタフカにとって大戦略の第一段階でしかなかった。第二段階の野心的な作戦名は、サターン（土星）作戦と呼ばれた。

サターン作戦には南西方面軍と、さらに北のヴォロネジ方面軍が参加することになっていた。彼らはルーマニア第三軍がかつて守っていた、ドン川の戦線のさらに北に布陣していたイタリア第八軍の戦線に狙いを定めた。

彼らは弱体なイタリア軍戦線を突破して、一気にロストフまで突っ走ろうというのだ。そうすれば、コーカサスの第一機甲軍と第一七軍は退路をたたれて「袋のネズミ」となる。

それにしても、なぜイタリア軍がこんなところにいたのだろう。戦前、ロシアにベッセラヴィアを奪われたルーマニア軍がソ連に侵攻したのはまだ納得がいくが、イタリアがはるばるこんなところまで侵攻したわけは、イタリアの独裁者のきまぐれであった。

イタリアの頭領ムッソリーニは、ファシストの反共主義イデオロギーから、ドイツとともにソ連に侵攻したのである。

しかし、ルーマニア軍がドイツ軍にはるかにおよばない弱小軍隊だったのにたいして、イタリア軍はさらに輪をかけて弱小だった。ルーマニア軍は装備は劣悪だったが、少なくとも将兵は勇敢に戦った。

それにくらべ、イタリア軍は装備が劣悪（それでもイタリア軍のなかではよい方だったという）なだけでなく、将兵の士気も最低だった。彼らは寒風吹きすさぶロシアで震えているよりも、暖かい地中海沿岸で女の子をナンパしている方が性にあっていたのだ。

イタリア第八軍は、第二、第三五、アルペン軍団からなり、歩兵師団三コ、機械化師団二コ、騎兵師団一コ、山岳師団三コ、警備歩兵師団一コで、全部で二二万九〇〇〇名の兵力をもっていた。

しかし、その実態はお寒いもので、機甲兵力はL3軽戦車（戦車とは名ばかりの機関銃装備の豆戦車）を装備したサン・ジョルジオ騎兵大隊一コだけであった。その後L6戦車も派遣されたが、これもせいぜいII号戦車レベルでしかない。機械化といっても、それは紙の上だけのことで、十分な数の自動車もなく、砲兵機材は第一次世界大戦時代の骨董品というありさまだった。ソ連軍にとって、イタリア軍をひねりつぶすことなど、赤子の手をひねるよりやさしかった。

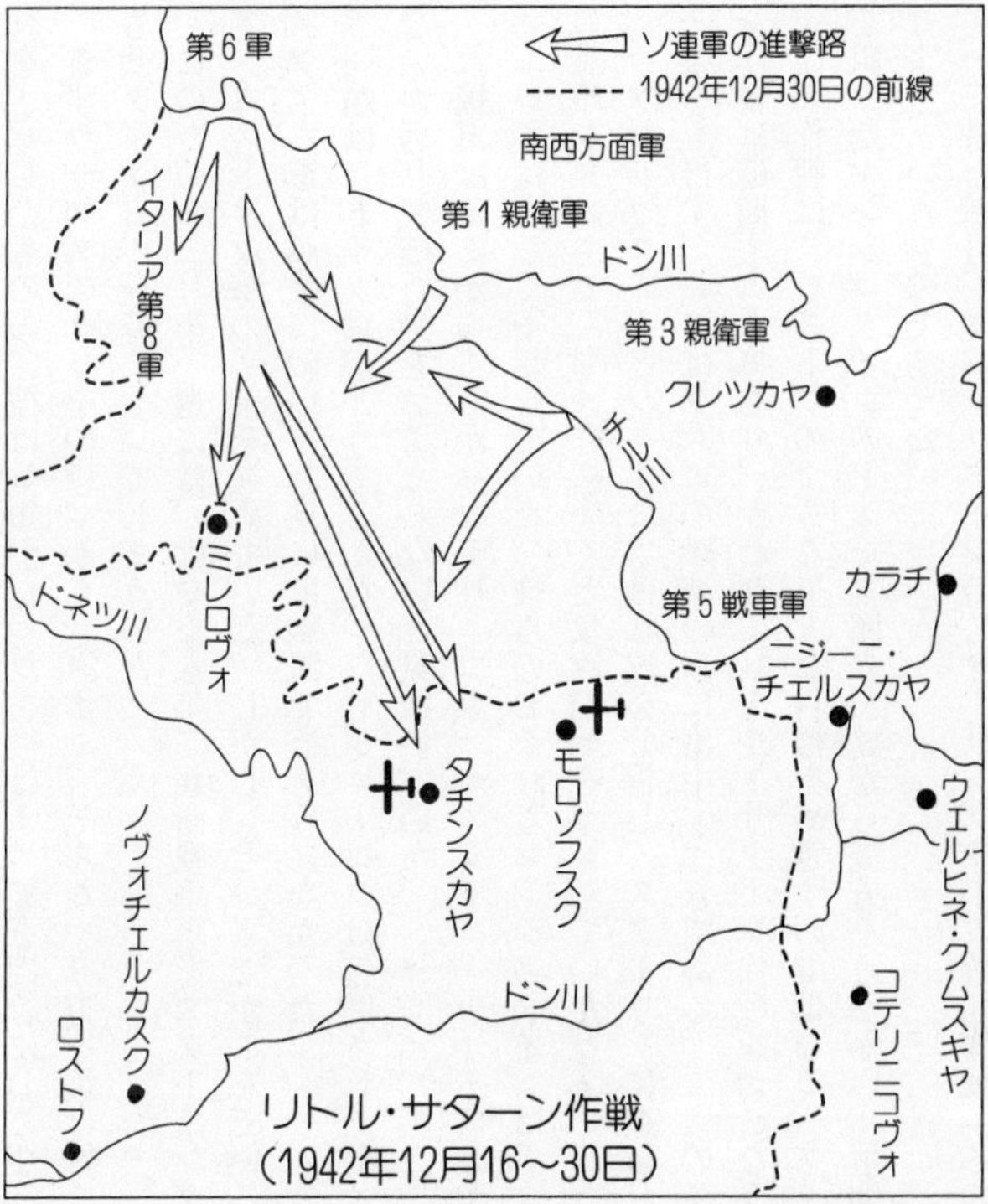

ソ連大本営では、ウラヌス作戦の開始前から、第二段作戦のサターン作戦をいつはじめるかが議論されていた。問題は、ウラヌス作戦後の部隊の再展開と再編成に、どれだけの時間がかかるかによる。大本営参謀総長のヴァシレフスキー大将は、サターン作戦の開始は一二月一〇日と考えていた。

スターリンはこ

れを了承したものの、彼は気短かだった。彼はすべてを性急におこなうことをもとめた。ウラヌスまずウラヌスのケリをつけてからサターン、そんなやり方を彼は好まなかった。ウラヌスもサターンも、一時にやってしまうのだ。

このため一二月第一週には、はやくも第二親衛戦車軍をスターリングラードの西に配置して、ロストフ攻撃の準備を進めていた。しかし、七コ軍でかこんでいるにもかかわらず、ドイツ第六軍は頑強に戦い、容易には殲滅できそうになかった。

問題は、ドイツ軍がどうでるかだった。ジューコフは包囲されたドイツ軍は、救援軍がこないかぎり突破行動をおこなわないと見抜いていた。

救援軍はどこからくるか。コテリニコヴォかニジーニ・チェルスカヤしかない。これもジューコフは正しく予想していた。彼らのおそれるマンシュタインは、すでにコテリニコヴォに戦車を集結させ、ちゃくちゃくと反攻開始を準備していた。

ヴァシレフスキーとジューコフは状況を分析し、スターリンに進言した。二兎を追うもの一兎をも得ず。いまは第六軍の殲滅のみに集中すべきである。二人の将軍は一致してサターン作戦は延期すべきであり、かわりにリトル・サターン作戦をおこなうべきと提案した。

この作戦は、ロストフのような遠大な目標をめざすのではなく、スターリングラード解囲を狙ったマンシュタインのドン軍集団の左翼から後方をうかがい、解囲のくわだてを頓挫させようというものであった。

一二月一二日、マンシュタインのスターリングラード解囲作戦「冬の嵐」作戦が発動された。スターリンは、ヴァシレフスキーとジューコフの言っていたことが正しかったことを思い知らされた。

第一にやるべきことは、マンシュタインの解囲部隊の前進をふせぐことであるが、こころみを完全に挫折するためには、防御だけでなく、別の場所からの一撃も必要である。スターリンは、リトル・サターン作戦の発動を許可した。

「リトル・サターン」作戦

一二月一三日、ウェルヒネ・クムスキヤでマンシュタインの解囲軍とイェレメンコの包囲軍との戦いがつづいていたころ、ヴォロネジ、南西方面軍の司令官に、「改訂版」リトル・サターン作戦の準備が命令された。

作戦は原版のサターン作戦と同様にイタリア第八軍を粉砕したのち、マンシュタインのドン軍集団の後方に進撃するというものとなった。

各部隊は三日で準備をととのえることとされた。イェレメンコは心配した。マンシュタインの解囲軍は、スターリングラードまで指呼の間にせまっている。もし包囲された第六軍が突破したら……。

しかし、そんな心配は杞憂《きゆう》だった。パウルスの第六軍には十分な燃料がなかったし、ヒトラーはスターリングラードを離れることを、厳重に禁じていた。

一二月一六日、「リトル・サターン」作戦は発動された。厚くたれこめた霧のなか、ソ連第一、第三親衛軍および第六軍の戦車、狙撃兵部隊の前進が開始された。

雪煙をあげて、数えきれないほどの戦車の隊列がつづく。戦車の背中には、白いカモフラージュに身をつつんだ歩兵。

「ウラー」

さらに後方からは、雪に足をとられながら必死に走る歩兵の大群。

「ズーン、ズーン」

そのとき突然、爆発が起こった。地雷だ！　彼らは地雷原にはいりこんだのである。

ソ連軍の攻撃は予想に反して、最初はあまりうまくいかなかった。その理由は、主として悪天候であったが、ところによっては、イタリア軍は激しく抵抗した。抵抗、しかしどうやって。

彼らの豆戦車が、T34やKV1といった化け物と、どのように戦ったかは記録が見つからない。たぶんソ連の戦車兵は、それが「戦車」だとは気づかなかったかもしれない。

ソ連軍が第八軍を蹂躙するには、なんと二日間が必要だった。おそらくこれは、イタリア軍を褒《ほ》めてもいいかもしれない。すくなくとも彼らは、ここで八万五〇〇〇名が戦死または行方不明となり、三万名が負傷した。じつに二二万九〇〇〇名のうち、戦死傷者が一一万五〇〇〇名！　これはまちがいなく全滅と判断していい。

装備の損失も深刻で、砲兵機材は一三四〇門のうち一二〇〇門、自動車は二万二〇〇〇両

白い防寒服に身をつつんだソ連兵が戦車に乗って出現した

（この数字はちょっと疑問）のうち一万八二〇〇両がうしなわれた。

こうしてイタリア第八軍は、二日間で文字どおり消滅したのである。ドン～チル川の戦線には、ふたたびぽっかりと大穴があいた。ドイツ軍には、この穴をふさぐべき予備兵力はどこにもなかった。

ドン川戦線でのあらたな攻勢をおそれる総司令部が、予備としておいていた第一七機甲師団は、すでにコテリニコヴォに送られてしまった。だからといって、第一七機甲師団をここにおいておくべきだったというわけではない。コテリニコヴォに送るべき戦機にここに留め、ぐずぐず送りだした優柔不断な不決断が問題なのだ。

ソ連軍部隊の前には、南にむかう突破口が大きな口をあけて手招きしていた。

「前進！」

ソ連戦車の隊列は、ひらけた雪の積もったステップを、無人の野をいくごとく（いや、実際に無人の野といってよかった）、ドイツ軍戦線の後方へと疾走した。

攻勢開始と同時に激しさを増した寒気が、戦車部隊の前進をさまたげはしたが、キャタピラは雪煙をあげてまわりつづけた。

「イワーン！　イワンの戦車だ！」

ミレロヴォからロソシを通って北へ走る鉄道駅では、突然、こんな後方に出現した敵戦車におどろいたドイツ軍の後方補給部隊が、パニックを起こして逃げまどう。

「ドーン」

爆発音がひびいた。ソ連軍戦車の到着を前に、装備を満載した列車が、ドイツ軍の手で火をかけられて燃えあがったのだ。

ドイツ軍にとって最大の脅威となったのは、なんと二四〇キロにもわたって南下をつづけたワシリー・ミハイロビッチ・バダノフ少将の指揮する第二四戦車軍団であった。

一二月二三日の午後、軍団はスカシルスカヤを占領した。ここはタチンスカヤのわずかに北にあった。タチンスカヤ、そこにはスターリングラードに補給物資を送りつづけるドイツ空軍の重要な飛行場があった。

一方的な戦車対輸送機戦

タチンスカヤ飛行場のすべてを担任していたのは、第八航空軍団長のフィービッヒ中将であった。ヒトラー総統の本営は、フィービッヒ将軍にたいして、飛行場が敵砲火にさらされるまで、絶対に飛行機が飛行場をはなれないよう厳命した。

しかし、ヒトラーのとりまきたちは、実際にはひとりとして、本当にソ連軍の戦車が飛行場の外縁にたっし、戦車砲を撃ちはじめるとは考えもしなかった。このことは、大変な悲劇の原因となった。

フィービッヒ中将と彼の部下たちは、このばかげた命令に激怒した。たとえ飛行場は占領されたとしても、また取り返せばよい。しかし、うしなわれた輸送機はとりかえしがつかない。

輸送機がうしなわれれば、第六軍への補給が不可能になり、第六軍は一巻の終わりとなる。しかしヒトラーには、そんなかんたんなこともわからなかった。

ドイツ軍の敗戦に逆上したヒトラーは、自分がその原因をつくったことも忘れて、現地の部隊にヒステリックに理不尽な命令を乱発した。ドイツ軍の兵士たちは、けっしてヒトラーのなじるような臆病者ではなかった。しかし徒手空拳で、どうやってソ連の戦車にたちむかえというのか。

タチンスカヤのフィービッヒ将軍の手元には、飛行場を守る地上部隊は一人もいなかった。彼にできることは、防空用の対空砲を対地射撃に転用することぐらいだった。そう無敵のハチハチ、八・八センチ対空砲である。フィービッヒは七門のハチハチを、道路を制圧できるような射撃位置につけた。

一方でフィービッヒは、現実的な手も打った。すべての飛行可能な輸送機を、飛行準備をととのえさせて待機させたのである。

ヒトラーの命令によれば、敵の砲撃がはじまるまで、輸送機を脱出させることはできない。しかし、最初の一発が飛行場に落下すれば、その命令は無効になるはずだ。一機でもおおくの輸送機を救いたい。フィービッヒが考えたのは、この一点だけだった。

「いそげ、イワンがくるぞ!」

燃料トラックが走りまわり、輸送機に燃料を補給していく。一方、準備のととのった輸送機は、われ先にと電源スイッチをいれ、エナーシャをまわす。

「ババババババ」

払暁のタチンスカヤに、かつてないほどたくさんのエンジン音が響きわたった。

飛行場にはあまりにたくさんの輸送機が集まっていたので、飛行準備作業は容易には進まなかった。

「飛行場のまわりは大混乱におちいった。すべての輸送機がいっせいにエンジンを回転させたために、一言も会話は聞きとれない状態となった」

フィービッヒの部下のひとりはこう語った。さらに悪いことに、付近には深い霧がたちこめ、視界はわずか五〇メートルにまで落ちこんだ。そのうえ小雪までふりだして、とても飛行向きの天候とはいえなかった。

1943年1月、スターリングラード近郊で戦利品を調べるソ連兵。後方には、3.7cm対戦車砲、Ⅱ号戦車車台搭載7.62cmPak36(r)自動砲架が見える

しかし、ソ連軍の戦車は待ってはくれなかった。

「ズーン！」

飛行場の一角に火の手があがった。午前五時二〇分、ついにおそれていたことが起こった。ワシリー・ミハイロビッチ・バダノフ少将の指揮する第二四戦車軍団の戦車が、ついにタチンスカヤに到達したのである。

「アゴーイ（発射）！」

雪煙りをとおして輸送機のかげを見つけたソ連戦車の戦車長は、全速力で突っ走りながら射撃を開始した。

ソ連戦車は道路上ではなく、ひらけたステップを走

雪原の滑走路から離着陸するドイツ軍のJu52輸送機

り抜けて飛行場に殺到したため、フィービッピの虎の子の対空砲は、この敵にたいして、有効な砲火を浴びせることができなかった。

「ズーン！　ズーン！」

飛行場のあちこちから火の手があがった。視界が悪く、走りながらの発砲では、弾丸はめちゃくちゃなところへ飛んでいったが、あまりにたくさんの輸送機がいるため、撃てばかならずどこかに命中した。

昔、戦車対戦闘機という映画があった。その映画のなかでは、機略をつかった戦車が戦闘機を撃ち落とすが、一般に戦車が空を飛ぶ戦闘機にかなうわけがない。しかし、ここでは戦車対戦闘機ではなく戦車対輸送機、これでは戦いにならない。

非武装の輸送機は、空にあっても戦車の敵ではない。ましてや地上では、いいカモ、いやそれどころか、アヒル以下のいい的にすぎない。

　激しい騒音で、パイロットたちはソ連の戦車の襲撃に気がつかなかった。しかし、直撃弾が当たった二機のＪｕ52輸送機が燃えあがると、パイロットのあいだに恐慌が走った。

「イワンの戦車だ！」

　フィービッヒは、みずからマイクをひっつかんで怒鳴った。

「離陸せよ、全機ただちに離陸せよ！　行き先はノヴォチェルカスク！」

　パイロットたちはいっせいにスロットルをいっぱいにいれた。タチンスカヤからの脱出行がはじまった。

　当初のパニックがおさまると、パイロットたちは正気をとりもどし、恐怖心と戦いつつ、整然と順番を待って離陸しはじめた。しかし、Ｔ34戦車の射撃をうけて、一機、また一機と仲間の乗る機体が燃えあがっていく。確実に、犠牲となる機体は増えていった。

「くそったれ！」

　輸送機パイロットの彼らには、戦車にむかって悪態をつくか、神に祈るいがいにできることは、なにもなかった。

　ソ連軍の戦車にとっては、ひらけた飛行場はまるで射撃場のようなものだった。ようやく順番のきた一機の「タンテ（Ｊｕ52）」が離陸滑走をはじめた。「スルスルスル」と一両のＴ34から赤い糸のように火線がのび、よろよろと舞いあがりかけたタンテの機体に吸いこまれた。

「ドカーン！」

捕虜となったドイツ第６軍の兵士たち

ガソリンを満載した機体は、火の玉となって燃えあがった。

地獄のなか、たくさんの輸送機がソ連戦車の射撃をうけるか、滑走路上でぶつかりあって燃えあがった。さらに悪いことには、天候はますます悪化の一途をたどっていた。まだ生き残っていた機体は、ほとんど前が見えないまま、あちこちで燃えあがる機体を避けながら、離陸しなければならなかった。

午前六時一五分、フィービッヒ中将の乗った輸送機が離陸したが、彼らはほとんど最後の生き残りであった。

間一髪、この世の地獄をのがれた機体から、フィービッヒはタチンスカヤ飛行場を見やった。霧と雪煙でうすぼんやりとした視界の下で、あちこちで火の手があがっているのが見える。その炎のひとつひとつが、これまで献身的にスターリングラードへの輸送任務にあたってきた彼の部下の機体であった。

けっきょく、タチンスカヤの地獄からのがれることができたのは、Ｊｕ52が一〇八機とＪｕ86が一六機であった。うしなわれたのは七二機、タチンスカヤにいた輸送機のほぼ三分の一、そしてなんと、これは当時の全ドイツ空軍が保有する輸送機の一〇パーセントにあたった。これは致命的な損害といってよかった。

タチンスカヤ飛行場そのものは、ドイツ軍の反撃で二八日に奪回されたものの、もはや補給拠点としては使用できなかった。機材の消失、補給拠点がはるかかなたに遠ざかったことによって、ゲーリングが大見得をきったスターリングラードへの空輸は、まったく不可能となった。

この後、補給は一日三〇〇トンの最低必要量にはるかにおよばない、一〇〇トンに満たない細々としたものとなった。

タチンスカヤでドイツ軍の希望を打ち砕いたソ連の第二四戦車軍団は、どうなったか。彼らはこの功績によって親衛の称号をうけて、第二親衛戦車軍団となった。そして、司令官のワシリー・ミハイロビッチ・バダノフ少将は、初のスヴォーロフ勲章受賞者となった。

ソ連のプロパガンダによれば、彼の戦車群はなんと四三一機の輸送機を破壊したとされる。これは、ここまで見てきたように、誇大宣伝なのはまちがいない。しかし、四三一機ではなかったにしても、ドイツ軍にあたえた損害は甚大であった。

以後、ドイツ軍輸送機部隊は、機材、パイロットともに、その損害を回復することができなかった。

軍門にくだったパウルス

ソ連軍のリトル・サターン作戦は、ドイツ軍のスターリングラード解囲作戦にとどめを刺した。ソ連軍の南下をおさえるために、マンシュタインの戦車部隊はドン川屈曲部に急行せざるを得なかった。

マンシュタインは第六軍のパウルスに脱出作戦の発動をうながしたが、スターリングラード放棄をヒトラーからかたく禁じられていたパウルスは動かなかった。

さらに、マンシュタインの兵力引き抜きにあわせて攻勢にでたソ連軍は、二九日にはマンシュタインの攻撃発起点であったコテリニコヴォを占領してしまうにおよび、すべての可能性は消えうせた。

スターリングラードの戦いは、なんの見込みもない、もはや戦いのための戦いにすぎなくなった。

スターリングラードでは、すべてが不足していた。食料、弾薬、燃料、そしてなによりも希望がたりなかった。スターリングラード包囲下のドイツ軍はしだいに衰弱し、兵力と地歩をうしなっていった。

弾薬、食料の欠乏にくわえて、飢えと寒さが彼らの生命をおびやかした。一月九日、ソ連軍はスターリングラードで包囲された第六軍にたいして、降伏勧告をおこなった。パウルスは、これを拒否した。

ドイツ第6軍司令官パウルス元帥

翌一〇日、ソ連軍の総攻撃が開始された。

最前線の陣地にすえつけられた八・八センチ対空砲は、最後の一発まで戦いぬいてソ連軍の戦車を撃破したが、その戦果もむなしかった。数にまさるソ連軍は、各所でドイツ軍の薄っぺらな防衛線を突破した。防衛陣地は孤立し、最後の一弾まで撃ちつくしたのち、永遠に沈黙した。

運よく後退できた者も、燃料がないため、移動不可能な装備は遺棄された。どうせもって帰れたとしても、弾薬がなかったのだ。兵員、装備の損耗で、包囲網内の戦力はますます低下した。

一月一四日、ピトムニク飛行場が陥落し、包囲網内への空輸はますます困難になった。スターリングラード戦の終焉は、もう目の前だった。

しかし、ヒトラーは第六軍の降伏を許さなかった。このごにおよんで彼は、パウルス大将を元帥に昇進させた。彼のスターリングラードでの奮戦に報いるため?

いやそうではない。ドイツ軍では、元帥は降伏してはならないからである。しかし一月三一日、ドイツ第六軍司令官パウルスはソ連軍に降伏した。

まだスターリングラード北部では戦いがつづいていたが、それも二月三日には終わりとなった。スターリングラードでは、一〇万七八〇〇名のドイツ、同盟国兵士が捕虜となり(それ以前に降伏した者もふくむ)、そのうち戦後になって故国に帰れた者はわずか六〇〇〇名にすぎなかった。

第14章　SSパイパー戦闘団の完全なる勝利

ハリコフの奪回をめざすドイツ軍のマンシュタインは、増強されたSS機甲師団三コをクラスノグラード方面に布陣し、指揮官ハウサーSS上級大将は「機動防御」戦法をとりいれた！

一九四三年二月一九日～二八日　クラスノグラードの戦い

なおつづくドイツ軍の危機

一九四二年末、スターリングラードの戦いでドイツ第六軍が包囲され、マンシュタインによる解囲攻撃が阻止されたあとも、ドイツ軍の危機はつづいていた。

一九四三年一月一日、ソ連軍はテレク川を越えて、沿コーカサス方面軍の攻勢を発動した。

「ウラー！」

ソ連軍歩兵が、山中のドイツ軍陣地に襲いかかる。コーカサスの山中ふかく迷いこみ、もはや戦力の限界にたっしていたドイツ軍のクライストA軍集団は、この攻勢に耐えて戦線をささえることは、とてもできなかった。

各所で戦線は突破され、ソ連軍は後方へと浸透する。A軍集団にできることは、ソ連軍に

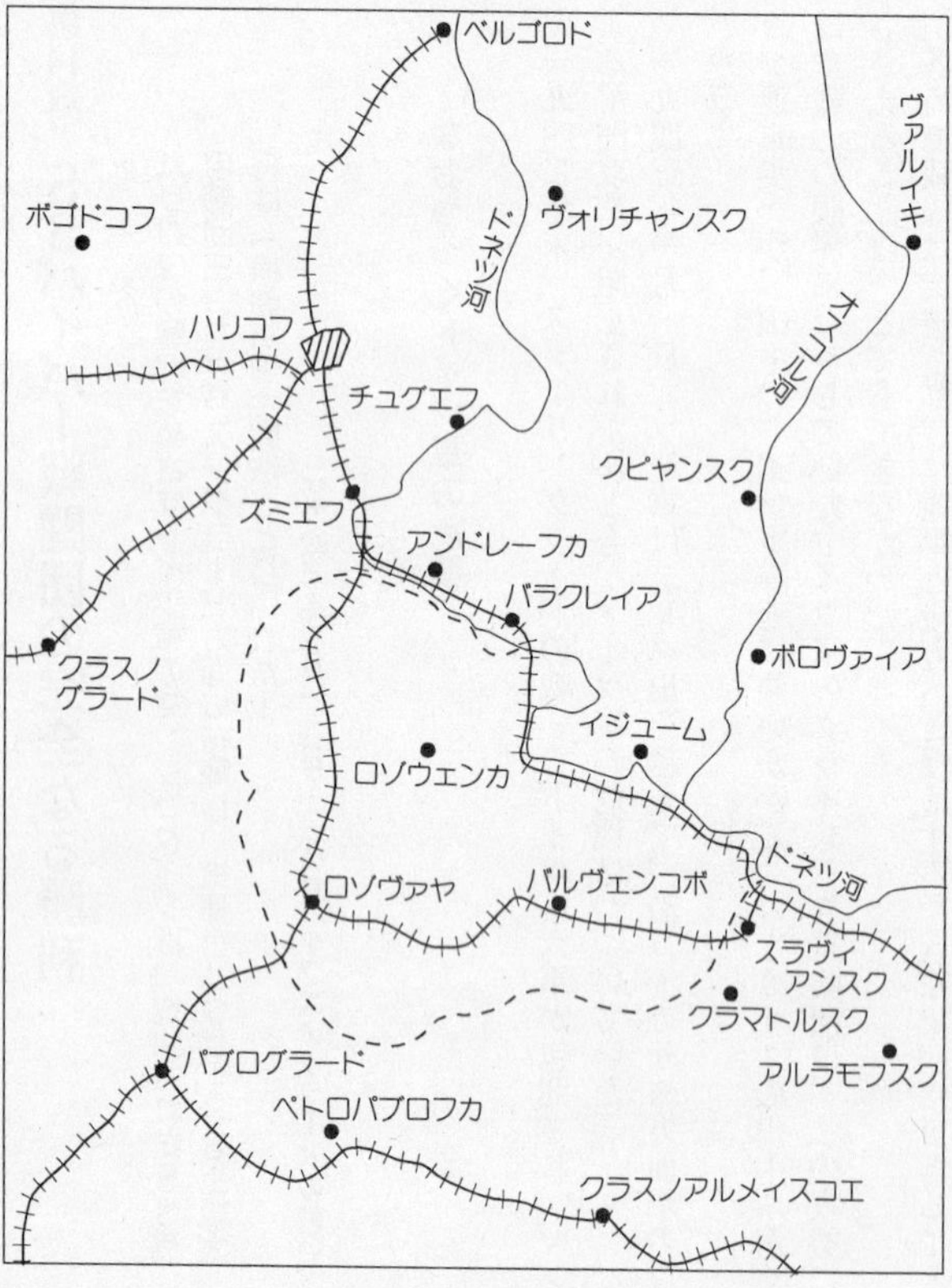

つかまらないように、ひたすら西へと逃げのびることしかなかった。
　この間、ソ連軍のスターリングラード方面軍は、A軍集団の退路を断とうと、ロストフめざして進撃していた。マンシュタインのドン軍集団は、スターリングラード解囲を

あきらめて、この敵に対処したが、怒涛のごとく押しよせるソ連軍の大軍にたいして、いつまでもささえきれるものではなかった。

ドイツ軍の危機はつづく。一月一二日、ソ連軍はさらにスターリングラードの北の広い戦線、オリョールからロストフにいたる二〇〇〇キロもの長さの戦線で、ブリャンスク方面軍、ヴォロネジ方面軍、南西方面軍、南方面軍（元スターリングラード方面軍）の四コ方面軍による大攻勢を発動したのである。

「ウラー！」

雪煙りをあげて、おびただしい数の戦車、歩兵がドイツ軍陣地に殺到する。ここでもドイツ軍は後退するしかなかった。

エリョーメンコ（二月二日からマリノフスキー）の南方面軍は、二月はじめにはドネツ河まで前進し、ロストフの南ではアゾフ海に到達した。ドイツ軍を包囲する袋の口は閉じられた。

二月一四日、ついにロストフもソ連軍の手に落ちた。コーカサスのA軍集団のうち、抜けだすことができたのはマッケンゼンの第一機甲軍だけで、のこりの部隊はクリミア半島につながるタマン半島に押しこめられてしまった。

ソ連軍はこの部隊に圧力をくわえたが、彼らはなんとかノヴォロシースク周辺に強固な防御陣地をきずいて、立てこもることができた。

一方、その北ではヴァツーチンの南西方面軍が、イタリア第八軍、ルーマニア第三軍の残存部隊を蹴散らし、二月はじめにドネツ河にたっした。

けていた。

さらに、イジェーム～スランウィヤンスクでそれを越えて、アゾフ海めざして前進をつづ

スターリンは、ドイツ軍がドニエプル河を越えて退却するのをふせぐため、ドニエプロペトロパブロフスクとサボロジェの橋梁めざして、部隊の尻をたたいて前進をいそがせた。彼らは二月なかばにはクラスノグラード、パブログラード、クラスノアルメイスコエにたっする巨大な突出部をつくりあげていた。

さらに北では、ゴリコフのヴォロネジ方面軍が、リスキ、パブロフスク前面でハンガリー第二軍を包囲殲滅し、ヴォロネジの前面ではドイツ第二軍の一部をも包囲した。彼らは二月はじめにはオスコル川の線にたっし、余勢をかって二月なかばにはハリコフ、クルスクという主要都市を解放し、さらにドイツ軍の戦線ふかく前進をつづけていた。

マンシュタインの反撃策

この攻撃にたいしてマンシュタインは、ソ連南西、南方面軍の攻撃をドネツ河で一時くい止め、A軍集団のできるかぎりの収容をはかった。彼らの奮戦で、前面のドン～ドネツ河地域はなんとか守られたが、北のB軍集団戦区の崩壊は、ドン軍集団の側面をあやうくし、ソ連軍によって包囲される危険性を招来した。

「わが国は、この地域の炭田を領有しなければ、戦争経済を維持できない」

ヒトラーはドネツ地域の石炭資源の重要性にこだわり、いつものようになかなか後退許可をださなかった。二月六日、マンシュタインは直接、ヒトラーのもとにおもむき、ドン軍集団の後退の必要を訴えた。

「総統、もしわが軍集団がドン、ドネツ回廊地区にとどまれば、敵はB軍集団地区を突破してアゾフ海に旋回し、わが全南翼が遮断されるのは確実です」

しかし、ヒトラーはあいかわらず、戦争経済をもちだすばかりだった。マンシュタインはねばり強く説得につとめた。

エーリッヒ・フォン・マンシュタイン元帥

四時間におよぶ議論ののち、ようやくヒトラーはマンシュタインに後退する許可をあたえた。

マンシュタインは隷下にくわえた第一機甲軍によって北翼を防御しつつ、南翼の第四機甲軍の後退をすすめ、二月なかばには、なんとかミウス川に防衛線を敷くことに成功した。

二月一四日、マンシュタインのドン軍集団は南方軍集団と改称され、司令部をサポロジェにおいた。もはや戦力としての実態をうしなっていたB軍集団は、第二軍を中央軍集団に、ランツ支隊を南方軍集団にわたして解消された。

ドイツ軍のⅣ号戦車G型。43口径7.5センチ砲を搭載した長砲身型

これによりマンシュタインは、ドネツ地区だけでなく、ハリコフからアゾフ海にいたる広大な地域の防衛戦闘の責任を負うことになった。このことは重荷ではあったが、軍の指揮統一の面では、これまでよりも行動しやすくなった。

マンシュタインはソ連軍への反撃プランをねった。

ソ連軍突出部の南、クラスノアルメイスコエふきんに第一機甲軍、第四機甲軍を中心とする攻撃部隊を配置する。いっぽう突出部の北、クラスノグラード方面には、火消しとしてかけつけたハウサーのSS機甲軍団を配置した。

これらの機甲部隊によって南と北から挟撃し、敵をたたいて切断すれば、前進する敵部隊を逆に包囲殲滅することが可能となる。そして、ドネツ地区を安全にしたのちに、北に転じてハリコフを奪還するのだ。

ここでも問題となったのは、ヒトラーだった。二月一七日、前線視察のためサポロジェに飛来したヒトラーは、マンシュタインと会談すると、招致したＳＳ機甲軍団を投入して、性急にハリコフの奪回を主張した。これは、彼にとっては威信の問題だった。

ヒトラーはマンシュタインとは逆に、ハリコフを奪回してから南に転じて、ソ連軍突出部を切断しようというのだ。しかし、それでは危険なソ連軍突出部隊はアゾフ海に到達し、マンシュタインの後方を切断するかもしれない。たとえアゾフ海に到達できなかったとしても、ドニエプロペトロパブロフスクとサポロジェの橋梁が奪取されれば、マンシュタインへの補給は困難になり、部隊は最後には干《ひ》あがってしまう。

マンシュタインはヒトラーとの無駄な議論をおわりにして、ともかくＳＳ機甲軍団を、ハリコフ〜クラスノグラード街道に沿って布陣することを認めさせた。そのあとで、北に行くか南に行くか決めることにして、時間を節約することにした。いずれヒトラーも、マンシュタインのいうとおりにするしかないのだ。

ヒトラーの私兵SS軍団

ヒトラーの私兵である武装ＳＳ部隊は、大戦中期以降、急速にその規模を増加させていった。そのなかで、ロシアで激戦を戦いぬいたＬＡＨ、ライヒ、トーテン・コップの三コＳＳ

師団は、一九四二年春から秋にかけてフランスに移動し、機甲擲弾兵師団への改編がおこなわれた。

編成には戦車一コ大隊が追加され、戦車二コ大隊からなる完全編成の戦車連隊を保有する機甲師団なみの戦力をもつことになった。そのうえ、その編成には、とくに秘密兵器のティーガー重戦車を装備した重戦車中隊一コがふくまれていた。

これら三コ機甲擲弾兵師団は、フランスで武装SS最初の機甲軍団に編成されることになる。軍団長となったのは、武装SS育ての親パウル・ハウサーSS上級大将であった。

ソ連軍の大攻勢に対処するため、SS第二機甲軍団はフランスからロシアへの移動を命じられた。

ヒトラーは、SS機甲部隊の攻撃力に大きな期待をいだいていた。たしかに彼らは、恵まれた戦力をもっていた。

一九四三年二月の記録によると、LAHはⅡ号戦車一二両、Ⅲ号戦車長砲身型一〇両、Ⅳ号戦車長砲身型五二両、Ⅵ号戦車（ティーガー）九両、指揮戦車九両、ダス・ライヒは、Ⅱ号戦車一〇両、Ⅲ号戦車長砲身型八一両、Ⅳ号戦車長砲身型二一両、Ⅵ号戦車一〇両、指揮戦車九両、トーテン・コップはⅢ号戦車長砲身型七一両、Ⅲ号戦車七五ミリ砲型一〇両、Ⅳ号戦車長砲身型二二両、Ⅵ号戦車九両、指揮戦車九両を保有していた。

移動にあたっては、LAHとダス・ライヒ（一九四二年一一月に名称があらためられた）には五〇〇本、トーテン・コップには一二〇本の列車が割りあてられた。

師団には兵士、戦車、火砲といった正面装備だけでなく、軽車両、補給物資その他、大量の貨物を輸送する必要がある。フランスからドイツ、ポーランドをへて、ベラルーシからウクライナへ、パルチザンの妨害や地上攻撃機の攻撃もある。

パウル・ハウサー SS上級大将（右端）

最初に出発したＳＳ第二機甲擲弾兵師団ダス・ライヒは、一月末にハリコフに到着した。しかし、彼らは到着するやいなや、ウォルチャンスク方

鉄道輸送によって前線へ送るため、貨車に積みこまれたティーガー戦車

面で敵との戦闘にまきこまれてしまった。

「すみやかに進出した敵を撃退し、イジュームへ前進せよ」

しかし、彼らにとっても、これは実行困難な任務だった。

一方、SS第一機甲擲弾兵師団LAHは、二月はじめにハリコフに到着した。彼らはランツ支隊（のちケンプ支隊）に組みこまれて、ハリコフの防衛を命じられた。

しかし、防衛どころではなかった。まず彼らがやらなければならなかったのは、包囲された友軍部隊の救出であった。

「軍集団との連絡を断たれて包囲された第三二〇ベルリン・グリーン・ハート師団を救出せよ」

しかし、救出作戦はすぐには実行不可能だった。けっきょく、第三二〇歩兵師団は大損害をこうむりながら、みずからドイツ軍戦線へと血路をひらき、LAHにできたのは、ウッディ川の戦線を維持し、部隊のドイツ軍戦線への収容を助けることだけだった。負傷者は馬車に山積みとなってあえいでいたが、帰れた者はまだ幸せだった。

第三二〇歩兵師団の惨状はひどいものだった。

すでにハリコフは、ソ連軍の奔流のなかに浮かんだ絶海の孤島と化していた。すでに両翼にはドイツ軍部隊はおらず、すりぬけたソ連軍はどんどんドイツ軍の後方に浸透していく。

SS第三機甲擲弾兵師団トーテン・コップは、まだ到着しない。彼らはやっと二月一〇日に貨車積みがおこなわれ、二月一六〜一八日にようやくハリコフのはるか西、ポルタウに到着するのである。

「このままでは、スターリングラードの二の舞いになる」

そう判断したハウサーは、二月一五日、ヒトラーの死守命令を無視して、独断でハリコフを放棄することにした。ヒトラーは激怒した。よりによって虎の子のSSが彼を裏切るとは。

しかし、それだけだった。ヒトラーは激怒した。これが国防軍であれば、指揮官は逮捕されただろう。ところが、ハウサーの行為は不問に付されたのである。

こうしてハリコフは敵手に落ちたものの、SS機甲軍団は痛手をこうむったわけではない。ハウサーは反撃のチャンスをねらった。

クラスノグラードの戦い

二月一九日、ハウサーの反撃は開始された。目標はクラスノグラードに進撃するポポフの第三戦車軍である。

ハウサーはまずクラスノグラードから南進し、この危険な敵の右翼を切断することにした。

SS機甲師団はいくつかの戦闘団に分割されて、この危険な戦区に投入された。

雪原を進撃するソ連軍部隊は、いくつかの隊列となってT34戦車に援護されていたが、その偵察活動は緩慢だった。彼らは、ドイツ軍はもはや抵抗できないと思いこんでいるようで、戦闘準備はととのっていなかった。そのうえ、彼らはドネツ河を渡っていらい、ろくに補給をうけていなかった。

じつは、ポポフは補給のための進撃停止を望んでいたが、もうひとりのわがままな独裁者のスターリンが、これを許さなかったのである。

弾薬も燃料もなくて、どうしろというのか。彼らは、いまや攻勢終末点にさしかかり、その衝撃力は完全にうしなわれていた。

マックス・ヴィンシェSS少佐ひきいるSS第一戦車連隊の第一戦車大隊と、ヨアヒム・パイパー少佐ひきいるSS第二機甲擲弾兵連隊第三大隊、そしてクルト・マイヤー少佐ひきいるSS捜索部隊からなるパイパー戦闘団は、クラスノグラードから北東へと進んだ。彼らの任務は、ソ連軍の先鋒をたたき、その前進を止めることである。

戦闘団はおよそ三〇両のⅣ号戦車と四両のティーガー戦車に、多数の装甲車、装甲兵員輸送車からなり、強力な砲兵の援護をうけていた。かたく凍った大地の上で、彼らは十分な機動力に、強力な火力を集中して発揮することができた。

零下一五度の寒さのなかで、エンジンが始動される。ロシアの冬も二年目で、ドイツ戦車兵も寒さにはなれてきた。

「パンツァー、マールシュ!」

午前四時、まだ暗闇のなか、戦闘団の攻撃は開始された。パイパーの擲弾兵にヴィンシェの戦車が真ん中を進み、側面をマイヤーの装甲車が援護する。

前進はクラスノグラードの北東のジグレロフカから、東南東にイェレメイイェウスカに向かう。

「一一時の方向、敵発見!」

一五時、ソ連軍の先鋒部隊が村を包囲しようと機動しているのを発見し、戦闘がはじまった。ソ連軍はパラスコウェイイェワキエの方向から三列の装甲部隊列となって前進していた。

パイパーは捜索部隊に戦車中隊をくわえて、攻撃部隊を編成した。

「敵の側面にまわりこみ、敵対戦車砲が展開する前に、敵を攻撃するのだ」

戦車の攻撃とともに、砲兵と迫撃砲の射撃を敵隊列に集中して、敵を混乱させる。

まだこちらに気づかず、ゆっくりと前進していたソ連軍の隊列に、榴弾と迫撃砲弾が、アラレのように降りそそぐ。

「ウワー! ギャー!」

命中弾によって、あちこちで悲鳴があがり、歩兵が雪のなかに倒れ、白い雪を鮮血で染めた。そこここで命中弾をうけた車両が爆発し、燃えあがる。

「フォイエル！」

戦車砲の射撃がはじまった。先頭をいくT34が命中弾をうけ、一瞬止まったかと思うと、大爆発して吹き飛んだ。戦闘は遠方からの撃ちあいで決した。

長砲身砲を装備したⅣ号戦車、八・八センチ砲を装備したティーガーは、ソ連戦車をうわまわる遠距離交戦能力を有していた。もはやソ連戦車はおそろしい敵ではない。

いまの彼らにとっておそろしかったのは、戦車にまとわりついて悪鬼のように戦うソ連歩兵の肉薄攻撃であった。夜になると、ソ連軍はまわれ右して敗走し、戦場には黒焦げになった戦車と戦死者がちらばり、車両や多数の火砲、装備が遺棄されていた。

二月二〇日、パイパー戦闘団はイェレメイイェウスカから南、ハムレト村にむかってひらけた雪原を前進するあらたなソ連軍部隊を発見した。

彼らは戦車に護衛された大隊サイズの部隊で、トラックに乗った歩兵と馬に挽かれた砲兵が、一列になって前進していた。まるで前日の戦闘を知らぬかのように、彼らはゆうゆうと前進していた。

「これは罠だろうか」

あまりに警戒心のないその姿にパイパーは自問した。

「いや、そうではない」

そうとなれば最良の方法は全速力で突進し、撃ちまくることだ。

「パンツァー、フォー！」

パイパーは戦車一コ中隊を敵隊列の中央に突進させ、もう一コ中隊を砲兵がわりに支援射撃させることにした。

「撃て、撃て！」

戦車は戦車砲と機関銃を撃ちながら突進した。戦車砲が発射され、機関銃が合いの手をいれる。突然のドイツ戦車の出現に、ソ連軍の隊列はパニックを起こして、右往左往するばかりである。

命中弾をうけたトラックが吹き飛び、歩兵は先をあらそって逃げまどう。驚いた馬が立ちあがって、牽引馬車がひっくりかえる。

隊列を護衛するT34は、支援のⅣ号戦車とティーガーの射撃で沈黙させられた。ハムレトのソ連軍部隊は文字どおり粉砕された。パイパー戦闘団の損害は、二名が戦死し、ほんのひとにぎりが負傷しただけだった。

彼らの任務は、みごとに達成された。パイパーはふたたびイェレメイイェウスカにもどり、燃料と弾薬を補給した。

ポポフはSS機甲軍団の反撃を無視した。あるいは、無視しなければならなかったのだ。とにかく、彼は前進しつづけなければならなかった。

ポポフはあきらめずに、イェレメイイェウスカとその北方戦区のタラノウカ、ノヴァヤウォドロカといった地点でも、ドイツ軍戦線の突破をはかった。

パイパーはイェレメイイェウスカ村を軸として「機動防御」の態勢をとり、これを迎え撃った。彼は機甲部隊の機動力を利用して、南に北に機動してソ連軍をたたき、ポポフの部隊の突破を許さなかった。

やがて、ポポフの部隊は戦力を消耗しつくし、攻撃をあきらめた。いまこそ戦機きたれり。防御から攻撃へ。こんどはこっちが、おかえしをする番である。

消えうせたソ連突破部隊

しゃにむに前進するポポフの戦車軍の側面には、四〇キロもの危険な裂け目が生じていた。

ハウサーはこれを見のがさなかった。

この裂け目に、SS全戦車戦力が投入された。それと同時に南からは第一機甲軍がソ連軍突出部の根元に圧力をかけつづけるとともに、ホトの第四機甲軍がカリトノフの第六軍の側面に襲いかかった。

南西方面軍のヴァトゥーチンは、スターリンの圧力のため、この期におよんでも部隊の西への前進をつづけさせていた。その戦車の先頭は戦線深く一〇〇キロも先で、燃料不足のため立ち往生していた。

サポロジェまでわずか二〇キロ、しかし、もはやどうすることもできなかった。

二四日になって、ようやくヴァトゥーチンはことの重大さに気がついたが、ときすでに遅かった。二七日には、ソ連軍の南翼を食いやぶったドイツ軍部隊は、ドネツ河に向かって進撃を開始し、二八日には、第一機甲軍第四〇機甲師団の戦車部隊は、はやくもイジュームの東でドネツ河に到達した。

ソ連軍突出部の根元は閉じられた。あとは、包囲網のなかに残った部隊の処分だけである。北からSS第二機甲軍団が前進し、南から第四機甲軍が前進する。両者はパブログラードで握手をし、第四機甲軍の右翼はさらに北へ、スミエフに向かって前進した。

これによりソ連軍の戦車、機械化四コ軍団その他が殲滅された。さらにソ連軍は、ミウス川戦区でも二コ軍団が包囲されて殲滅された。

ドネツ～ドニエプル戦区に、ソ連軍は二万三〇〇〇名の死体をのこし、戦車六一五両、火砲三五四門、高射砲六九門、大量の迫撃砲、機関銃、その他の火器が捕獲された。しかし、捕虜の数はわずか九〇〇〇名でしかなかった。

これはドネツ河でソ連軍の袋の口を閉じたのが、戦車を中心とする機甲部隊で、十分な包囲網を敷くことができなかったからである。

このため、おおくのソ連軍歩兵は、闇にまぎれてドネツ河を渡り、自軍の戦線へと逃げのびてしまったのである。

それでも、この戦いがドイツ軍の大勝利であったことはまちがいなかった。しかし、戦いはまだ終わったわけではなかった。

南方軍集団南翼の脅威はとりのぞかれたものの、北翼、そして中央軍集団戦区の脅威は、まだそのまま残されていた。ハリコフの奪還、それが次の戦いの焦点となった。

第15章　マンシュタインのハリコフ作戦完了宣言

クラスノグラードでの戦いを制したドイツ軍は、勢いに乗ってソ連第三戦車軍を粉砕した。この好機をとらえて、マンシュタインは最大の目標であるハリコフめざして進撃を下令した！

一九四三年三月六日〜一四日　ハリコフ奪回

消滅したソ連第三戦車軍

一九四三年二月末、ハリコフ南部戦区の戦いはドイツ軍の勝利におわった。アゾフ海への突破をはかったソ連軍は、戦車、機械化四コ軍団その他を殲滅され、その攻撃力をうしなった。

ドイツ軍はドネツ川からミウス川に、なんとか防衛線をきずくことができ、スターリングラード包囲戦いらい、その場しのぎでつくろってきた戦線を、ようやくまがりなりにも安定させることに成功した。

南部戦区を安定させた今、打ち倒すべき敵は、北部で突破し、ハリコフを奪還したあともポルタヴァに向け前進をつづけ、大きく突出部をつくっていたゴリコフのヴォロネジ方面軍の戦車群であった。

じつは南部のときと同様、勝ちほこるソ連軍の実情は、表面上の勝利とはうらはらな、危機的なものになりつつあった。

うちつづくドイツ軍との戦いで、彼らの兵力も漸減し、その前進はしだいにゆっくりしたものとなっていった。

戦車戦力はいまや戦車軍全部で一〇〇両を下まわり、さらに燃料、弾薬の補給もとだえがちであった。そして、祖国解放の念に燃える兵士たちも、長くつづく戦いで、さすがに疲労の色が濃かった。

「わが軍は、攻撃開始いらい四〇日も戦いづめです。補給と再編成のために、三日間停止する許可をください」

第三戦車軍のリュバルコ将軍は、方面軍司令部に訴えたが、ここでもスターリンは許さなかった。リュバルコは命令にしたがって、前進をつづけるしかなかった。

「司令官殿、方面軍司令部からの命令です」

やむなく前進を開始したリュバルコに、新しい命令がとどいた。進行方向を西から南に転じてクラスノグラードに向かい、マンシュタインの攻撃で危機に瀕したソ連第六軍と、ポポフの戦車軍を救えというのである。

すでに疲労困憊の極にたっしていた彼らには、過大な任務であった。しかし、命令は命令であり、戦友を見捨てるわけにもいかない。

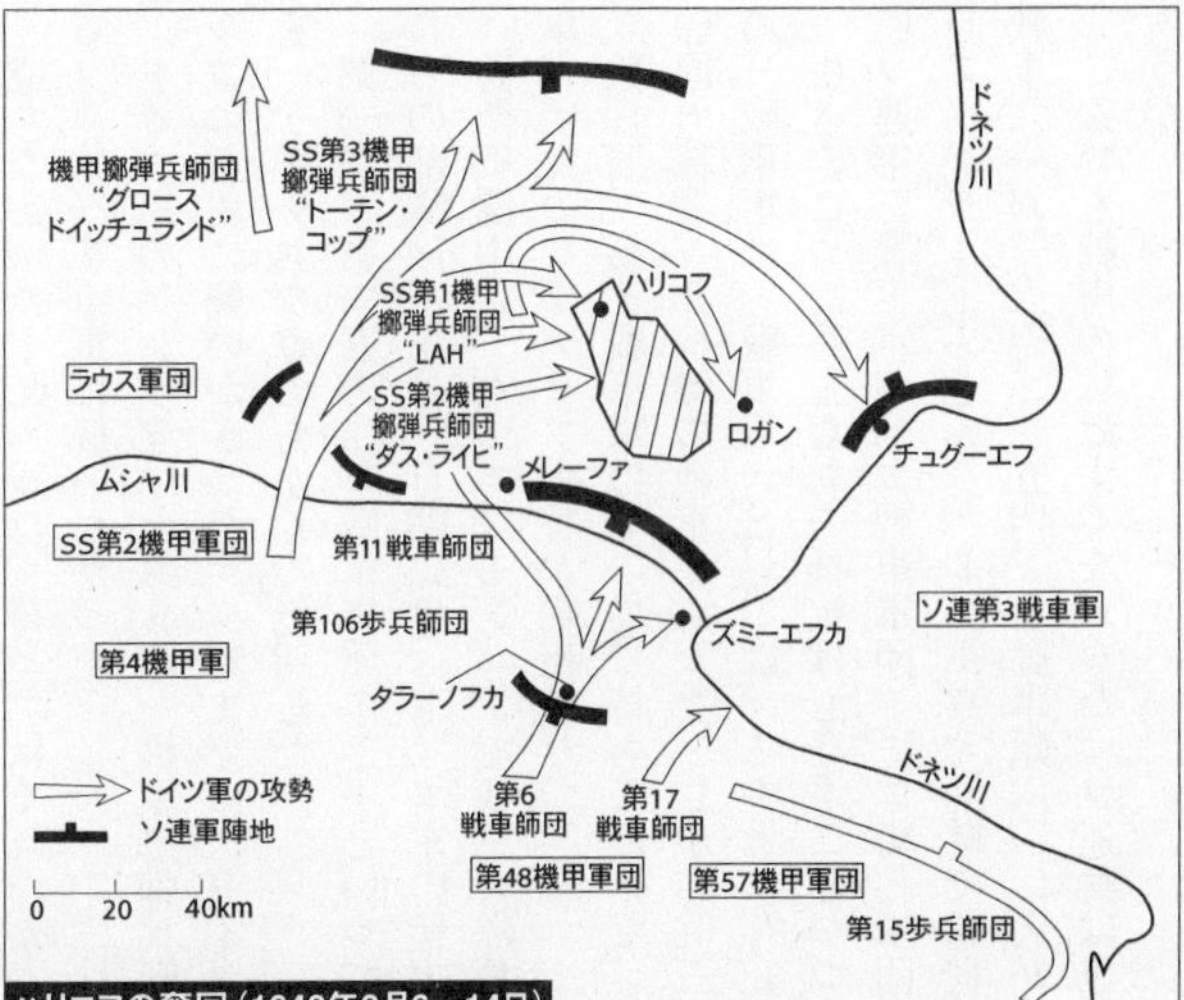

ハリコフの奪回（1943年3月6〜14日）

「各戦車隊指揮官に命令、目標はクラスノグラード」

　第三戦車軍に第六九軍がくわわったこの攻勢は、ドイツ軍を驚かせた。しかし第三戦車軍には、クラスノグラード周辺のドイツ軍戦線を突破する力はのこっていなかった。

　二月二八日、リュバルコの第三戦車軍は南西方面軍に所属がえされるとともに、再度、第六軍救出の命令がだされた。

　このとき、戦車軍には第一二、第一五の二コ戦車軍団を合わせても、稼働する戦車は三〇両しかなく、そのうえ燃料、弾薬、食料のすべてが不足していた。リュバルコは物資をかき集めるために奔走したが、攻勢開始は三月三日の朝まで延期された。

立ちなおったドイツ軍は、待ってはくれなかった。三月二日、ドイツ第四機甲軍は、南からソ連第三戦車軍に襲いかかった。

ドイツ軍のケンプ支隊とSS第一機甲擲弾兵師団LAHは、クラスノグラードからリュバルコの右翼に襲いかかった。夕刻までに、ドイツ軍はリュバルコの第一二、第一五戦車軍団を、ケギチェフカのちかくで包囲した。

第一二、第一五の二コ戦車軍団！——といっても、その戦力はたったの戦車三〇両だ。これらの部隊は、三月三日朝には、ドイツ軍の猛攻に圧倒されてしまった。

防衛戦闘中に、かつてノモンハンで戦車大隊長をつとめ、ソ連邦英雄にもなった第一五戦車軍団長のコプチォフ少将が戦死した。

数日間、第三戦車軍はその場で持ちこたえた。そう、すくなくとも彼らの手もとには、五〇両の稼働、非稼働の戦車があった。しかし、三月五日にはすべての戦車がうしなわれて、第三戦車軍は「戦車軍」としては、この世に存在しなくなった。

生きのこった兵士たちの抵抗はもうすこしつづいたが、その戦いに意味はなかった。

ソ連第三戦車軍の二コ戦車軍団、一コ騎兵軍団、狙撃兵三コ師団は、ハリコフ西南方のクラスノグラードふきん、ペレストワヤ河畔で粉砕、殲滅された。遺棄死体は一万二〇〇〇、戦車六一両、火砲二二五門、自動車類六〇〇両が捕獲された。

ここでも捕虜の数はすくなかった。ソ連兵は包囲網をすりぬけて、雪原を逃げのびたのだろうか。

ＳＳ戦車軍団、出撃せよ

ハリコフ南方にトゲのように突きささっていた第三戦車軍を粉砕したいま、ついにハリコフそのものの奪回のときがきた。マンシュタインは攻勢の第二段階にとりかかることにした。敵をどう処分するか、望ましいのは、東方からその背後に突進することだ。そうすれば、敵を根こそぎ殲滅できる。

当初の考えでは、ケンプ支隊を急進させて、ポルタウ、アハツィルカに進撃している敵の背後をおびやかし、敵が反転して交戦せざるを得ないようにするつもりであった。しかし、これは天候状況のため不可能となった。

この攻撃をするためには、第四機甲軍はハリコフの下流で大きく湾曲したドネツ川を渡り、ハリコフを大きく迂回して敵の後方に出なければならなかった。

すでにドネツ川は氷が解けはじめ、戦車や車両が渡ることはむずかしかった。さりとて、船で渡ることもできない。ドネツ川の屈曲部を避け、ハリコフ西南方のムシャ川を渡り、ハリコフを通る敵の後方連絡線を遮断するというのも、融雪状況から困難であった。

ではどうする。もうひとつのやり方は、南から敵側面を衝いて粉砕することだ。目標はハリコフの敵部隊である。

しかし、気をつけなければいけないのは、目標は敵戦力の破砕であって、ハリコフの占領ではないことである。ハリコフ占領にこだわれば、スターリングラードのような市街戦にまきこまれ、敵部隊にも逃げられてしまう。このため、ハリコフをできるだけ側面から席巻して、敵を追いだすように仕向けることがはかられた。

三月六日、マンシュタインの北方攻勢が開始された。攻撃の主役は、三コ機甲擲弾兵師団がようやくそろったSS第二機甲軍団であった。

彼らがクラスノグラードから北方に機動する一方、グロースドイッチュランド機甲擲弾兵師団をふくむケンプ支隊は、その西をおなじく北に向かって併進する。東の側面は第四八機甲軍団が守る。

SS第二機甲軍団は、中央にSS第一機甲擲弾兵師団LAH、右翼にSS第二機甲擲弾兵師団ダス・ライヒ、左翼にSS第三機甲擲弾兵師団トーテン・コップがならんだ。

右翼のダス・ライヒは、鉄道線路にそってハリコフに直進し、LAHは二つの戦闘団を編成、並列させて、ハリコフの西のヴァルキーに向かう。トーテン・コップはソ連第三戦車軍の後始末のため、すこし遅れてLAHを追いかけた。

LAHのマイヤー戦闘団は、師団の左側を進んだ。戦闘団はLAH戦車連隊第一大隊を中心に、偵察大隊、オートバイ大隊に、ティーガー重戦車中隊の支援もくわわっていた。もっとも、このとき動けるティーガーは三両しかいなかったのだが、そのティーガーは八面六臂の活躍をすることになる。

寒気のなかでエンジンが始動され、戦車の後部から水蒸気がたちのぼる。

1943年３月、ハリコフ戦線で作戦行動中のティーガーＩ戦車

「パンツァー、マールシュ！」

第二中隊のベックSS中尉車のキューポラに立ったマイヤー少佐の手がふりおろされ、戦闘団は前進を開始した。

戦闘団の先頭を偵察大隊の軽装甲ハーフトラックがすすみ、中央に第二戦車中隊、右翼に第三戦車中隊、その後方に第一戦車中隊のⅣ号戦車がつづく。二コ中隊のオートバイ兵は、雪が深くてバイクでは前進できないため、戦車の上にしがみついていた。左翼と後方からは、第三〇二擲弾兵師団がつづく。

戦闘団はひろい帯状になって、平坦な雪原をすすんでいった。白い雪のなかに白く塗られた装甲車両が、染みのように点々とひろがる。前方二時の方向にいくつかの家の屋根が見えた。シュネスコッフ・クートであろう。

「ハールト！」

戦車大隊長のヴェンシェSS少佐は部隊を止

めさせた。

「第一中隊、村をチェックせよ」

第一中隊の戦車が右に旋回して村に向かった。のこりの部隊は、そのまま攻撃前進をつづける。

ひどい雪の吹きだまりに戦車が突っこむ。エンジンがうなり、キャタピラはガラガラと音をたてながら、吹きだまりを突きくずし、乗り越えていく。

ブラゴダートノエの前方にひろがる低い丘の稜線で、なにかが光った。

「ピカッ！　ピカッ！　ピカッ！」

閃光がつぎつぎにまたたく。

「パックフロントだ！」

マイヤーは両中隊に命じた。

「速度を上げろ。行くぞ！」

戦車は全速力で、主砲と機関銃を撃ちまくりながら、敵陣地に突撃した。

まだ敵陣まで半分しかいかないところで、マイヤーの乗る戦車に敵の対戦車砲弾が命中した。

「脱出！」

乗員はいそいで戦車からころがりでて、戦車の後ろに隠れる。さいわい戦車は行動不能になったものの、炎上しなかった。

イゼッケSS中尉のティーガーは先頭に立って前進したのだが、八〇〇メートルも突出してしまった。左右には一両ずつのドイツ戦車が燃えており、うれしい状況ではなかった。

あばれまわるティーガー

このとき、村の偵察にいっていた第一中隊の中隊長ユルゲンセンSS大尉から連絡がはいった。

「村の前方二キロに到達、抵抗なし」

大隊長のヴェンシェSS少佐は命令した。

「速度を上げろ！　全車に告ぐ、後につづけ！」

戦車部隊は村に突進することになった。イゼッケ車は、ヴェンシェ車の五〇メートル後方につづいて前進する。

「スロットル全開」

イゼッケは操縦手に命じる。

巨大なティーガーは、雪を踏みしめて最大速力で前進する。イゼッケはキューポラのスリットに顔をよせて、側面と後方を油断なく見張った。

ヴェンシェ車が右の納屋に向かって旋回したため、イゼッケ車は前方に一五〇メートルも飛びだしてしまった。周囲は大混戦となっている。稜線のパックフロントは不気味に吠えつづけている。

村の手前の高台にたっすると、ヴェンシェ車が納屋へ近づいていくのが見えた。イゼッケは乗車を、そのまま村へ乗りいれさせた。

最初の家が二〇〇～三〇〇メートルにせまったところで、中で閃光がひかった。と思う間もなく、車体に衝撃が走った。さいわい装甲は貫徹しなかったようだ。また閃光がひかる。

「後進！」

イゼッケが命令する。戦車が動きはじめたところ、ふたたび衝撃が車体をつらぬいた。命中したのか？

「脱出！」

イゼッケは叫ぶと、戦車から飛びだして、雪のなかに逃げだした。戦車は燃えあがり、乗員は雪のなかにもぐりこむと、はって戦車から遠ざかった。

なにが起こったのか。家のなかにT34がひそんでいたのだ。最初の弾丸は左の起動輪を吹き飛ばし、後進したところ、車体はぐるりとまわって地雷を踏んだのだ。

イゼッケらのまわりに機関銃弾が撃ちこまれた。イゼッケは体をかたくして、雪のなかに伏せる。そのとき、一両のティーガー戦車が高台を越えて、イゼッケの方へと近づいてきた。

「敵戦車が家のなかに隠れている」

イゼッケはティーガーに知らせたかったが、どうすることもできない。ティーガーは悠然と進み、高台のいただきにさしかかった刹那、

「ドーン！」

T34が発砲した。発砲の衝撃で、あたりに木屑や雪片やらが飛びちらかった。イゼッケがおそるおそる頭を上げると、どうやらティーガーは無事なようだった。その砲塔には、弾丸の命中痕が大きな染みのようになっていた。

ティーガーは長い八・八センチ砲身をゆっくりめぐらせて、砲塔を旋回させはじめた。

砲身は真っすぐ家の方向をさししめして止まった。

「ドーン！」

ティーガーⅠとBMWR75サイドカー

雪のハリコフ戦線におけるティーガーI（右）とⅢ号指揮戦車H型

閃光と激しい衝撃が起こった。一瞬ののち、家は吹き飛び、なかでは砲塔が吹き飛んだT34が燃えていた。

「やった！」

イゼッケは乗員と抱きあって喜んだ。T34をやっつけたティーガーは、ペザウシュックSS中尉の車体だった。

村には一ダースものT34がひそんでいたが、ペザウシュック車にヴェンドルフSS少尉のティーガーがくわわり、縦横無尽に暴れまわった。

村のなかで八両のT34が撃破され、さらに村を出たところで四両のT34が撃破された。生きのこったソ連戦車は、ヴァルキの方向へ逃げていった。

ヴェンシェSS少佐は、ふたたびパックフロントを攻撃することにした。対戦車砲の場所は、発砲してはじめて見つかる。ティーガーとパックの対決である。ティーガーのぶあつい装甲板は、パックの弾丸を跳ねかえした。

「榴弾、フォイエル！」

ティーガーは敵をさんざんに叩き、戦場には五六門もの対戦車砲が遺棄された。村には偵察大隊のハーフトラックが突入し、残敵を掃討した。

三月八日午前七時半、戦闘団は整列した。北への前進が再開されるのだ。戦闘団の目標はハリコフ北方のツィルクヌイであった。ハリコフの北の森と湿地帯を抜けて前進する。

先頭をすすむのは偵察分遣隊である。ヴェンシェの命令で戦車も湿地帯を通りぬけた。湿地に落ちた戦車は、なんとかしてワイヤーで引っ張りあげられた。

ヴェンシェは三両のⅣ号戦車と偵察分遣隊で、ツィルクヌイを奇襲占領した。こうして北東からハリコフへの通路は閉鎖された。ＬＡＨは、ハリコフ占領への第一段階をみごとに達成したのである。

ダス・ライヒ師団の戦い

ＬＡＨが大きく旋回してハリコフ包囲を進める一方で、ダス・ライヒ師団は南からハリコフを締めあげていった。三月九日、ダス・ライヒは進撃方向を北にかえ、ヴァルキからオルシャヌイ、デレゲシュと敵を追いだす突進を開始した。

師団は、やはりいくつかの戦闘団にわけられた。ダス・ライヒのティーガー中隊もくわわる。先頭はⅣ号戦車で、ティーガーがつづく。そのうしろからは偵察大隊の装甲ハーフトラックと装甲車がつづく。

前方に村が見えてきた。やけに静まりかえっている。戦車は停止すると、ハッチを締めて息をつめる。距離はわずか六〇〇メートル、敵はいるのか。

Ⅳ号戦車部隊が攻撃態勢にはいって、ゆっくり村に近づいていく。

「ピカッ！　ピカッ！　ピカッ！　ドーン！　ドーン！　ドーン！」

たちまち村は閃光と騒音につつまれた。

この距離ではひとたまりもなく、先頭のⅣ号戦車が砲塔に直撃弾をうけて擱座した。まわりでは、何両もの戦車が燃えあがり、キャタピラをやられた戦車は、ぐるりとまわって横腹をさらしている。敵は姿が見えないまま、さかんに撃ちかけてくる。

先頭中隊は、まったく身動きがとれなくなった。

「退避、窪地に集結せよ」

生きのこった戦車は後退したが、八両もの戦車がうしなわれた。装甲の薄いⅣ号戦車では突破できない。やはりティーガーの出番だ。

新たな攻撃は、ティーガー二両を先頭に立てて、Ⅳ号戦車は距離をおいて、後からついていくことにした。偵察大隊の車両は窪地で待機する。

ティーガーがひらけた土地にでると、ソ連軍の砲火はこの巨大な怪物に集中した。しかし、一〇〇ミリの前面装甲は敵弾をやすやすとはじきかえした。

突然、敵のT34が家の陰から走りでた。ティーガーの装甲を破るため、接近して側面を突こうというのだ。ティーガーの砲塔が旋回してT34に照準をつける。

「フォイエル！」

砲口から閃光が発せられ、必殺の弾丸が飛びだす。

「命中！」

T34は、命中と同時に爆発した。すぐさま砲手は二両目に照準をつける。

「フォイエル！」

二両目も爆発して、バラバラに吹き飛んだ。これを見て三両目はまわれ右をして、逃走をはかった。

「逃がすものか」

T34は、後方から八・八センチ砲弾につらぬかれた。

突然、ティーガーに衝撃が走った。T34に気をとられていたが、対戦車砲弾が命中したのだ。

「榴弾！　フォイエル！」

ティーガーは手当たりしだいに、村の家という家を射撃しながら前進した。二両のティーガーは援護しあって、右に左に砲火をふりわけて、村の広い道路をすすんだ。

Ⅳ号戦車はおそるおそる、その後につづく。偵察大隊の装甲ハーフトラックは擲弾兵を降ろして、ティーガーを援護した。

たまらずに、敵は村から逃げだした。全速力で逃走するT34に、二両のティーガーがつる

814

べ撃ちして、たちまち八両がやられ、それ以上が燃えあがった。

なんで、こんなにたくさんの敵がいるのか。数百メートル先に、戦車の通れる橋があったのだ。

橋を守るように二両の戦車が配置されていたが、たちまちこれもティーガーの餌食となった。ティーガーが橋を確保する間に、Ⅳ号戦車は対岸に渡った。

その夜のうちに、戦闘団はハリコフ～ベルゴロド道にたっして、ハリコフからの退路を断った。

奪いかえされたハリコフ

一〇日には、LAHはハリコフの北東、ダス・ライヒは北、そしてトーテン・コップはハリコフの東へと大きく旋回し、ハリコフ包囲の態勢はととのっていった。

一一日の夜のうちにSS機甲軍団は、ハリコフ攻撃の準備位置についた。主攻撃部隊はLAHの連隊規模の戦闘団二コと、ダス・ライヒの連隊規模の戦闘団一コである。

LAH戦車連隊とSS第二機甲擲弾兵連隊第三大隊は、パイパー少佐にひきいられ、攻撃先鋒としてハリコフに突入した。彼らは北から西大路をすすみ、ソ連軍部隊を掃討する。

その東からはマイヤー戦闘団が並走し、西側面はダス・ライヒの戦闘団がすすむ。一二日には、パイパー戦闘団はハリコフの赤の広場を占領した。

一三日には、パイパーはスタロ～モスコヴスカ通りに沿って前進し、ハリコフ川の東岸にたっした。

一四日、激しい市街戦で、ドイツ軍はソ連軍を掃討していった。一六時四五分、SS機甲軍団司令部はハリコフ市街主要部を確実に占領したという報告をうけた。

ついにハリコフは、ふたたびドイツ軍の手に落ちたのである。これは東部戦線でドイツ軍があげた最後の戦略的勝利であった。

しかし、SS機甲軍団の各部隊には、勝利の美酒に酔っているひまはなかった。ハリコフは落としたものの、戦闘はまだつづいていた。

マンシュタインは、戦線を安定させるためには、ハリコフのさらに北、ベールゴロドを落とすことが必要だった。いちはやく北に突進したグロースドイッチュランド師団につづいて、SS機甲軍団はハリコフからさらに北へ、北東へと進撃した。

三月一八日、ベールゴロドは陥落した。マンシュタインはひきつづきクルスクを攻撃して、ソ連軍の突出部を嚙みちぎりたいと考えていた。

しかし、中央軍集団のクルーゲはマンシュタインに増援を送ることを拒否した。クルーゲはすぐれた指揮官ではあったが、攻勢向きの指揮官ではなかった。それに実際、彼の手もとには十分な機甲部隊がなかった。

さらに、ロシアの春の泥濘「ラスプチア」の季節が、すでに到来しつつあった。雪解けのため、畑も道路さえも、すべての土地はどろどろになり、戦車ですら行動は困難となるのだ。

もはやこれまで、このへんで鉾を収めるしかあるまい。

三月二三日、マンシュタインはハリコフ～ベルゴロド戦区における作戦の完了を宣言した。南方軍集団戦区はおちつきをとりもどし、戦線には静けさがもどった。しかし、その北方では、クルスクに巨大な突出部が形成され、ドイツ軍戦線に不気味な影を落としていた。次の戦いの焦点はクルスク突出部となる。

【第3部　北アフリカ最後の戦い】

第16章　チュニジア戦線に出動した「鋼鉄の虎」

エル・アラメインの敗北いらい、北アフリカのドイツ軍は危機におちいっていた。この戦局を打破するためヒトラーが打った手は、新戦力となった「鋼鉄の虎」を戦場に送ることだった！

一九四二年一二月一日～三日　テブルバの戦い

北アフリカへ渡った「虎」

一九四二年一一月二三日、第五〇一重戦車大隊のリューダー少佐は、ユンカースＪｕ52輸送機でチュニスに降りたった。彼らの「虎」ティーガー戦車は、二〇日に大型輸送船でイタリアを出港していたが、それに先だち、人員と軽車両だけが空輸されてきたのである。

ドアを開けると、たちまちむっとする熱気が襲う。

「これがアフリカか」

それもそのはずで、なんせ彼らはほんのすこし前まで、どんよりと薄暗い天気のつづくド

ドイツ軍が戦勢挽回の切り札としてチュニジアに投入したティーガー戦車

イツのファリングボステルにいたのだから。

チュニスで編成された第九〇軍団の指揮をまかされたネーリング大将は、こう語ったという。

「六匹の『虎』が前進すれば、戦いは決まるだろう」

連合軍の物量を考えると、いささか非現実的に思えるが、ドイツ軍の新型重戦車ティーガーIへの期待は、それほど高かったのである。

当時、アフリカのドイツ軍は苦境におちいっていた。一九四一年いらい、ドイツ・アフリカ軍団はわずかな兵力で北アフリカを暴れまわり、連合軍をきりきり舞いさせてきた。

しかし、一九四二年一〇月、モントゴメリーの攻勢によりエル・アラメインで敗北して、敗走をつづけていた。フカ、マルサ・マトルー、ハルファヤ峠も問題にならない。とにかく逃げるのだ。

彼らは二月一二日にチュニジアのマレトにはいり、チュニジアのドイツ、イタリア軍と手をむすぶこと

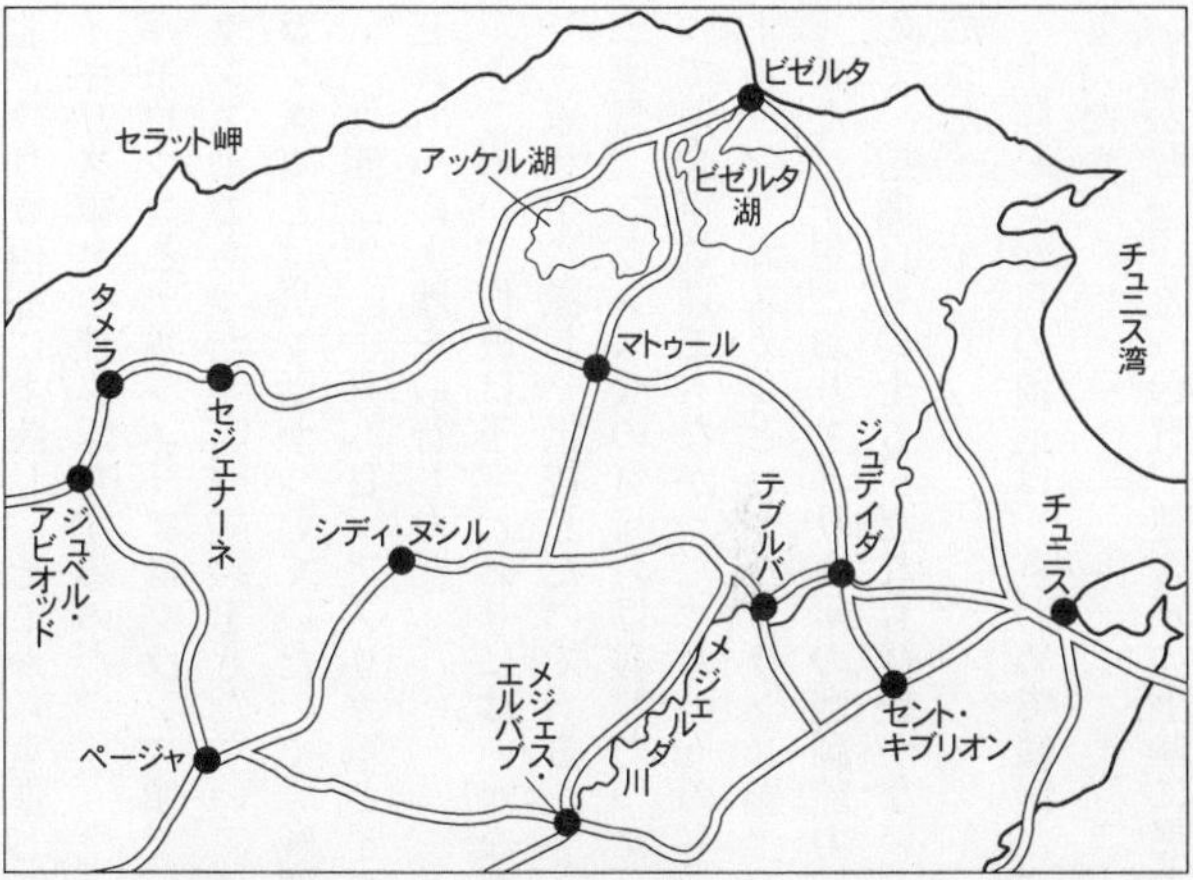

ができるのだが、それはまだ先の話である。

アフリカ軍団が直面していたのは、東からの脅威であったが、同時期にアフリカのドイツ軍は、もうひとつの脅威に直面していた。西からの脅威、モロッコ、アルジェリアへのアメリカ軍の上陸である。

なぜアメリカ軍が。じつは、これは妥協の産物であった。アメリカ、イギリス、ソ連の連合国は、定期的に対ドイツ戦略の調整をおこなっていたが、ほとんど一手にドイツ軍の圧力をうけているソ連のスターリンは、英米軍に第二戦線をつくることを強く要求したのである。

しかし、ドイツ軍はまだ十分に強力で、英米軍は正面から百戦錬磨のドイツ軍に挑戦するには弱体すぎた。ヨーロッパ大陸反抗は、あまりに危険すぎる遠い夢である。

そこでえらばれたのが、もっと楽な戦場、モロッコとアルジェリアへの上陸作戦であった。

北アフリカ西部に上陸し、そこから東進してアフリカ軍団の背後を衝き、モントゴメリーのイギリス軍とで挟み撃ちするのだ。

モロッコとアルジェリアはフランス領で、守るのはドイツ軍ではなく、弱体なビシー・フランス軍であった。実戦経験をもたないアメリカ軍には、ちょうどよい相手だ。それに、フランス軍とは裏で話がついていたので、戦闘にはならないはずだった。

一九四二年一一月八日、アメリカ軍とイギリス軍は、カサブランカ、アルジェ、オランの三ヵ所への上陸を敢行した。

ところが、作戦は予定どおりにはいかなかった。手ちがいでビシー・フランス軍は、アメリカ軍相手に激しく抵抗したのである。

実際、フランス兵の気持ちは複雑だった。彼らはドイツを好んではいなかったが、かといって連合軍歓迎でもなかった。というのも、フランスの降伏いらい、連合軍はオラン、ダカール、マダガスカルといったフランス領土を攻撃した前科があるからである。

また、予想どおりアメリカ軍の戦闘能力にも疑問が生じた。なにせはじめての上陸作戦なので、指揮官も兵士も、だれも経験がない。上陸部隊は海岸で混乱し、右往左往するばかりだった。

上陸してからの前進は、きわめて緩慢だった。相手がフランス軍でなかったら、どうなっていたか。

しかし一一月一〇日、連合軍の上陸に怒ったヒトラーが南フランスを占領したことで、状況は一変した。これに反発したフランス軍は、連合軍との協力の道をえらんだのである。その結果、モロッコ、アルジェリアは、あっという間に連合軍のものとなった。

このままでは、北アフリカの全ドイツ軍が危険にさらされてしまう。ヒトラーはすぐに手を打った。

彼はケッセルリンクに命令して、彼の手元にあった唯一の兵力、第五降下猟兵連隊をチュニジアに輸送させたのだ。チュニジアもフランス領であったが、まだここまでは連合軍も到達していない。

ここではドイツの政治工作が成功して、フランス軍を中立化できた。一一月九日、降下猟兵はチュニスに到着した。この日から、もうひとつの北アフリカの戦い、ドイツ軍のチュニジア戦が開始された。

第五〇一重戦車大隊編成

第五〇一重戦車大隊とアフリカの関係は深かった。いや、そもそもティーガーとアフリカの関係が、じつはかなり深かったといえる。というのも、ヒトラーはティーガーをアフリカ戦線に投入したがり、開発過程でいろいろアフリカ向けの改正をもりこませていた。

いわく、アフリカ戦に投入するために、「新型重戦車は最低一五〇キロの行動半径を備えなければならない」、「砂漠戦用の追加冷却装置はどうなっているか」、あれやこれや、とにかくアフリカ向きになるように求めていた。

そもそもティーガー開発の過程で、のちにティーガーとなるヘンシェル社のVK4501(H)と、のちにエレファントとなるポルシェ社のVK4501(P)があらそったとき、ヒトラーがポルシェ社案の肩をもったのは、ポルシェ博士との個人的関係だけでなく、VK4501(P)が空冷式エンジンを搭載していて、水のないアフリカ向きと考えていたからでもあった。

もっとも、空冷式エンジンはうまくいかず、けっきょくは水冷式エンジンになってしまったのだが。

第五〇一重戦車大隊は、一九四二年五月一〇日、エルフートにおいて編成された。隊員は、主に同地にあった第一補充戦車大隊や、ブトロス機甲砲兵学校から集められた。大隊長となったのはハンス・ゲオルグ・リューダー少佐であった。部隊は五月二三日に、オーアドルフ練兵場に移動する。

まさに、彼らはアフリカにいくべき部隊だった。というのも、彼らの装備はポルシェ・ティーガーが予定されていたのである。このため、技術要員と操縦手は、ニーベルンゲン工場での訓練に参加して、エンジン電気駆動のポルシェ博士のやっかいな発明品のあつかい方を学習したのである。

「おおー」

エンジンルームを見せられた技術要員は、感嘆の声をあげた。巨大なエンジンルームには

イタリアで輸送船に積載されたティーガー戦車はチュニジアへ向かった

隙間なくガソリンエンジンと電気モーターの関連機器がつめこまれていた。

ガソリンエンジンで発電して、電気モーターで駆動輪をまわす。なによりも大変そうなのが、電送関係の整備である。

一方、操縦手が驚いたのは、操縦操作である。原理的に無段階に変速できる電動モーターだから、これまでのようなクラッチや変速機は不要で、変速時の致命的なエンストなどの心配もない。

当時の戦車では、変速機関係の取りあつかいの困難さや、頻発する故障は、けっこうやっかいな問題だった。ポルシェ博士のシステムは、まさに夢の発明品であった。もっとも、うまく働けばであったが……。

しかし、これらの努力はすべて無駄になった。ポルシェ・ティーガーの量産がキャンセルされたからである。

このため、第五〇一重戦車大隊にもヘンシェル・ティーガーが配備されることになり、技術要員も操縦手も、すべてを一から学びなおさなければならなかった。

あまりに普通の戦車とかけはなれていたポルシェ・ティーガーにくらべれば、ヘンシェル・ティーガーは構造的には通常の戦車とおなじだったが、これまでにない巨大な戦車ゆえに、やはり学ばなければならないことはいくらでもあった。

ところが、数すくないティーガーは第五〇二重戦車大隊にまわされてしまい、もともとティーガーを装備する予定でなかった第五〇一重戦車大隊には、なかなか配備されなかった。ようやく大隊がティーガーをうけとったのは、八月も末のことであった。

その後も、装備はそろわなかった。このため、なんとわざわざ工場に出向いて、第五〇二重戦車大隊にまわされるはずのものを、強引に分捕ってきたという。

こうした努力（?）のかいもあって、やっと一〇月になってティーガー二〇両とⅢ号戦車一六両で、戦車二コ中隊の編成が可能となった。

戦車にはアフリカ向けに、熱帯地用の仕様への転換がほどこされた。このため、アフリカ戦で勇名をはせたキュンメル少佐が、わざわざファリングボステルまで出向いて、大隊の将兵に彼のアフリカでの経験を伝えた。

「トブルク要塞を攻撃したときは……」

「砂漠でなによりも重要なことは……」

「イギリス軍のヤーボは……」

戦車兵たちにとって、キュンメルの話は、聞くも新しいことばかりであった。彼らは目をかがやかして、この歴戦の勇士の話に聞きいった。彼ら自身が、チュニジアでティーガー伝説の一ページを飾ることになるとは、知るよしもない。

一一月一〇日、ついにヒトラーからアフリカ派遣の正式の命令がだされた。ただし、第二中隊は連合軍の上陸の脅威に対抗するため、南フランスに送られてしまった。

第二中隊を欠く大隊は、イタリアのレッジオ行きの列車に乗りこんだ。一一月一八日、ようやく第一陣がレッジオに到着した。一一月二〇日、車両は船積みされて、海路チュニジアに向けて出航した。

一方、隊員はJu52輸送機で空輸され、一一月二二日、大隊長のリューダー少佐はチュニジアに到着したのである。そして、最初のティーガー戦車三両がビゼルタに到着したのは、一一月二三日のことであった。

テブルバで激突した両雄

モロッコ、アルジェリアに上陸したアメリカ、イギリス軍は東進をはじめた。彼らの目標はもちろんリビアで、ドイツ・アフリカ軍団の後方にでることである。

前進は一一日、アルジェ東方二〇〇キロのブージェへの第三六旅団による海上機動からはじめられた。

つづいて一三日には、アルジェに上陸したイギリス第一一旅団も、チュニジアにむかって前進を開始した。

これに合わせて空挺部隊は、一二日にボーヌを占領し、一五日にはユクス・レ・バン、一六日にはスク・エル・アルバを占領した。スク・エル・アルバからは、その日のうちにベージャまですすみ、一七日にはチュニジア国境のシディ・ヌシルに進出した。そこで彼らははじめてドイツ軍に遭遇し、進撃は停止した。

つづく地上部隊の前進は、電撃戦のごとくはいかなかった。ひどい悪路に悩まされたせいもあったが、いつもの連合軍の悪い癖がでた。彼らは兵力の集結を待って前進する方針をとったため、速度と時間の利をみずから捨て去ってしまったのである。

連合軍のもたつきは、ドイツ軍に対抗処置をとる時間をあたえた。ドイツ軍はチュニス、ビゼルタ、ガベスなどの飛行場をおさえ、そこを補給基地として部隊を送りこんだ。

これらの部隊は、戦車ももたない軽装備部隊だが、軽快に機動して、ジェフナ、マトゥール、テブルバ、マシコーの線に、なんとか戦線らしきものを構築した。

いまやチュニジアのドイツ軍の兵力は一万人を超え、軍隊らしくなってきた。指揮官にはネーリング大将が任命され、この寄せ集め部隊は、第九〇軍団とよばれることになった。

連合軍の総攻撃は、二五日になって開始された。北の海岸沿いはイギリス第三六旅団、中央はイギリス近衛師団とアメリカ第一戦車師団の一部、南は第一一旅団である。この戦闘は、チュニジアのドイツ軍の運命を決する戦いであった。

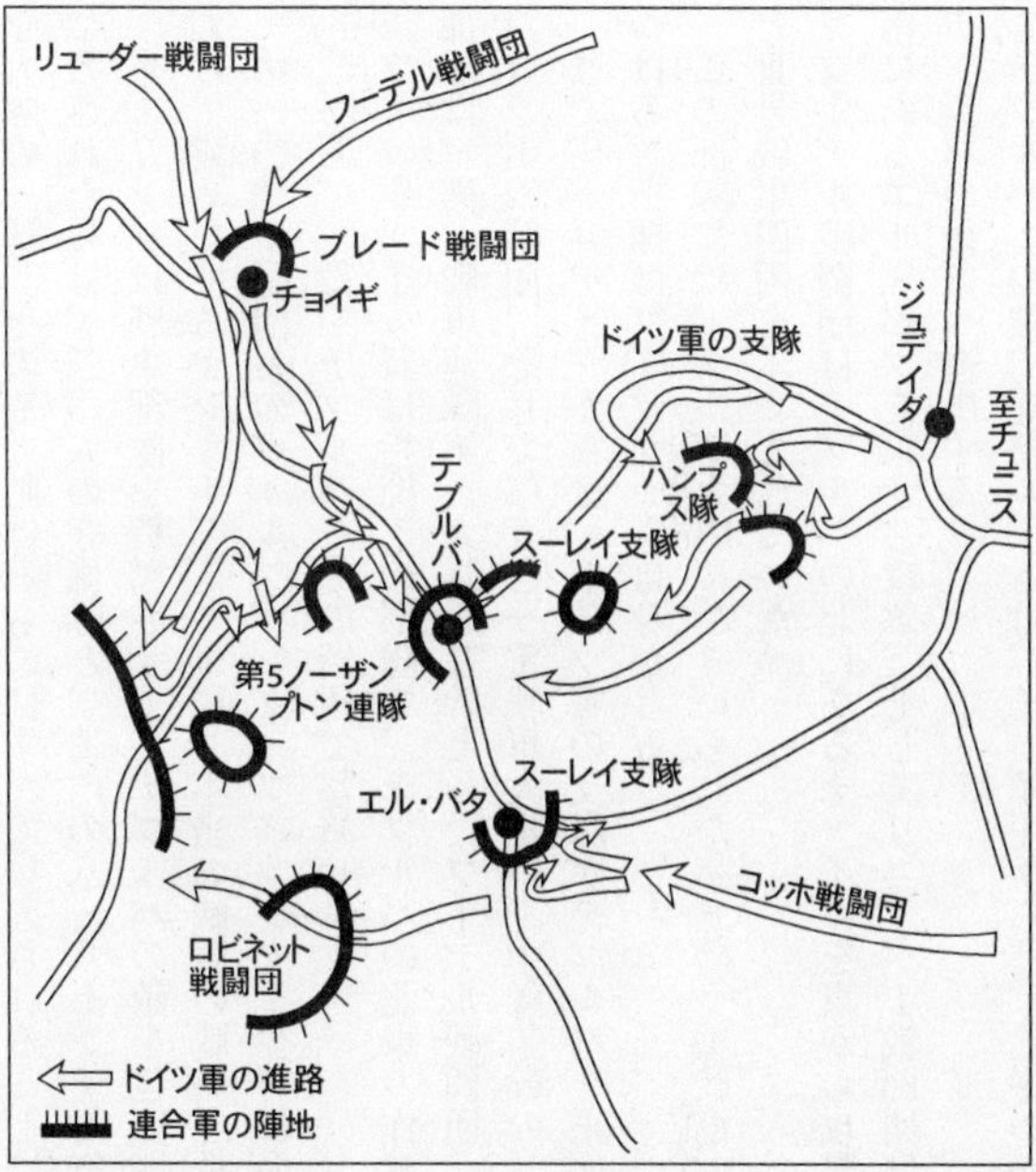

さいわい北と南の敵は、比較的かんたんに撃退することができた。しかし、問題となったのは、中央の敵であった。

アメリカ軍はここでは、もうすこしで勝利をつかむところであった。彼らはメジェス・エルバブの突破に成功し、テブルバからなんとチュニス市街を望む、ジュデイダの飛行場にまで到達したのである。

これは大変である。ネーリングは大いそぎでテブルバのアメリカ、イギリス軍部隊を攻撃する計画をたてた。

主力は第七戦車連隊と第八六機甲擲弾兵連隊、それに到着したばかりの第五〇一重戦車大隊の一部、その他、動けるものはすべて投入されることになった。なんとチュニス市内に残されたのは、三〇人の守備隊と、二門の八・八センチ対空砲だけだった！

ネーリングは戦車部隊を機動させて、テブルバの敵を包囲殲滅するつもりであった。物量だけで責めたてるヤンキーとトミーに、本当の戦車の戦いを教えてやるのだ。

第一〇戦車師団長のヴォルフガング・フィッシャー少将に命令がくだった。

「攻撃して、敵をテブルバとその周辺で撃滅せよ！」

フィッシャー少将は指揮下の部隊を、テブルバの北東の作戦準備地域に集結させた。作戦部隊は、第七戦車連隊第一大隊を基幹としたフーデル戦闘団、第五降下猟兵連隊を基幹としたコッホ戦闘団、そして第五〇一重戦車大隊第二中隊基幹のリューダー戦闘団である。

また、ジュデイダからは、ドイツ軍の支隊がテブルバを正面から攻撃して、連合軍をひきつける。指揮はフィッシャー自身がとる。

この部隊には、ノルデ大尉にひきいられた第五〇一重戦車大隊第一中隊のティーガー三両とⅢ号戦車四両もふくまれていた。

フーデル戦闘団はテブルバの北にあるチョイギを東から攻撃、コッホ戦闘団はテブルバの南にあるエル・バタを東から攻撃、そしてリューダー戦闘団はチョイギを北からすりぬけて、テブルバの後方へ進出する。

テブルバへの後方連絡ルートは、チョイギからと、途中わかれてテブルバから西に向かう道のふたつしかない。こうして南北から挟撃して、後方連絡線を断って連合軍の増援をふせぐ。テブルバに突出した連合軍部隊は袋のネズミとなり、包囲殲滅されるのだ。

これにたいする連合軍は、エベレフ少将のイギリス第七八歩兵師団(第一一、第三六旅団)とイギリス第六機甲師団、アメリカ第一機甲師団が布陣していた。エベレフは、第一七、二一騎兵連隊を中心にブレード戦闘団を編成し、チョイギに配置した。

一方、テブルバとジュデイダには、歩兵を中心とした部隊が配置された。テブルバの南のエル・バタ方面には、ロビネット准将の指揮するアメリカ第一機甲師団B支隊を中心とするロビネット戦闘団が配置されていた。

ティーガー戦車出動せよ

一二月一日早朝、コッホ戦闘団はテブルバの南東セント・キブリオンからすすみ、エル・バタの西四キロでメジェルダ川にでた。ここにかかる橋は、テブルバの敵の補給路と撤退路にもなる。

彼らはこの橋に機関銃座をもうけ、橋をふさいだ。橋に通りかかったイギリス軍輸送隊は、たちまち機関銃の火線に射すくめられてしまった。

一方、北からすすんだフーデル、リューダー両戦闘団は、テブルバの北西方向からチョイギにすすんだ。稜線越しに観測すると、チョイギのまわりのイギリス軍陣地が手にとるように見える。

「パンツァー、フォー！　パンツァーカイル！　楔型隊形を取れ！」

戦車は散開し、チョイギを守るブレード戦闘団に襲いかかった。鎧袖一触、イギリス軍陣地は突破された。

ブレード戦闘団は戦車で反撃をこころみた。しかし、彼らの戦車は、もはや旧式といっていいバレンタイン歩兵戦車とクルセーダー巡航戦車であった。バレンタインはＭｋⅡとＭｋⅢで、なんと主砲には二ポンド砲（！）しか装備していない。クルセーダーはＭｋⅢで、こちらはまだましだったが、それでも六ポンド砲しか装備していない。

それでも、戦わないわけにはいかない。ブレードは命令した。

「Ｂ中隊と連隊司令部は前進して敵を撃滅せよ」

イギリス戦車兵が乗車に走りよる。イギリス戦車は走りだした。チュニジアは北アフリカといっても、リビアの砂漠地帯とちがい、まばらに灌木がしげり、起伏にとんだ丘陵地帯である。

「ドーン」

あっと驚く間もなく、命中弾をうけた戦車が爆発した。前進するイギリス戦車は、横腹からのドイツ戦車の射撃をうけて、つぎつぎに被弾した。たちまち五両の戦車が破壊された。のこりの戦車は、目を皿のようにしてドイツ戦車をさがした。

「丘の上、木立のあいだ」

彼らは稜線上に、やっとドイツ戦車の発砲炎を認めた。敵はブドウとオリーブの林の中にひそんでいた。その距離は二〇〇〇ヤードもあり、完全に彼らの二ポンド、六ポンド砲の射程外だった。

リューダー戦闘団は、チョイギをかすめると、テブルバの後方のメジェルダ川へむかった。一方、フーデル戦闘団はテブルバへとむかった。テブルバへの攻撃開始！　そのとき突如、大気が鳴動した。

連合軍の激しい砲撃に、装甲板を榴弾の破片がたたく。戦車はまだしも、歩兵はたまったものではない。攻撃はあえなく頓挫した。南のコッホ戦闘団の攻撃もエル・バタを抜けない。フィッシャーは、テブルバ攻略を東からこころみることにした。先鋒となるのはノルデ大尉のティーガー戦車である。

ティーガーはパンツァーカイルの先頭にたって前進する。左右後方からは側面援護のⅢ号戦車がつづく。ノルデ大尉はアメリカ軍戦車との遭遇を予期していた。

アメリカ軍は第一大隊の戦車が迎撃する。彼らの装備は、M3リー中戦車とM3スチュアート軽戦車だった。

リーの主砲は七五ミリ砲だが、車体スポンソンに装備され使い勝手が悪い。それにその巨大なシルエットは、射撃のよい標的でしかない。一方、スチュアートは三七ミリ砲装備で、とても戦車戦の役にはたちそうにない。

ノルデのティーガーたちは、水を得た魚のように暴れまわった。

「一時方向ピロート！　徹甲弾！」

装塡手が巨大な八・八センチ砲弾を薬室に拳固で押しこみ、合図を送る。

「フォイエル！」

命中弾をうけたアメリカ戦車は爆発して燃えあがった。

連合軍戦車はつぎつぎと燃えあがり、全部で九両が破壊された。しかし、彼らはイギリス歩兵の陣地を突破できなかった。

この間、ティーガー部隊に犠牲がでなかったわけではない。ただし、それはティーガー自体が撃破されたものではない。

第一中隊長ノルデ大尉は、キューベル・ワーゲンで命令伝達のために走りまわっているとき、敵の砲弾に倒れた。

また、ティーガー車長のダイヒマン大尉も、偵察のためにティーガーから降りたとき、敵狙撃兵の銃弾をうけて戦死した。

この間、コッホ戦闘団はエル・バタを迂回して西へとすすんだ。完全包囲はならなかったものの、テブルバの連合軍はほとんど孤立した。翌二日、ドイツ軍はテブルバの周囲をかため、有利な陣地を占めて連合軍の突破にそなえた。

連合軍にとって、脱出のチャンスはいましかなかった。しかし、連合軍は統一した行動がとれず、「騎兵の突進」となった。部隊はバラバラで相互の支援を欠き、無統制な行動しかできなかった。

リューダー戦闘団は突破をはかった連合軍部隊を阻止し、スチュアート戦車六両を撃破した。また、夜のうちにひそかに陣地にすえられた八・八センチ砲は、連合軍戦車の大虐殺にくわわった。彼らは連合軍戦車の「薄っぺらい装甲」を、イワシの缶詰のように撃ちぬいた。テブルバの東にあったアメリカ第一機甲師団メイシャーク中隊は、八・八センチ砲によってつぎつぎと殺されていった。

「まったく見知らぬ地形、敵戦力が不明ななかを、わが中隊は突破しなければならなかった」

彼らは撤退途中、南翼から突如、八・八センチ砲の射撃をうけた。戦車は次からつぎへと燃えあがり、七両の戦車が撃破された。生きのこった戦車は、後ろから撃たれる恐怖にかられつつ、一目散に走り去った。

三日、戦闘団は唯一稼働するティーガー一両とⅢ号戦車二両に、二コ擲弾兵中隊で、テブルバへの攻撃を再開した。さらに彼らはエル・バタ南部にビゼルタに上陸した三両のティーガーを集結させ、テブルバを締めあげた。

四日、スツーカに援護されたドイツ軍は、ふたたびテブルバを攻撃した。最後まで頑張りつづけたイギリス軍歩兵も、ついにあきらめて撤退し、テブルバの戦いは終わった。

四日間の戦闘で、連合軍は一八二両の戦車のうち、じつに一三四両をうしなった。ドイツ軍にも損害はあったが、ティーガー戦車は一両の損失もなかった。

アフリカに上陸したばかりの、まだ「ひよっこ」の連合軍にとって、歴戦のドイツ軍はあまりに強敵であった。こうしてチュニジアの戦線は、しばし安定することになった。

第17章 チュニジアの無敵ティーガー伝説

チュニジアの防衛線を強化するために発動された「飛脚」作戦でも、ドイツの「鋼鉄の虎」はイギリス軍戦車を相手に無敵ぶりを発揮して大活躍し、伝説に新たな一章を書きくわえた！

一九四二年一二月〜一九四三年一月 「飛脚」作戦

ティーガー伝説のはじまり

アフリカに送られた最初の虎、第五〇一重戦車大隊のティーガー戦車は、テブルバの戦いでその威力を遺憾なく発揮した。

戦いのあと、二両のティーガーはそのまま第一〇機甲師団の分遣隊とともに、一〇日にはテブルバからさらに南西に、メジェス・エル・バブ方面のマッシコールへと進んだ。むかえ撃ったアメリカ軍のスチュアート戦車は、車体を地面に埋めたダックインポジションで、先頭をいくティーガーに戦いをいどんだ。

「カーン、カーン」

ティーガーに二両のスチュアートからの射撃が集中する。しかし、スチュアートの装備す

連合軍の戦車をつぎつぎと撃破して無敵の強さを誇ったティーガー戦車

る三七ミリの豆鉄砲では、一〇〇ミリもあるティーガーの前面装甲には、せいぜい引っかき傷をつけるのが関の山だった。

「敵、軽戦車、徹甲弾」

「フォイエル！」

まるで訓練のように手順がくりかえされ、たちまち二両のスチュアートと四両のハーフトラックがスクラップになった。

敵戦車は前進するティーガー戦車隊を避けて、後方の砲兵部隊を攻撃しようとした。ティーガーにくらべれば、おもちゃのようにかわいいスチュアートが疾走する。

「敵戦車出現、救援をもとむ！」

砲兵隊からの無線をうけて、ティーガー部隊はまわれ右をした。

「いそげ、全速力だ」

二両のティーガーが駆けつけると、敵は二〇両から二五両ものスチュアート戦車だった。

「まっすぐ突き進むぞ！」

二両のティーガーは右、左に撃ちわけて、スチュアートの集団に突入した。

「フォイエル！」

たちまち一二両のスチュアートが、ティーガーの巨砲に撃破されて燃えあがった。大あわてで逃げだした残りのスチュアートも、たちまち第一〇機甲師団の戦車につかまって撃破された。

チュニス防衛にとって、最大の脅威となっていたテブルバ方面の戦線は、ティーガーの活躍によって南西に大きく下げられた。これによってチュニス陥落の脅威は、とりあえず取りのぞかれ、ドイツ軍は一息つくことができた。

緒戦の連合軍戦車との戦いについて、大隊長のリューダー少佐は、一二月一七日付けで報告している。

まず、M3リーの七五ミリ砲は、一五〇メートルの距離でもティーガーの装甲板を貫徹することができなかった。これは前面だけでなく、側面もである。

M3スチュアートの三七ミリ砲は、はなから装甲貫徹については触れられておらず、ドライバーズバイザー、車長用キューポラにダメージをあたえ、砲塔リングに命中したときは弾片によって、砲塔が旋回できなくなったことがあると述べられている。

敵の三七ミリ、四〇ミリ対戦車砲は、ティーガーの転輪かキャタピラにしか損害をあたえ

北アフリカ戦線のイギリス軍M3スチュアート軽戦車

ることができず、しかも、それで行動不能になった例はないという。七五ミリ対戦車自走砲は、六〇〇～八〇〇メートルの距離から射撃して、ティーガーの右起動輪の最終減速機の溶接部が割れて、行動不能としたことがあった。

砲兵射撃は、弾片でティーガーの転輪に軽微な損害を生じさせただけだった。転輪、ゴムタイヤ、キャタピラ、キャタピラのピンが損傷することはあったが、それでティーガーが行動不能となることはなかった。

一方、ティーガーの八・八センチ砲はきわめて正確で、M3スチュアートをいかなる距離でも破壊できた。M3リーは一〇〇〇～一五〇〇メートルで破壊できたが、これはもちろん、この距離でなければ破壊できないというのではなく、この距離でしか交戦した例がなかったからである。

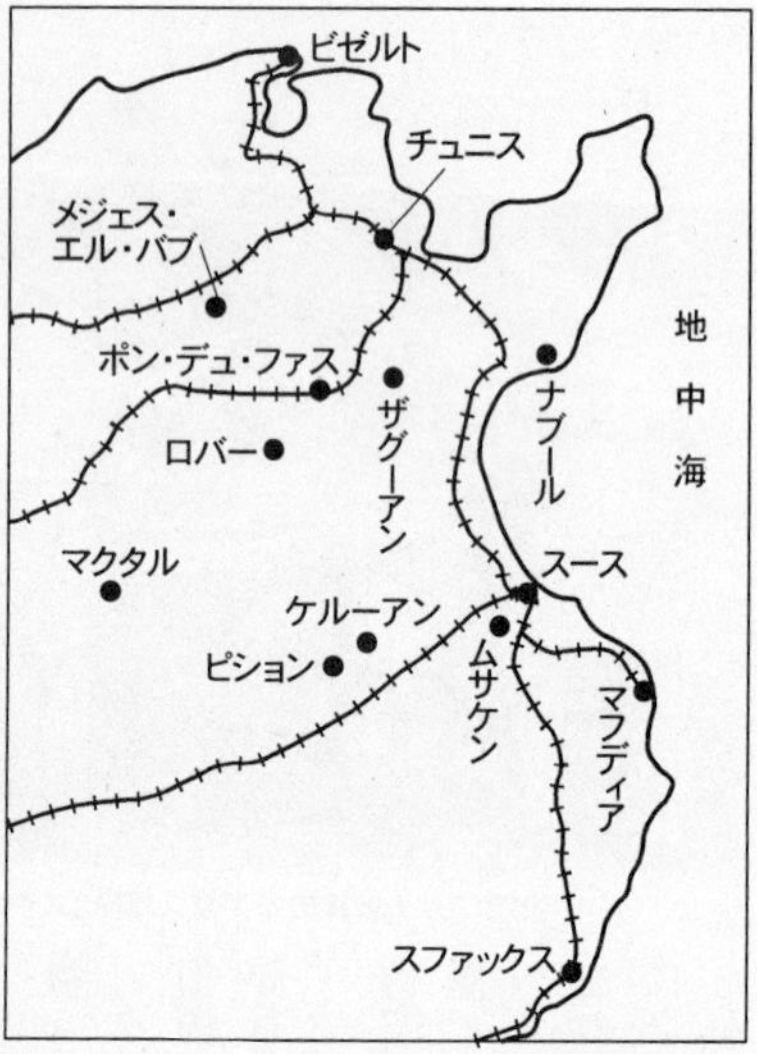

また、八・八センチ砲は砲兵がわりにもなり、敵の砲兵中隊と七六〇〇メートルで交戦し、六発で仕留《しと》めたこともあったという。

この報告によると、連合軍がティーガーの敵でなかったことがよくわかる。もっとも、どちらかといえば、ティーガーの無敵ぶりを示すというよりは、当時の連合軍のふがいなさをよく示しているような気もするのだが……。

戦いをおえた第五〇一重戦車大隊は、占領地域の確保をゲールハルト戦闘団にひきつぎ、一八日にはチュニス郊外にひきあげ再編成にはいった。部隊には人的損害はあったものの、ティーガーにはまったく損害はなかった。

さらに、あらたに戦車が到着し、その戦力はしだいに強化されていった。二五日にはティーガー一二両、Ⅲ号戦車一六両が使用可能となった。

しかし、大隊といっても、チュニジアにいたのは第一中隊だけだった。第二中隊はありもしない連合軍の上陸の脅威にそなえるため、急遽、南フランスに送られてしまったのである。

結局、この中隊がチュニジアに到着するのは、一月初旬のことであった。さらに、大隊にあるべき第三中隊は、機材不足で最初から編成されていなかった。

ドイツ軍が戦力強化に懸命に取り組んでいる間、連合軍はドイツ軍の防衛線を攻めあぐねていた。彼らはチュニス、ガへスなどのドイツ軍飛行場を爆撃するばかりで、ロング・ストップ山での小競りあいをのぞいては、まともに地上戦を挑んではこなかった。

さらに、悪天候がドイツ軍を助けた。東部戦線の経験をもつドイツ軍にくらべて、連合軍は悪天候でグチャグチャになった道路を機動する術にたけていなかったのだ。

もちろん「ティーガー効果」も、いくばくかはあったにちがいない。実際、ティーガーの連合軍にたいするインパクトは大変なものであった。ティーガーは小競りあいのなかで、火消し役としてあちこちに投入されたが、「タイガーだ！」の声を聞くと、どこでも連合軍戦車は、大あわてでしっぽをまいて逃げだしたのである。

「虎が前進すれば戦いは決まる」

第九〇軍団ネーリング大将の言葉も、まんざら間違いでもないように思えた。

「飛脚」作戦発動せり！

この間、ドイツ軍は戦力をたくわえ、チュニジアには第五戦車軍が編成された。司令官はアルニム大将である。ヒトラーは三コ戦車師団と三コ擲弾兵師団を送ると約束した。しかし、これはいつもながらの空約束で、完全には守られなかった。

それでも、着実な戦力強化の結果、チュニジアのドイツ軍は攻勢作戦がとれるまでに拡大された。

作戦は「アイルボーテ（飛脚）」作戦と名づけられた。この作戦は攻勢作戦といっても、実際は戦線を整理して、防衛線を強化するための限定的なものでしかなかったのだが。

攻勢作戦参加のため、第五〇一重戦車大隊第一中隊を中心とする隷下部隊は、チュニスの南方、ポン・デュ・ファス～ザグーアン地域に移動して、第三三四歩兵師団を中核にしたヴェーバー戦闘団の隷下にはいった。ハウゼール中佐の指揮する第七五六擲弾兵連隊と合同で、ティーガー戦車四両とⅢ号戦車四両ずつを配備した二コの戦車分遣隊が編成された。

一方、第二中隊のティーガー戦車五両とⅢ号戦車一〇両はポン・デュ・ファス南部で、第六九機甲擲弾兵連隊第二大隊といっしょになってリューダー戦闘団を編成した。

一月一八日、「飛脚」作戦は開始された。戦闘団の集結地には、ティーガーのエンジンをかける鈍い音が響きわたった。

「パンツァー、マールシュ！」

エンジン音がいちだんと高まり、巨体はゆっくりと前進を開始した。連合軍には、ティーガーの前進を止めることのできる戦車も火砲もない。彼らの前進のさまたげとなったのは、敷設された沈黙の悪魔、地雷であった。

第一中隊長のボルナジウス中尉のティーガーが先頭を走っていくと、突然の衝撃とともに、重たいティーガーが一瞬、持ちあがった。このくらいのことで、ティーガーの頑丈な車体はびくともしない。

しかし、キャタピラは切れ、車体の前にたれさがっていった。転輪も吹き飛んでおり、ティーガーは行動不能となってしまった。

車体の損傷はたいしたことはなかったが、なんとチュニジアにティーガーの交換用の転輪がなかった（！）ため、修理できずに廃品になってしまった。

さらに不運なことに、乗っていたボルナジウス中尉も、爆発の衝撃で車内にたたきつけられて重傷をおってしまった。このため、中隊の指揮はハルトマン中尉がひきついだ。

ひるむことなく、部隊の前進はつづけられた。中尉は通行困難な不整地をさけ、ティーガーを道路上を前進させ、この日の目標まで到達することができた。ティーガーは意外にも、おおむね時速三〇キロで前進をつづけることが可能だったという。

この日、ティーガー戦車はイギリス軍とならんで有名な「外人部隊」とも戦った。ティーガー戦車には戦闘による損失はなかったが、この日の戦いで第七五六擲弾兵連隊のハウゼール中佐が負傷し、のちに野戦病院で死亡した。

ヴェーバー戦闘団は一九日には、ケビル湖南西部にあるセラムの敵陣地にぶつかる。

「パンツァー、フォー！」

この陣地を先頭に急襲突破し、たちまちその南方へと進出した。ティーガーを先頭にたてたドイツ戦車隊は無敵だった。

「タイガーだ！」

敵は、ここでもティーガーの前進で、クモの子を散らすように逃げだした。三両のティーガーが地雷で損傷する。しかし、傷ついたのはキャタピラと転輪のみだった。大いそぎで修理がすすめられる。

オーバーラップした転輪と重たいキャタピラの交換は大仕事だ。兵士たちは大汗をかきながら、作業にとりかかるが、たのもしい相棒のティーガーとあっては、不平をいう者はいない。

修理なったティーガーは、すぐに前進を再開した。前進につぐ前進で、この日、ヴェーバー戦闘団はカザル・レムビの北七キロにある遺跡の十字路、第一九目標地点に到達することができた。

一方、リューダー戦闘団はロバー方面の主要道路沿いに、南西方向に攻撃した。なんと前進途上の道路沿いでは、火砲二五門、車両一〇〇両もが無傷で散らばり、ドイツ軍に捕獲されたのである。捕獲された車両は、歩兵の機動力増強に大いに役立った。

それにしても、ティーガーを先頭に多数のM3ハーフトラックがつづくのは、なんとも珍妙な光景であった……。

二〇日朝、ふたたびティーガーの前進がはじまった。ヴェーバー戦闘団はクサール・レムカ城の遺跡から北へ七キロの地点を経由して、東の方向シブハへの攻撃を開始した。シブハに到着すると、敵はすでに撤退したあとだった。

「シブハはもぬけのカラです。どうやら敵は、このへんにはもういないようです」

報告をうけたヴェーバー少将は、もはやここより東に敵はいないと判断して、これ以上の前進は中止することにした。

「ヒュー、ズーン」

このとき、不幸な事件は起こった。なんと友軍のイタリア軍が、彼らを敵とまちがえて誤射したのである。

「射撃中止！」

無線が飛ぶ。ティーガーには損害はなかったが、戦闘団には六名の負傷者が生じた。ヴェーバー少将はもどることを決め、一五時三〇分には、この日の出発点の第一九目標地点に到着した。少将はここから、あらたに南に進撃することにした。

リューダー戦闘団は、この日もロバー道沿いに展開して、イギリス軍と戦った。しかし、彼らにはすこしツキがなかったようだ。この日、ティーガー「２３１」号車は、ついにイギリス軍の六ポンド砲でやられ、もう一両もイギリス軍の工兵に破壊されてしまった。彼らはこのあとしばらく、この地域で苦しい防御戦闘をつづけることになる。

ティーガー戦闘団の功績

前進をつづけるヴェーバー戦闘団は、敵の散発的な抵抗を排除して、二一日夜中すぎにはケッセルティア～ケルーアンの十字路に到達した。二一～二二日はケッセルティア～ケルーアンの十字路が戦闘の焦点となった。

「ケッセルティアにイギリス軍戦車五六両あり」

朝のうちにだしておいた斥候から、驚くべき報告がもたらされた。

対処を検討する間もなく、報告の直後には、フェルメヘーレン少尉の第五〇一重戦車大隊第一中隊第二小隊が守る「フェルメヘーレン拠点」にたいして、一二両のイギリス軍戦車が攻撃をしかけてきた。いまやるべきことはただひとつ、迎え撃つのみ。

「徹甲弾、フォイエル！」

たちまち三両の敵戦車が燃えあがり、敵はしっぽを巻いて後退した。ティーガーに損害はなかったが、偵察のために前進していたアルデンブルグ軍曹のⅢ号戦車が撃破され、アルデンブルグは戦死した。

ケッセルティア～ケルーアン十字路を守るため、第一中隊のティーガーは一門の八・八センチ高射砲とオートバイ兵一コ中隊とともに、十字路の「白い家」を中心に防御陣地をきずいた。

二二日の夜中にも戦闘はつづいた。午前一時、敵はケッセルティアから戦車と装甲兵員輸送車をつらねて攻撃してきた。

「まだだ、まだ撃つんじゃないぞ」

暗闇のなか、ドイツ軍側は敵戦車を八〇メートルの距離まで引きつけた。

「フォイエル！」

必殺の弾丸は敵戦車のどてっ腹に命中し、車体はたちまち爆発して吹き飛んだ。燃えあがる戦車のたいまつで、後続する敵が明るく浮かびあがった。

先頭の戦車がやられると、おじけづいた敵はあっさりまわれ右をして逃げ去った。残念なことに、地形は深いワジ（涸れ谷）となっており、追撃して側面から敵を衝くことはできなかった。

側面からドイツ軍を衝こうとしたのは、敵の方だった。この敵にたいしては、ティーガーを支援するコーダー中尉ひきいる軽小隊のⅢ号戦車が対処した。

「フォイエル！」

ティーガーの八・八センチ砲にくらべればおもちゃのような、ずんぐりした短砲身の七・五センチ砲が火を吹く。これでも、歩兵や通常車両のような軟目標にたいする榴弾威力は絶大だし、戦車にたいしても必殺の成型炸薬弾が装備されていた。

軽小隊はみごとに敵を追いはらうことができた。しかし、不運にも小隊長のコーダー中尉車が命中弾をうけた。

「戦車コーダー号炎上。逃げるぞ、それー！」

無線を聞いた各車の乗員は、コーダーを心配するより先に、思わず吹きだしてしまった。戦車はうしなわれたが、乗員は脱出に成功した。

ドイツ軍の進出で、十字路の東側にいた敵外人部隊は、イギリス軍との連絡を断たれてしまった。

「ウォー！」

闇をついて、彼らは手もちの火器だけで大隊戦闘指揮所を襲撃したが、攻撃はなんなく撃退された。ところが、思わぬことに、彼らの行動によって、戦闘団の補給路が切断されてしまったのである。運悪く通行中だったブレドウ少尉と運転兵は、彼らの捕虜となった。

孤立した拠点に、敵はその後も戦車による攻撃をくりかえしたが、戦闘団はこれをすべて撃退した。

三日間頑張ったのち、最終的にスビクーハとケルーアンから進出したイタリア軍との連絡が回復した。イタリア軍に陣地を明けわたして、ようやく戦闘団は困難な防御任務から解放され、後退することができた。

集結地への後退途中で、事故は起きた。煙りがあがったかと思うと、フェルメーレン少尉のティーガー「121」号車の機関室から、火の手があがったのである。おそらく、どこかから漏れてたまった燃料が、熱いパイプに触れて発火したのだろう。

この車体はそのまま炎上して全損に帰してしまった。幸い、残りすべてのティーガーは、二四日の午前六時にケルーアンの宿営地に帰り着くことができた。

ティーガーは「飛脚」作戦中、戦車七両と火砲三〇門を破壊した。これらの戦闘により、ポン・デュ・ファスとピションのあいだの重要な高地と峠は、すべてドイツ軍の支配すると

車体上部にカムフラージュをほどこした第501重戦車大隊のティーガー

ころとなった。これによって、チュニジアのいちおうの防御態勢は確立された。

第一中隊は、戦闘ですっかりくたびれはてた戦車のオーバーホールをおこなった。その後、数日間の困難な夜間行軍をつづけ、ザグーアンに帰還した。

第二中隊はポン・デュ・ファス南部での防御任務をつづけた。ティーガーは火消し役としてひっぱりだこで、なかなか手放してもらえないのだ。結局、ティーガー大隊の二つの中隊は、それぞれ別々に戦うことになる。

これによって「飛脚」作戦は終了した。第五戦車軍司令部は、日常命令のなかでティーガー戦闘団の活躍を高く評価した。第五戦車軍総司令官のフォン・アルニム大将も、第五〇一重戦車大隊の功績を認めた。

戦闘団のヴェーバー少将も、報告書のなかで指揮下の大隊の働きぶりを特記している。第五

アメリカ製のM3ハーフトラック。ドイツ軍は鹵獲した同車を使用した

〇一重戦車大隊のなかでは、ハルトマン中尉、フェルメーレン少尉、アウグスチン上級曹長、ヴォーゲル上等兵が第一級鉄十字章をさずけられた。

「飛脚」作戦は終了したものの、連合軍はあいかわらずはるかに強力だった。さらなる防衛強化処置が必要だった。

このため発動されたのが、「飛脚」作戦のつづきの「飛脚二号」作戦であった。一月三一日、戦塵をはらって間もない第五〇一重戦車大隊は、ふたたびヴェーバー少将のもとで戦闘団を編成して出撃した。

戦闘団には大隊のティーガーとⅢ号戦車に、第六九機甲擲弾兵連隊第二大隊と第七五六歩兵連隊がくわわった。

戦闘団は二コの戦車分遣隊となって進撃した。先頭をいくのは、もちろんティーガー戦車である。ティーガーをⅢ号戦車が側面から援護し、うしろから擲弾兵を乗せたM3ハーフトラックがつづく。

この作戦は、前ほどうまくはいかなかった。敵は強力な対戦車防御陣地と地雷原をきずいて、ティーガーに対抗したのである。

ティーガーが敵陣地に突進する。地雷が爆発する。敵の地雷原だ。つづいて、ティーガーの装甲板に敵の砲弾が命中する。

二両のティーガーが、はじめて装甲を貫徹されて撃破された。このうち一両は回収されたが、もう一両は炎上して翌朝、爆破処分された。ティーガー部隊は攻撃をあきらめて撤退した。

こうして「飛脚二号」作戦は、不首尾のうちにおわった。チュニジアの戦いはつづき、ティーガーの伝説はもうすこしページをかさねることになる。

第18章　アフリカ最後の大攻勢「春風作戦」の失敗

連合軍に東西から挟まれ瀬戸際に立たされたアフリカのドイツ軍は、まず米軍の脅威を取り除くために「春風」作戦を発動、本国から送られたとっておきの新装備・ティーガーをもって前進を開始する！

一九四三年二月一四日〜二二日　カセリーヌ峠攻撃

アフリカ軍団とチュニジアの戦い

チュニジアで激しい戦いがつづけられていたころ、かつて砂漠で勇名を馳せたロンメルのアフリカ軍団はどうしていたのだろうか。一九四二年一一月、エル・アラメインからの敗走を開始して以来、休む間もなく後退をつづけていた。

報告によればエル・アラメインの戦いの後、一二月までに敗走の中で、二九両のⅡ号戦車、九四両のⅢ号戦車短砲身型、六七両のⅢ号戦車長砲身型、八両のⅣ号戦車短砲身型、二三両のⅣ号戦車長砲身型、八両の指揮戦車が失われていた。

残された戦力は、Ⅱ号戦車四両、Ⅲ号戦車短砲身型八両、Ⅲ号戦車長砲身型二二両、Ⅲ号戦車七・五センチ砲型一六両、Ⅳ号戦車短砲身型二両、Ⅳ号戦車短砲身型一二両の六四両で、そのうち稼働状態なのは一一両だけという情けない状態であった。
彼らは、じつに二〇〇〇キロを疾走して、一九四三年一月末から二月はじめにかけて、チュニジアのマレトに達した。

イギリス第８軍司令官モントゴメリー将軍

エルアゲーラ、ブエラト、ホムスとこれまですべての防衛線は、南側の砂漠の翼腹が開けており、イギリス軍の迂回攻撃を防ぐことができなかった。しかしマレトは、南側にマルマタ丘陵があり、これに頼って、比較的守りやすい防衛陣地線を築くことができた。

追いかけるモントゴメリーの第八軍は、二月四日にチュニジア国境を越え、一六日にはマレトの手前のメデニーヌに達した。そのまま二四日にはマレト陣地前面に到達したが、打ちつづく追撃でイギリス軍の隊列はヘビのように伸び切ってしまい、すぐに攻撃に移ることは不可能であった。

アフリカ軍団は、マレト陣地の後方でようやく安心して補給と再編成に取り組むことができた、はずだった。

アフリカ軍団には、いまさらながら北アフリカへの増援の戦車も到着し、戦力はしだいに回復していった。もし一年前、これらの戦車が届いていれば、カイロまで行くことができたのに。ロンメルはほぞを噛む思いであったが、実際はそれどころではなかった。

前方はマレトの陣地線で守られていたが、その後方の要衝ファイド峠は、すでに一二月からアメリカ軍に占領されていた。峠を越えて、いつアメリカ軍戦車が踊りださないとも限らない。まずはこの危険な連合軍橋頭堡を取り除く必要があった。

一月三〇日、先にマレト陣地に到着していた第二一機甲師団は、イタリア第三〇軍団とともに峠に向かった。彼らはいったん休息して予備兵力となるはずだったが、状況はそれを許さなかった。

「パンツァー、マールシュ！」

戦車が出動する。しかし、今回は逃げ出すのではなく、久しぶりの攻勢作戦である。戦車兵たちの士気は上がる。

「歩兵、前へ」

敵陣地の奪取は歩兵の任務。戦車は歩兵の突撃を支援する。

「前方、敵機関銃座。榴弾、フォイエル！」

「命中」

たちまち敵陣地は沈黙した。

翌三一日には、峠はドイツ、イタリア軍のものになった。アメリカ軍は峠の再奪取を図ったが、イタリア歩兵は頑張って敵の反撃から峠を守り抜いた。

さらにマクナシー近くの峠も、イタリア軍のイムペリアール将軍が指揮する、イタリア軍とドイツ軍の混成部隊が占領した。しかしアメリカ軍の増援で、この峠は三一日にはいったん奪還されてしまった。

ところが、アメリカ軍は予想外の攻撃におびえたのか消極的となり、それ以上の攻撃をしようとはしなかった。それどころか二月九日には自分から撤退し、峠にはふたたびドイツ軍部隊が入った。

こうしてアフリカ軍団の後方連絡路は確保された。しかし、それは細い一本のくもの糸のようなもので、いつ切れるともしれなかった。

二人の将軍

二月はじめ、テブルバの戦い以降、沈静化していたアメリカ軍の動きがにわかに活発化してきた。

彼らは、テベサ、シジ・ブ・ジト地区に兵力を集中しつつあった。連合軍の目的はそこから東に地中海の海岸まで打って出ることしかない。そうすればチュニスの第五戦車軍と、マレトのアフリカ軍団を分断することができるのだ。

ドイツ軍はどうしてもこれを阻止しなければならなかった。さもなければ、せっかく長駆チュニジアまで撤退してきたアフリカ軍団の苦労が、すべて無に帰してしまうのである。

アルニム大将と第五機甲軍司令部は、急ぎ作戦計画をまとめた。攻撃兵力はアルニム手持ちの第一〇機甲師団とアフリカ軍団の第二一機甲師団しかない。この兵力で何ができるだろう。アルニムは慎重に計画を立てた。

彼が作り上げたのは、当時のドイツ軍の戦力から言って妥当な、防御的攻勢作戦だった。それはファイド峠から打って出て、ガフサに兵力を集中させたアメリカ軍機甲兵力を撃破し、その余勢を駆って北に進撃して、アメリカ軍戦線を荒らし回ろうというものだった。

チュニス前方のアメリカ軍戦力を奇襲攻撃で削減し、眼前の脅威を取り除く限定的な作戦で、成功したとしても北アフリカの戦略態勢そのものを変えるものではなかった。しかし、これはドイツ軍にとって現実的な選択肢であった。

ここでロンメルが介入した。チュニジアに入ったロンメルは、つわもののアフリカ軍団をもって、アルニムの攻勢には協力しようというのである。

しかし砂漠のキツネ、ロンメルは、例によって大胆不敵な作戦を好み、アルニムのような堅実な作戦では満足しなかった。

彼の作戦計画は、かつてのアフリカでの輝かしい勝利の時代を再現しようというものだった。

いったん連合軍の戦線を突破した攻撃部隊は、敵の背後深くテベサを衝き、そのまま地中海沿岸まで突っ走り、連合軍の後方を切断して丸ごと包囲、殲滅しようというのである。

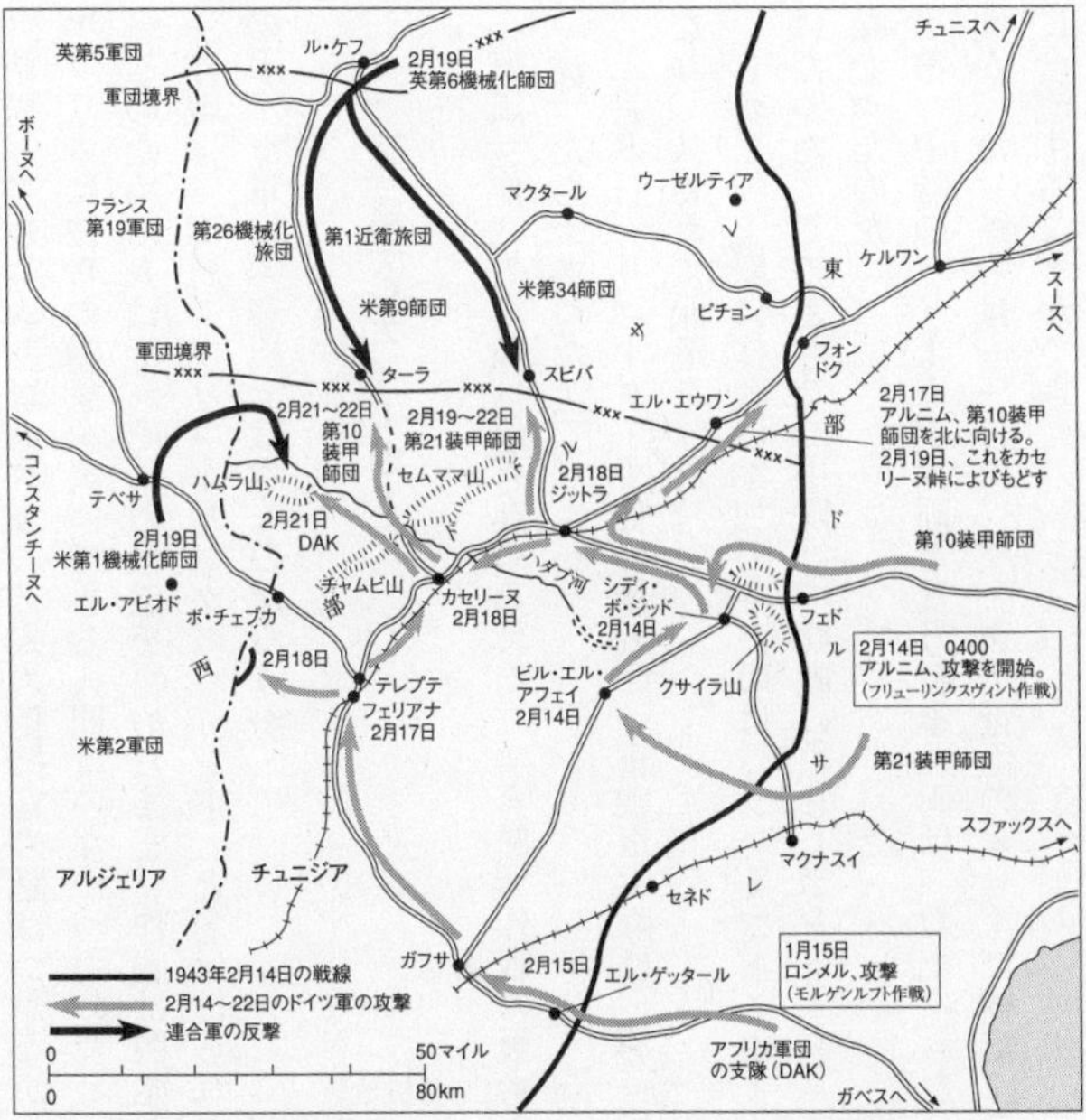

これはたしかに魅力的で、ロンメルらしい作戦であった。しかし、あまりにも大胆な作戦で、成功するものかどうか怪しいものであった。

チュニジアの地形は、ロンメルが華々しい電撃戦を演じた平坦なリビアの砂漠とは違う。山がちで機甲部隊の迅速な機動には適していなかった。

それにドイツ軍には攻撃の主力たる機甲兵力が不足していたし、何より航空兵力が絶対的に不足していた。航空機の援護が得られなければどうなるか、ロンメルはエル・アラメインで身をもって思い知らされていたはずだが……。

結局、アルニムとロンメルの二人の指揮官の話はつかなかった。彼らの指揮系統は別々で、アフリカに彼らの論争を調停できる人間はいなかったのだ。

このため二人はそれぞれの思惑を秘めたまま、作戦は開始されることになった。

作戦は「春風＝フリューリングスヴィンド」と名付けられた。果たして本当にチュニジアのドイツ軍に「春風」は吹くのだろうか……。

「春風」とティーガー

「春風」作戦の準備は急ぎ進められた。「春風」作戦に最もたよりとなるのは、やはりあの「虎」たちであった。

二月八日、リューダー少佐の第五〇一重戦車大隊は、第一〇戦車師団に加えられることになり、スビカに派遣された。

しかし、実際に作戦に参加できたのは、シュミット＝ボールナーギウス中尉の第一中隊だけだった。このとき第二中隊は、防戦に忙しくポント・デュ・ファースを離れることができなかったのだ。

第一中隊のティーガー六両とⅢ号戦車九両は、数夜にわたって夜間行軍でケルーアンへと向かった。彼らは一三日に、ブ・タヂ近くのオリーブ林で、ライマン大佐のひきいる戦闘団に合流することができた。

チュニジア戦線で破壊されたM4シャーマン戦車

「春風」作戦は、二月一四日に発動された。主力は第一〇機甲師団と、アフリカ軍団からアルニムの指揮下に移された第二一機甲師団である。

「ボボボボボ」

まだ真っ暗な闇の中、部隊の集結地には、あちこちで戦車のエンジンを始動する騒音が響きわたった。

「パンツァー、マールシュ！」

「キュラキュラキュラ」

キャタピラが軋んで回り出す。午前四時、チュニジアの厳しい寒さ（！）の中、戦車は前進を開始した。

第一〇機甲師団はふたつに別れてファイド峠に向かい、第二一機甲師団は南から弧を描くように進んだ。

砂嵐のためファイド峠の偵察は、十分にはおこなえなかった。敵情不明のなか、テイーガーは、例によって部隊の先鋒を受け持って前進する。前進路上にアメリカ軍のシャーマン戦車が出現した。

「フォイエル！」

ティーガーの八・八センチ砲は、あっという間にこの敵を撃破した。

部隊はファイド峠を越え、シジ・ブ・ジトの北方八キロの目標地点に到達した。部隊はそこで敵の集結地点を発見した。

「敵戦車！」

各車に無線が飛ぶ。なんとシャーマン戦車が五〇両もいる。敵もあわてふためきながら反撃してきた。

「徹甲弾」

「フォイエル！」

命中弾をうけた先頭のシャーマンは、あっけなく装甲を貫かれ燃え上がった。ティーガーの八・八センチ砲にとって、シャーマンの装甲などものの数ではなかった。この光景に恐れをなした敵は尻尾を巻いて逃げ出した。

「前方遠ざかる敵中戦車、距離五〇〇」

「徹甲弾込め！」

「フォイエル！」

逃走するシャーマンを背後からティーガーの八・八センチ砲弾が貫く。シャーマンは射的の的のように、つぎつぎと撃ちとられていった。アウグスチン曹長は、なんと二七〇〇メートルの距離で、逃げ去ろうとするシャーマンの一両を撃ち取ったという。八・八センチ砲の威力も、曹長の腕前も驚愕すべきものである。

正午ごろ、ティーガー中隊は第一〇機甲師団の戦車部隊と合流した。彼らは南方から迫る第二一機甲師団とともに、アメリカ軍の第二機甲軍団を挟み撃ちにして締め上げていった。

午後三時にジジ・ブ・ジトの包囲の環は閉じた。アメリカ第一機甲師団A支隊は、六八両もの戦車を失って敗走した。このうち一五両が第五〇一重戦車大隊第一中隊の一握りのティーガーの戦果だった。

おもしろい戦果もあった。ティーガーの操縦手のトゥール軍曹は、ほとんど無傷で放棄されていたシャーマン戦車を発見すると、これを捕獲して整備班へと引き渡したのである。アメリカ軍の新型戦車という貴重なお土産は、その後はるばる本国ドイツに送られて、各種の調査、試験に供された。

第一〇、二一機甲師団はさらに前進をつづけて、スベトラを攻撃した。

このときティーガーは進撃には加わらず、第八六機甲擲弾兵連隊を基幹としたライマン戦闘団に移され、シジ・ブ・ジトの十字路から北方を警戒する任務についた。翌日も同じで、スベトラ方面への道路沿いに布陣する。

十字路北方の砂丘地帯には、多数のアメリカ軍の装甲車両が進出し、反撃の機会をうかがっていた。ティーガーの任務はこの脅威を取り除き、攻撃部隊の側面の安全を確保すること

であった。

敵はワジを伝って発見されずにドイツ軍陣地に近づこうとした。ティーガーで警戒任務についていたヤシュコ少尉が、前方をうかがっていると、突然、目の前に、シャーマン戦車が躍り出た。

考える間もあらばこそ、ティーガーの砲口から巨弾が飛び出し、シャーマンは眼前わずか一〇メートルの距離で撃破された。

ティーガーはアメリカ軍の攻撃を撃退し、命令どおりシジ・ブ・ジトの十字路周辺の脅威を取り除いた。

北方の砂丘地帯の敵装甲車両は、ほとんどすべて撃破され、多数の装輪車両が捕獲された。北へ進んだ第一〇、第二一機甲師団も、シャーマンを手玉にとって五〇両を撃破し、こうしてアメリカ軍のA支隊も消えてなくなった。アメリカ軍に残ったのはB支隊だけだった。

この損害にワシントンは驚愕し、ルーズベルトは、こう言ったという。

「我々のボーイたちは戦争ができるのか？」

この日、捕虜になったシャーマンの戦車長は、ティーガーを見上げて、

「こんなでかい大砲と戦うのでは不公平だ」

と文句を言って、大隊の皆を笑わせた。

ティーガーの損害は皆無だったが、不運にも中隊長のボールナーギウス中尉が、負傷者を探しにいったところを砲兵射撃をうけて戦死した。このため中隊の指揮は、ハルトマン中尉

が執ることになった。

第五〇一重戦車大隊第一中隊のティーガーは、シジ・ブ・ジト十字路から北方のピジョン攻撃が予定されていた。

しかしこの攻撃は、次に見るロンメルの攻勢の煽りを受けて中止された。

このため中隊はツァグウーアンのモグハラナ農場に宿営することになったが、これがティーガーにとっての「春風」作戦の終わりとなった。

迷走する「春風」作戦

この間、戦場では複雑な事態が生じていた。敵の弱体ぶりを知ったロンメルは、アフリカ軍団をひきいて、アルニムの攻撃のさらに南から勇んで戦闘介入したのである。彼らはたちまちガフサを陥としフェリアナに達した。

ロンメルは西方テベサ、ターラへの攻勢を企図していた。しかし、アルニムは北方のフォンドク、ピションへの攻撃を予定していた。

ここで作戦発動前からあらわになっていた、二人の指揮官の意見の相違が問題となった。

この争いにはロンメルが勝った。攻勢の進展に気を良くした総統本営は、ロンメルの攻勢を許可したのである。

アルニムの攻撃部隊はロンメルの指揮下に移され、カセリーヌ峠を抜けてテベサ、ターラ、そしてスベトラからスビバへの攻撃が発動された。

第二一機甲師団はスベトラを占領し、第一〇機甲師団は進撃方向を北から西に転じてカセリーヌ峠の攻撃に向かった。

アフリカ軍団は一八日にテレプテにあるアメリカ軍の重要な飛行場を占領した。その後、彼らはカセリーヌ峠に威力偵察隊を派遣し、一方、テレプテからテベサにも偵察部隊を送った。

さらにガフサから南では、ドイツ＝イタリア軍部隊が、トズールを占領していた。ロンメルはカセリーヌ峠の攻撃を命じた。一九日夜、第三偵察大隊が峠を攻撃したが、これは兵力が少なすぎて成功しなかった。

さらにロンメルはメントン連隊も送り込んだが、アメリカ軍の砲火で撃退された。二〇日の朝になり、峠の前面には第二一、第一〇機甲師団、第一五機甲師団の一部、イタリア軍アリエテ師団が勢揃いした。

「シュルルルー」

「ズーン、ズーン」

峠のアメリカ軍陣地は、ものすごい爆発につつまれた。彼らがこれまでに経験したことのない激しい砲撃である。ドイツ軍の秘密兵器、ネーベルベルファーの攻撃であった。

ロケット弾の集中射撃で、陣地の前に敷設された地雷も、積み上げられた岩も、すべて吹き飛ばされてしまった。

カセリーヌ峠へ進撃する連合軍のM4シャーマン戦車

「パンツァー、フォー！」

歩兵の突撃を戦車が支援してドイツ軍の攻撃が開始された。

午後五時、シュトッテン少佐の戦車大隊はついに峠に進出した。さらに第八戦車連隊は峠道を前進して拠点を確保した。アメリカ軍は反撃したものの撃退され、ドイツ軍はさらに峠を越えて攻撃を続行した。

アメリカ軍はドイツ軍のこのような攻撃を予想しておらず、防御の手立てを考えていなかった。アイゼンハワーの司令部とアメリカ軍部隊は大混乱に陥った。

ロンメルの攻撃は大戦果をあげた。戦車一六九両、装甲車九五両、自走砲三六両、その他の砲六〇門を破壊または捕獲、捕虜三〇〇〇人を得た。

しかし、アメリカ軍にはドイツ軍にはない利点があった。あり余る予備兵力と航空優勢である。

ロンメルの攻撃は、ほとんど奇襲効果に頼っており、時間がたつほどにその効果は失われて行く。

二一日、ロンメルは第一〇機甲師団を北のターラに向かわせ、一方、第二一機甲師団には山並みを迂回させてテベサに向かわせた。

第一〇機甲師団はターラを陥落させたものの、新手の敵、イギリス第六機甲師団と近衛旅団にぶち当たった。

ドイツ軍はここまで大戦果をあげてきたものの、自身の損害も累積していた。それに弾丸、燃料の補給も滞っていた。第一〇機甲師団はターラを明け渡して撤退するしかなかった。

一方、テベサでは、アメリカ軍のB支隊が待ち受けていた。悪いことに戦闘機と爆撃機がドイツ軍戦車に襲いかかった。

ロンメルの要請でアルニムは北で攻勢に出た。連合軍をこちらに足止めしようというのである。彼らはピションから西へ二〇キロも進出したが、そこまでだった。

結局、どこでも連合軍の防衛線を打ち砕くことはできず、攻勢は行き詰まってしまった。

ドイツ軍は危惧したとおり戦力が足りず、補給がつづかなかったのである。

そうこうするうちに、マレト方面のイギリス第八軍が、怪しい動きをはじめ、背後に危機が迫ってきた。

ロンメルはケッセルリンクも加えてカセリーヌ峠で会議を開き、攻撃の中止を決定した。

二二日、部隊は退却を開始し、ドイツ軍の大攻勢は終了した。こうして「春風」作戦は失敗に終わった。

連合軍は二月二五日にはふたたびカセリーヌ峠を占領し、戦線はほとんど旧に復した。

連合軍にあたえた損害は多かったものの、その穴はすぐに埋められた。ドイツ軍の損害はたいしたことはなかったものの、もはや戦力の天秤は連合軍に傾くばかりだった。

第19章　栄光のアフリカ軍団の落日

攻勢に失敗し、もはや限定的な作戦のみしか選択の余地のないところまで追い詰められたドイツ・アフリカ軍――戦いはクライマックスを迎え、そして「砂漠の狐」ロンメルも同地より永久の別れを告げようとしていた！

一九四三年三月～四月　ロンメルの退場

「牡牛の頭」作戦

二月二三日、「春風」作戦失敗の翌日、ようやく多くの問題を引き起こしてきた、北アフリカのドイツ軍の指揮系統は一本化されることになった。アルニムの第五機甲軍とドイツ・アフリカ軍団は、新たに編成されたアフリカ軍集団にまとめられたのである。

そして、その司令官となったのはロンメル元帥であった。これでロンメルの思うように、作戦を指揮することができる。

しかし「春風」作戦の失敗で、もはやチュニジアのドイツ軍の勝利の可能性は消えてなくなった。このことはロンメルにはよくわかっていた。これ以上、戦いつづける必要はない。

チュニジア領内に展開する第501重戦車大隊のティーガーI

それよりも貴重な歴戦の部隊をアフリカから引き上げ、ヨーロッパ防衛のために使うべきである。

ロンメルはドイツ軍は一日も早くチュニジアから撤退すべく進言したが、ヒトラーは聞く耳を持たなかった。

「撤退を許さず、最後の一兵まで死守すべし」これがヒトラーのテーゼだった。

総統旗下の将軍としては戦いつづけるしかなかった。勝てなくても、負けないようにするには。より有利な防衛地点を得て、できるだけ長く抗戦しよう。

ロンメルは、アルニムの提案した第五機甲軍による限定的な攻勢作戦「牡牛の頭＝オクセンコップフ」に同意した。

「牡牛の頭」が目差したのは、チュニス橋頭堡の防衛のために重要な一連の高地を占領し、ベジャからメジェス・エル・バブに至る連合軍の補給路を切断し、北部アビオドに敵戦車の進出を拒む防衛戦区を築くことであった。

しかし、使うことのできる攻撃戦力は寄せ集めでしかなかった。このとき主要な機甲部隊は、南東のマレト陣地でイギリス第八軍と向かい合っていた。

アルニムは兵力を捻出するため、ピションから第四七歩兵連隊を引き抜いた。そして、増援として送られた第九九九歩兵師団の一部が使用できた。ささやかなものであったが……。

攻撃部隊は北部に、フォン・マントイフェル師団、イタリア軍第一〇狙撃兵連隊、ヴィチヒ降下工兵大隊、バレンティン連隊、フォン・ケーネン特別部隊、二コのチュニス大隊からなる連隊に四～五コ砲兵中隊、中部に第四七歩兵連隊と第五〇一重戦車大隊を基幹とするラング戦闘団、南部には第三三四歩兵師団の大部分に、ヘルマン・ゲーリング師団の一部と数コのチュニス大隊が配置され、一二コ中隊からなる第三三四砲兵連隊の四コ大隊が支援にあたった。

攻撃の要は、もちろんラング戦闘団のティーガーであった。第五〇一重戦車大隊は増援としてⅣ号戦車一五両を受け取った。彼らは第一〇機甲師団第七戦車連隊第Ⅲ大隊となり、第一中隊は同師団の第七戦車中隊、第二中隊は第八戦車中隊となった。これに合わせて砲塔に描かれていた車体番号は、最初の一文字が大急ぎで七と八に描き変えられた。

二月二六日朝、「牡牛の頭」作戦が発動された。北翼では最初、攻撃はうまくいった。フォン・マントイフェル師団は連合軍戦線を奇襲し、セラト岬は快速艇に乗って上陸した部隊と協力して占領した。

一方、中央ではティーガーが、攻撃の先鋒を勤めた。彼らは第七戦車連隊第Ⅱ大隊とともに、ベジャに向かって前進を開始した。

　しかし、このときはティーガーに運は無かった。雨が振りだしたのだ。チュニジアの雨季のはじまりである。

「ザー、ザッザッザー」

　激しい雨が降り、道はたちまち泥沼と化した。砂漠の涸れ川は怒涛渦巻く濁流に転じ、低地は水底に化けた。

　いきなり先頭の戦車が泥の海の中で擱座した。ティーガーの巨体は、道路以外を走ることはできなくなった。なんとか前進を再開し、夕刻にはシヂ・ヌシルを占領した。

翌朝、ベジャに向かって攻撃を再開。しかし、路外に機動できないティーガーの縦列に敵の爆撃機が襲いかかる。幸いにもティーガーは失われなかったものの、縦列には少なからぬ損害が生じ、前進速度は低下した。

　夕方、フェルメーレン少尉はなんとか前進しようとして、路外機動を試みた。

「ゆっくり、ゆっくりやれ」

「ずぶずぶずぶ」

　ティーガーの巨体が泥沼に沈み込みながらゆっくり前進する。

「ズーン」

　突然の爆発。地雷を踏んだのだ。

「脱出！」

少尉は脱出できたが、砲手のウルリッヒ軍曹とともに脱出途中に戦死した。しかし、これは悲劇のほんの序曲にすぎなかった。

翌日、連合軍の爆撃を避けるため、攻撃は午前二時に開始された。ティーガーの真夜中のドライブは、予想外にうまくいった。快調に前進をつづけ、ベジャの直前まで進出。しかし、このとき悲劇の幕が上がった。

「ズーン、ズーン」

あいついで火の手が上がる。なんと七両ものティーガーが地雷を踏んで擱座してしまったのである。

ヨシュコ少尉、リスマン軍曹戦死、そして大隊長のリューダー少佐、ハルトマン中尉、コダール中尉他一二名が負傷した。

戦闘団の戦闘可能車両はなんと、ティーガー一二両、Ⅲ号戦車二両、Ⅳ号戦車二両になってしまった。増援に二両のティーガーが到着したものの、ベジャ攻撃はうまくいくはずもなかった。

結局、攻撃を先導したのは猟兵たちであった。彼らはシヂ・ヌシルでも、ヂェベル・ゼブラの十字路でも勇敢に戦った。ゲバラ付近で突破に成功したものの、雨による泥沼と砲兵火力の不足はそれ以上の戦果拡大を不可能にした。

ラング戦闘団はメヂェス・エル・バブへの道路を封鎖することには成功した。第四七歩兵連隊は高地を占領し、夜になると各道路に地雷を敷設して、メヂェス・エル・バブとの連絡を阻害した。

しかし、彼らも兵力不足で、それ以上前進して向かい合う高地を占領することはできなかった。

南翼でもヘルマン・ゲーリング師団は、第三猟兵連隊が敵陣を強襲占領したものの、それ以上どうすることもできなかった。彼らは三日間持ちこたえたが、ついには圧力に耐え兼ねて撤退せざるえなかった。

結局、ドイツ軍は、どこもかしこも手詰まりとなった。

三月一日、ついに「牡牛の頭」作戦は中止された。

第五〇一重戦車大隊にとって、攻勢中止は大悲劇となった。地雷原に擱座したティーガーは、どうしても回収することができなかったのだ。このため貴重なティーガーは爆破するしかなかった。大隊はじまって以来の大損害であった。

このときティーガーが爆破された地点には、「ベジャのティーガー墓地」として記念碑が建てられているという。

栄光のアフリカ軍団、最後の攻勢

「春風」作戦が失敗し、「牡牛の頭」作戦も不首尾に終わった今、ロンメルにはもう打つ手がなかった。いや、それでも彼はもうひとつ打つ手を考え出した。それは、イギリス第八軍の粉砕である。

これまでイギリス第八軍にたいしては、もっぱらマレト陣地に頼って防戦の構えをとってきたが、もしこれを粉砕してしまえれば、もはや東からの脅威に備える必要がなくなる。もし粉砕できなくとも、少なくとも大打撃をあたえられれば、何よりも貴重な時間が稼げる。

マレト陣地は、海岸の湿地から、ゼウス涸谷やジグザオ涸谷に沿ってマトマタ高地まで連なっていた。

マトマタ高地には、チュニジアの国境の守りのため、フランス軍が構築した陣地が作られていたが、これはすでに武装解除されていた。

この陣地は防衛に有利であった。涸谷は深く切れ込んだ天然の対戦車壕となっていた。そして南にそびえるマトマタの山並みはけわしく、その中は峠道しか通ることはできなかった。

しかし、マレト陣地には重大な欠点があった。それは、もし敵がマトマタ高地の西側の砂漠を突破すれば、陣地線は迂回され、後方を切断されて包囲される危険があった。

かつて砂漠は突破不可能な障壁であったが、機械化部隊にとってはもはや障害とはならない。これはロンメルが身をもって示したことである。ロンメルはそれがわかっていたから、モントゴメリーの機先を制して攻撃することにしたのである。

陣地に入っていたのは、アフリカ軍団とイタリア第一軍で、その配置は北からイタリア青年ファシスト師団、トリエステ師団、そしてイタリア軍をコルセットとして支えるドイツ軍

チュニジアにおけるロンメル元帥（写真中央）

の第九〇軽師団、イタリア軍のスペツィア師団が並び、マトマタ高地にピストイア師団、そして高地の峠道を広い範囲で守るために第一六四軽師団が展開していた。

さらに広い側面の防護にはイタリア軍部隊とドイツ軍一個偵察中隊が展開した。

虎の子の機甲打撃力は、「春風」から駆け戻った第一五、第二一機甲師団に、「牡牛の頭」から転進した第一〇機甲師団も加わった。

ただし、ここには「虎」ティーガー戦車は加わっていなかった。彼らは「牡牛の頭」のあまりに大きな損害のせいで、兵力を捻出することができなかった！

また、アルジェリアから海岸に突進するアメリカ軍を警戒して、フェジャジ塩湖の北で背面の守りにチェンタウロ師団がつき、セネドにもイムペリアーリ師団の一部が配置された。

ロンメルは北から攻撃することを主張したが、

これは地形的に不可能であった。結局、ドイツ軍の攻撃は、イギリス軍の布陣の中央を突破して西からメデニーヌを衝き、マレト陣地の南に布陣したイギリス軍を撃滅するというものとなった。

その際、翼側の部隊はメデニーヌ北方のメタミュルに向かい、同地に展開していると推定されていた、危険なイギリス軍砲兵部隊を撃滅することも企図された。

当初、攻撃は三月四日に発動されることになっていたが、準備に手間取り三月六日にずれこんでしまった。

これはドイツ軍にとって、とんでもない災厄となった。というのもロンメルの計画は、イギリス軍に筒抜けだったのだ！

イギリス軍はロンメルの攻撃計画をすっかり知ったうえで防衛準備をすすめた。

モントゴメリーはただちに増援部隊を送るとともに、地雷原と障害物に囲まれた陣地構築をすすめた。

彼はこちらから攻撃するつもりはなかった。ドイツ軍の攻撃に際しては砲兵射撃をもって粉砕し、その戦力を減殺する。戦車部隊は敵が突破した緊急の場合にのみ戦闘に投入される。

攻撃開始が二日遅れたことは、彼らにすべての準備をととのえる時間をあたえた。

いや、そもそもこの攻撃は、はじめから遅すぎたのだ！「牡牛の頭」作戦の後でなく、「春風」作戦の後にすぐ取りかかれば、まだ見込みがあったかもしれない。

実際、二月二七日には、海からメデニーヌに至る陣地を守っているイギリス軍は、歩兵一

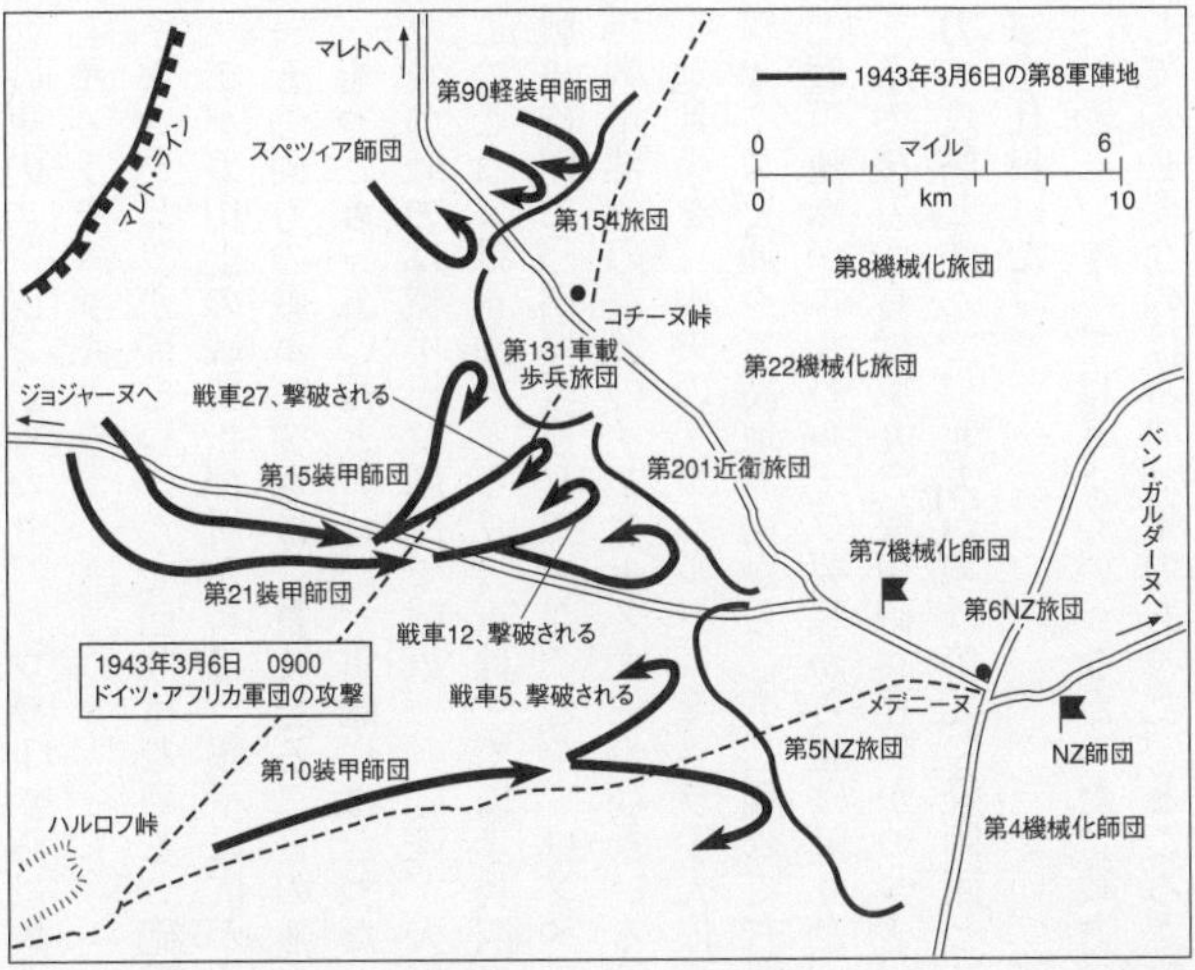

個師団と第七機甲師団だけだった。しかし三月四日には、増援の歩兵一コ師団と戦車一コ旅団が到着していた。

そんなこととは露知らず、ドイツ軍は運命の攻撃を開始した。

三月六日、早朝午前六時、まだ朝靄の立ち込める中、攻撃は開始された。

「ズーン、ズーン」

イギリス軍戦線は猛烈な砲火につつまれた。一七〇ミリカノン砲、二一〇ミリ臼砲が、メデニーヌおよびメタミュル地区にそそがれた。

その目的は、もちろんイギリス砲兵の制圧であったが、そこはもぬけの空であった。ドイツ軍は何も無い砂漠にむなしく貴重な弾丸を撃ち込んだだけだったのである！

「パンツァー、フォー！」

「ボボボボボ」

戦車のエンジンがうなり、マフラーからは煙が吐き出される。

「キュラキュラキュラ」

キャタピラが砂をつかんで回りはじめる。砲撃につづいて戦車の前進が開始された。

テバガ山上の戦闘指揮所からは、眼下に広がる戦車群を一望の下に見渡すことができた。一五〇両もの戦車の突撃は、長く見ることの無かったスペクタクルであった。

もっとも一五〇両といえば、実際にはたった一コ師団の戦力でしかなかったのだが。ドイツ軍の戦力は機甲三コ師団で戦車一五〇両、火砲二〇〇門、兵員一万名だったのにたいして、このころには正面のイギリス軍はすでに歩兵四コ師団に、戦車四〇〇両、火砲三五〇門、対戦車砲四七〇門にも達していたことを、ロンメルは知らなかった。

戦車部隊の左翼のインケルス大佐のひきいる第一五機甲師団第八戦車連隊は、マレトから平地地帯を、中央のゲルハルト・ミュラー大佐のひきいる第二一機甲師団第五戦車連隊はトジャーヌを通って高地方面から、少し離れて右翼からはゲルハルト大佐の第一〇機甲師団第七戦車連隊がエルハルーフ要塞から駆け降りた。

その後方からは第九〇機甲砲兵連隊がつづき、まだ止まらないうちから撃ちはじめる。主力の攻撃と並んで、北方からは第九〇軽師団とスペツィア師団が、イギリス軍戦線に陽動攻撃を仕掛けた。

しかし、すべてはうまくいかなかった。戦力の劣るドイツ軍にとって、勝利にとってどうしても必要なのは奇襲効果であった。ところが攻撃するドイツ軍車列に、いきなりイギリス軍の地上攻撃機が襲いかかったのだ。

「バリバリ、ズーン」

機銃掃射が浴びせかけられ、爆弾が落下する。隠れるところのない砂漠では、戦車は全速力で突っ走って運を天にまかせて難を逃れるしかなかった。

地上攻撃機の攻撃から逃れた戦車は、さらに前進をつづけた。

「シュボッ、シュボッ、シュルルルルル」

「ズーン、ズーン、ズーン」

戦車のまわりは、激しい砲弾の炸裂に見舞われた。

「カーン、カーン」

戦車の装甲板に、砲弾の破片や爆発で舞い上がった小石があたる。戦車はまだしも随伴する歩兵や砲兵はたまったものではない。とくに地面が岩だらけなので、ものすごくたくさんの破片を撒き散らした。

こうしてドイツ軍の攻撃は、イギリス軍砲兵の火の壁に射《い》竦《すく》められて、たちまち行き詰まってしまった。いったいぜんたい、この砲撃はどこから浴びせられるのか。

敵砲兵を探る観測大隊が、音響、光学装置を総動員して見つけだした結果は、身の毛もよだつものであった。なんとモントゴメリーは、四〇個中隊もの砲兵を、ロンメルの戦車隊の前面に並べていたのである。

ロンメルはモントゴメリーの砲兵隊を、その側面と背後から襲い殲滅するつもりだったが、

まんまとその裏をかかれ、その弾幕の真っ只中へと突き進んでしまったのである。

「ズーン、ズーン」

「ドカン、ドカン」

戦車は炸裂する砲弾の嵐をかいくぐり、損害にめげずに前進を続けたが、彼らが突き当たったのは第一三一自動車化歩兵旅団と第二〇一近衛旅団、そして第五ニュージーランド師団の守る堅陣だった。

「ピカッ、ピカッ」

砂漠の砂山が光る。対戦車砲だ。真っ赤な火の玉がドイツ戦車を襲う。もはやイギリス軍はかつてロンメルに翻弄された、非力で腑抜けなイギリス軍ではなかった。装備は改善され、戦意も高かった。最前線にあったのは、ティーガー戦車さえも撃ち破ることのできる一七ポンド対戦車砲であった。

「ガーン」

「脱出！」

命中弾を受けて、つぎつぎと戦車が擱座する。

正午にはメデニーヌの前面では五五両のドイツ戦車が、燃え上がるたいまつと化していた。

北方からの攻撃もうまくいかなかった、というよりは意味がなかった。というのも、これが陽動だと知っていたイギリス軍は、彼らの攻撃に合わせて後退したからだ。

といって彼らにそれ以上、戦果を拡大する力はなかった。彼らは第一五四歩兵旅団の戦線をほんの少しへこませただけで、それ以上、戦局に寄与することはできなかった。

午後四時には、早くもドイツ軍の攻撃に見込みがないことがはっきりしてきた。ロンメルは攻撃の中止に同意した。

こうしてロンメル、そして栄光のアフリカ軍団最後の大攻勢は、ほんの一日にも満たないうちに終わりとなった。

大損害をうけた攻勢部隊は、何の成果も得られず回れ右をして元のマレト陣地に戻るしかなかった。

この攻勢失敗の三日後、一九四三年三月九日、ロンメルはアフリカを去った。

「さらば、アフリカ」

ロンメルはひどい病人であった。黄疸と積み重なった砂漠での過労で、彼の体はぼろぼろだった。

しかし、このとき彼は病気のためにアフリカを逃げ出したわけではなかった。彼はラシュテンブルクのヒトラー本営に赴き、ふたたび北アフリカからの撤退を進言したかったのだ。

だが、彼の願いはかなわなかった。

ヒトラーは耳を貸さなかった。しかたなくロンメルはふたたびアフリカに戻ることを申し出たが、ヒトラーはこれを認めず、ロンメルに長いアフリカ暮らしで悪化した病気の療養を命じたのである。

こうして北アフリカの砂漠の戦いで、かずかずの武功を立て、ほとんど伝説の存在となった「砂漠の狐」ロンメル元帥は、永遠に砂漠に別れを告げ、二年間にわたって苦楽をともにした部下たちと別れることになった。

残された第五機甲軍およびアフリカ軍団の指揮権は、ロンメルからアルニム大将に引き継がれた。彼らはこの後さらに数ヵ月にわたって、ドイツ軍のアフリカで最後となる抵抗を、粘り強くつづけることになるのである。

第20章　チュニジアの失陥

ロンメルが去った後、残存兵力を持って火消し役的な八面六臂の活躍を行なったアフリカのドイツ戦車隊――遅すぎた援軍として送られ、チュニジア陥落後に追い詰められて降伏したティーガーの運命とは？

一九四三年四月～五月　チュニス橋頭堡戦

第五〇四重戦車大隊

もはやチュニジアの失陥は時間の問題であった。

しかし、ドイツ軍統帥部はまだあきらめなかったのか、この期に及んでもまだチュニジア防衛のため、新たな部隊をはるばる海を渡って送りつづけていた。

そうした部隊のひとつが、アフリカで二番目の、そして最後のティーガー部隊となった、第五〇四重戦車大隊であった。

第五〇四重戦車大隊の編成は、一九四二年のクリスマスに開始された。このとき第四戦車連隊第Ⅲ大隊が基幹となり、ショーバー搭乗員部隊が編成され、ティーガーの搭乗訓練が開始された。この部隊を吸収し、第一、第一五戦車連隊から抽出された人員を元に、一九四三年一月一八日にファーリングボステルで大隊は正式に創設された。

大隊は二コ戦車中隊が基幹で、各中隊はティーガー二両、Ⅲ号戦車二両からなる小隊四コからなり、それに本部にティーガー一両とⅢ号戦車二両が配属される。これに本部中隊のティーガー二両にⅢ号戦車五両、そして整備中隊が加わる。

二月八日、アウグスト・ザイデンシュティッカー少佐が、大隊長として赴任した。

統帥部は、大急ぎでこの大隊をアフリカに送るための計画をした。なんと、第一陣を二月一三日に出発させようとしたのである。どう考えてもそれは無理な相談だった。

結局、出発は延期され、武器および機材に習熟するため懸命に訓練がつづけられた。

さらに熱帯地への出撃のための機材の調整も加わり、部隊は全く休む暇もないおおわらわの忙しさとなった。訓練は出発のまさに前日の二月二六日までつづけられた。

そして二月二七日の夜、第一次輸送班は南へ、イタリアに向かって出発した。

三月六日から八日にかけて、大隊の第一中隊はシチリア島西端のトラパニに到着し、第二中隊はパチェーコに到着した。ここで第一中隊の人員、車両は船積みされて海路チュニジアに向けて出航した。

第五〇四重戦車大隊の第一陣のティーガー三両がチュニスに上陸したのは、三月一二日のことであった。

しかし、第二中隊はチュニジアに送られることはなく、シシリーに足止めされることになってしまった。

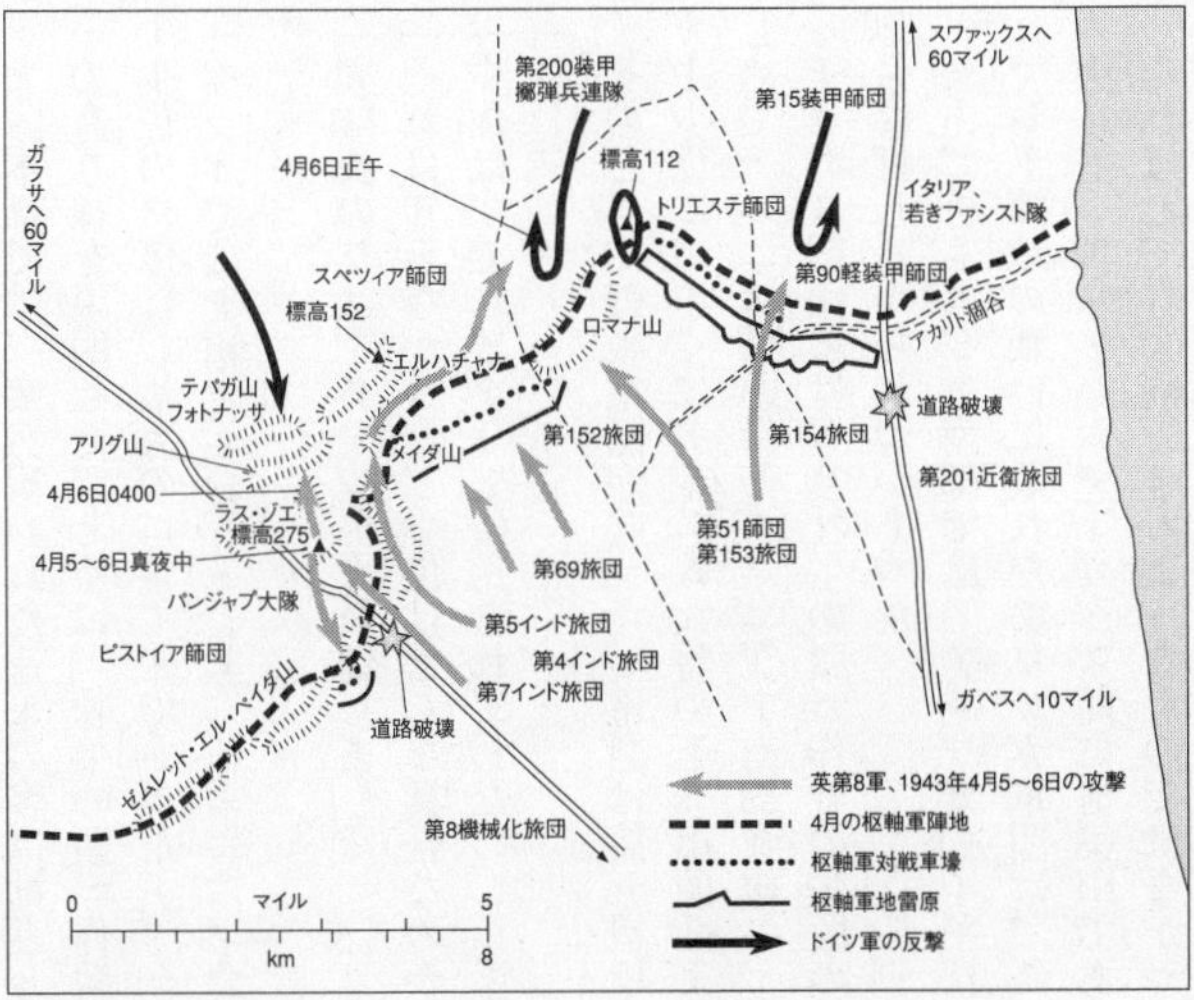

ザイデンシュティッカー少佐は大隊をチュニジアに早く移送するため力を尽くしたが、どうすることもできなかった。しかたなく彼は幕僚とともに、三月一六日、マルサラに駐屯する輸送航空団のＪｕ52輸送機に便乗してチュニスに飛んだ。Ｊｕ52は九〇分の飛行の後、ビゼルタ飛行場に到着した。歓迎などはなかった。それどころか、彼には移動手段もなかった。しかたなく彼は、なんとヒッチハイクをしてチュニスに向かわなければならなかった。

　ザイデンシュティッカー少佐は、そのままチュニスの市街地を走り抜け、午後二時にアフリカの先輩である第五〇一重戦車大隊本部の駐屯していたマヌーバの兵営に到着した。

「少佐殿！」

大隊本部では、突然現われた遠来の客は歓迎して迎えられた。彼らは口々にこれまでの戦いの有り様を説明した。とくに「牡牛の頭」作戦でのベジャでの大損害と、大隊長リューダー少佐の負傷は、最大のニュースであった。

「ベジャでは大損害を被りました。地雷原に入り込み、回収することができなかったのです」

「大隊長のリューダー少佐も負傷しました」

「それは知らなかった、少佐はどんな具合なのか」

「少佐はすでにイタリアに送られました」

「ジージー」

そのとき、野戦電話が鳴った。電話は第五機甲軍司令部からだった。ザイデンシュティッカー少佐に、すぐにアルニム大将の下へ出頭せよというのである。司令部に赴き、少佐ははじめてチュニス橋頭堡とチュニジア南部戦線の、現在の深刻な状況を知らされた。チュニス橋頭堡は、「牡牛の頭」作戦の失敗の結果、ビゼルタとチュニスを中心とする高地帯に押し込められつつあった。

一方、チュニジア南部では、アメリカ・イギリス軍は海に向かって進撃中であった。マレト陣地の戦いに敗れたアフリカ軍団は、これを阻止するための新陣地帯を、エル・デュデリド〜エル・ハムマ〜ガベス間に構築中であった。

それはとても楽観できるようなものではなかった。無敵のティーガーをもってしても何ができるのか。アルニム大将の懸念は、スファックス〜マクナシー地区であった。アルニムは少佐に尋ねた。

「チュニス地区といっても広い。スファックス〜マクナシー地区までは四〇〇キロも離れているんだ。大きな故障も脱落もなく動き回れるのかね」

ザイデンシュティッカー少佐は、ちょっとためらってから答えた。

「もちろんであります！」

しかしそうは言っても、そもそもザイデンシュティッカー少佐の指揮する大隊は、まだ到着したわけではなかった。

三月一七日、とりあえず、第五〇一大隊の生き残りが少佐の指揮下に入り、第五〇四大隊に吸収されることになった。これによってティーガー一一両が加わり、大隊の戦力は一四両となった。

そして、この急造大隊に、ショット陣地の防衛を強化することが命じられた。

マクナシー峠の奮戦

ショット陣地は、チュニジア中部のフェジャジ塩湖とガベス湾に挟まれた峡谷に用意された防衛陣地で、マレト陣地のアフリカ軍団の後方を守りガフサから海へと向かうアメリカ軍の突破を阻止するためのものであった。

第五〇四重戦車大隊のティーガーは、チュニスから四〇〇キロを行軍して、スファックス～マクナシー戦区への移動が命じられた。あまりいい方法とは思えないが、これをやり遂げなければならないのだ。四〇〇キロをティーガーが自走して！　大隊はすぐにマクナシー峠への強行軍にとりかかった。

「ボボボボボ」

大隊の駐屯地では、ティーガー戦車のエンジンを始動する騒音が響き渡った。急げ、急げ！　ティーガーのエンジンが唸る。

「パンツァー、マールシュ！」

キャタピラが軋んで土埃を巻き上げ、戦車は前進を開始した。

「キュラキュラキュラキュラ」

ティーガーの進軍は大変である。巨体の大重量はエンジンやミッション、とくにファイナルドライブに過度な負担を強いる。

そして、それだけではなかった。大隊はヌース～エル・ドゥジェムからスフィックスへと通じる海岸道をとった。しかし、彼らはここで、連合軍による数十回もの航空攻撃にさらされたのである。

「ドカーン」

爆弾がティーガーの至近に落ちる。爆風でティーガーがひっくりかえった。整備班は骨をおってティーガーを元に戻し、ふたたび走行可能にした。

こうして大隊は、見事にこの任務をやってのけたのである。

到着したティーガーは、休む間もなく、ラング戦闘団の中核として前線に配備された。戦闘団の緊急の任務は、地中海にしゃにむに突破しようとする、連合軍の進撃を押し止めることであった。

一足早くザイデンシュティッカー少佐が到着したとき、すでにアメリカ軍の攻撃は開始されていた。

前線の高地という高地は数百メートルにわたって、アメリカ軍が占拠していた。少佐が幕僚とともに状況を把握しようと動きだした刹那、突然、空を覆って現われた、アメリカ軍の爆撃機が辺り一面に爆弾をばら蒔《ま》いた。

「ヒュー、ヒュー」

「ドカーン、ドカーン」

少佐らはあわてて道の脇の側溝に飛び込んで難を逃れた。

マクナシー峠は、メディクス大尉のひきいる九〇名たらずのロンメルの直属戦隊が、たった一門のハチハチとともに守っていた。彼らは彼らだけで、何度ものアメリカ軍の攻撃を跳ね返してきたのである。

少佐は峠に登ると、大尉としっかりと握手を交わした。

一九日夜には一二両のティーガーが、マクナシー峠に到着し、歓呼の声で迎えられた。ティーガーの到着は、彼らにとって最高のプレゼントであった。

三月二〇日早朝、アメリカ軍の攻撃は開始された。アメリカ軍は例によってドイツ軍とはくらべものにならない物量を投入した。多数の爆撃機、地上攻撃機の空襲、そして多数の野砲による激しい砲撃。

「ドカーン、ドカーン」

「ダダダダダダ」

ドイツ軍陣地の回りで爆弾が炸裂し、逃げ惑うドイツ兵に機銃掃射が浴びせかけられる。

「シュワワワワ」

「ズーン、ズーン」

砲弾の炸裂で陣地は掘り返された。

突然、砲撃は終わりとなり、静寂が訪れた。峠に陣取る兵士たちは、それが何を意味するかよくわかっていた。

「ドドドドド」

「ガラガラガラ」

峠の下から、多数の車両のたてる騒音が聞こえてきた。敵の車両と歩兵の大群が、峠を駆け登って来たのである。

アメリカ軍は、新手の第九歩兵師団を投入して、峠を抜こうとしていた。彼らにはまだ戦闘経験がなかった。おっかなびっくり、ドイツ軍の陣地を攻撃したが、薄っぺらいドイツ軍戦線は数ヵ所で突破され、アメリカ軍は後方へと進出しはじめた。

1943年４月、チュニジアのガベス・キャップに集結中のヴァレンタイン歩兵戦車

「ドイツ軍なんかたいしたことないじゃないか」

兵士たちにそんな気分が流れだした。

「ドカーン」

アメリカ軍の先頭を行く戦車が突然、爆発した。

「ヒューン、ヒューン」

つるべ撃ちに弾丸が発射され、つぎつぎと命中する。

「ガーン！」

命中弾をうけた戦車は、一瞬の後、爆発する。

峠の下のアメリカ軍の隊列はパニックとなった。車両は全速力で走り回って右往左往するばかりで、とばっちりを受けて歩兵が逃げ惑う。

すべては峠に進出した一ダースの虎の仕業であった。虎たちは峠の西六キロの地点に進出して、アメリカ軍を迎え撃ったのである。

「徹甲弾、フォイエル！」

ティーガーの八・八センチ砲にとって、蝟集するアメリカ軍車両を撃ち取ることなど、まるで七面鳥を撃つようなものだった。

「榴弾、フォイエル！」

こんどは敵の隊列に榴弾が撃ち込まれる。

「ボボボー」

主砲の射撃とともに機関銃が火を吹き、敵の隊列に間断なく銃弾の雨を浴びせた。

アメリカ軍はさんざんに叩かれて、這々《ほうほう》の体で後退した。戦場には四四両もの敵戦車が遺棄されて、むなしく骸をさらしていた。

こうしてアメリカ軍の地中海への突破の試みは、ふたたび頓挫したのである。

マレト陣地の崩壊

さて、ロンメルが去った後、マレト陣地はどうなっていたのだろうか。

攻撃は失敗し、もはや希望は失われたものの、陣地ではこれまでどおり戦いがつづけられていた。しかし、攻防はところを変え、いまや攻撃する側は、モントゴメリーのイギリス第八軍であった。

モントゴメリーの計画は、マレト陣地を突破するだけでなく、ドイツ＝イタリア軍戦力を殲滅しようとしていた。その攻撃は、二つの重点から成っていた。

マレト陣地と正対していた第三〇軍団は、陣地を正面から攻撃して橋頭堡を確保し、そこから第一〇軍団の戦車部隊が突進して、海岸沿いをガフサとスフィックスに向かう。

一方、第二ニュージーランド師団と第八機械化旅団は、マトマタ高地の隘路《あいろ》を突破して西方の砂漠に出て、そこを走破して北方のテバガ渓谷からガベスに到達し、マレト陣地の後方を切断してドイツ＝イタリア軍部隊を袋のネズミにしようというものであった。

三月一一日、第二ニュージーランド師団と第八機械化旅団は、ひそかに出発してマトマタ高地のワイルダー渓谷を突破し、西方砂漠地帯を疾走した。

彼らはマレト陣地正面の攻撃と歩調を合わせて、テバガ渓谷を奇襲することになっていた。前進は困難ではあったが、彼らは無事砂漠を走破して、二〇日の夜までにはガベス渓谷に近接した。

三月一六日、マレト陣地への攻撃が開始された。イギリス近衛旅団の攻撃はドイツ第三六一歩兵師団と第四七歩兵連隊の一コ大隊によって撃退されたが、じつはこれは本格的な攻撃に先立って、ドイツ＝イタリア軍の警戒陣地を排除するためのものにすぎなかった。

三月二〇日夜、午後八時三〇分、イギリス軍の主攻撃は開始された。

例によってモントゴメリーは多数の砲兵を集め、猛烈な砲兵射撃でドイツ＝イタリア軍陣地を粉砕しようとした。

「ズーン、ズーン」

「ドカーン、ドカーン」

激しい砲撃で、海岸近くのイタリア軍戦線はあっさり崩壊してしまった。

すぐにイギリス軍の歩兵が進出し、橋頭堡を確保した。

しかし、彼らはなかなかジグザオ涸谷を渡りきることができなかった。このため、この夜のうちに対岸に渡ることのできた戦車と対戦車砲は、ごくわずかでしかなかった。いつもながらのイギリス軍のノロノロぶりである。

もっともこのときは、これが彼らを救った。というのも、この有り様を見て、ドイツ軍はこの攻撃が主攻だとは思わなかったからである。

ドイツ軍はイギリス軍の橋頭堡を砲撃するだけで、ほおっておいた。その結果、二二日朝までに、橋頭堡には四〇両もの戦車が渡ることができた。

しかし、いつまでも運はつづかなかった。ドイツ軍の第一五機甲師団が反撃に出たのだが、このとき偶然にも大雨が振りだしたのである。このためイギリス軍は、頼みの航空支援も強力な援護射撃もうけることができなかったのだ。

戦車対戦車の決戦なら、まだドイツアフリカ軍団に分があった。歴戦のⅢ号、Ⅳ号戦車は、火力に乏しいイギリス軍のバレンタイン戦車を圧倒し、谷の端まで追い詰めた。戦車は三分の二が失われ、谷は数百のイギリス兵の死体で埋まった。日没までには橋頭堡は完全に制圧され、こうしてイギリス軍の主攻撃は失敗した。

チュニジア領内の西方砂漠を進撃する英軍のチャーチルMkⅢ戦車

一方、ニュージーランド師団は、二一日夜、テバガ渓谷への攻撃を開始した。

大部隊の攻撃に峠を守る少数のサハラ部隊は、すぐに蹴散らされた。こうして戦車部隊が平地に突進する道が開かれた。

しかし、フライバーグ師団長は躊躇した。彼はこのまま突進すると、ロンメルとアフリカ軍団に迎撃されることを恐れたのである。

この間にドイツ軍は、ガベスに控置させていた第二一機甲師団とマレト陣地から引き抜いた第一六四軽師団をテバガ渓谷に急行させて、ニュージーランド師団の突破にあたらせた。

こうしてモントゴメリーの電撃戦は、あっさりと失敗に終わった。

アルニム大将は、マレト陣地からの撤退を決断した。まず、二五日から二六日の夜に自動車化されていないイタリア軍歩兵が撤退し、機械化部隊がつづいた。

モントゴメリーは作戦を変更することにした。彼は第四インド師団をマトマタ高地を通って小さく迂回させてベニ・ゼルテンに向かわせるとともに、第一機械化師団とホロックス将軍の第一〇軍司令部を、ニュージーランド師団の経路を追って、テバガ渓谷に増援させたのである。

増援部隊は二六日に到着し、渓谷を守るドイツ軍と激戦となった。

イギリス軍は航空優勢を利用して、一日中ドイツ軍陣地を攻撃しつづけた。

「ドカーン、ドカーン」

「ダダダダダダ」

火砲や資材は吹き飛び、戦線はずたずたに分断された。孤立した部隊に、激しい砲撃が襲う。弾着はだんだん近づく。

そして、その後ろからは、せいぜんと並んだ戦車と歩兵の大群が進軍して来た。

日没までには渓谷は突破され、イギリス軍は海岸につづく平地に進出することができた。

ドイツ軍はエル・ハムマに防御陣地を築いてイギリス軍を阻止した。対戦車砲がかき集められ、防御砲列が敷かれた。

第九〇軽師団の兵士が必死で守る中、包囲を免れた部隊はなんとかガベスの北の、フェジャジ塩湖と海に挟まれた、アカリト涸谷の新たな防衛線まで逃げ延びることができ、二九日には最後の部隊が収容されたのである。

しかし、アカリトに逃れた部隊は、ほとんど抜け殻にすぎなかった。

アカリト涸谷で防御陣地を構築するイタリア軍兵士たち

比較的まともなのは第九〇軽師団だけ、第一五、第二一機甲師団にはほんの一握りの戦車しかなく、第一六四軽師団は事実上、消滅した。

イタリア軍にいたっては、もはや存在していると言えるだけで、戦意は全くなかった。

そしてアカリトの陣地も、やはりアフリカ軍団に安息をもたらしはしなかった。四月六日、イギリス軍は総攻撃を開始した。

こんどは彼らは小細工をする必要はなかった。戦力比は圧倒的であり、彼らは正面からドイツ＝イタリア軍に襲いかかった。

もはや防戦など不可能だった。彼らはさらに北のアンフィダヴィーユに後退した。

チュニジア陥落

一九四三年四月中旬までに、ドイツ＝イタリア軍は、ビゼルタとチュニス周辺の平地に追い込まれてしまった。いよいよチュニジアの陥落は時間の問題であった。

しかし、ヒトラーが撤退も降伏も認めない以上、部隊は戦いつづけるしかなかった。アルニムは平地を取り囲む高地帯に防衛線を敷いて、連合軍にたいして粘り強い防衛戦闘をつづけた。

防衛戦の主力はやはり戦車部隊であった。第五〇四重戦車大隊のティーガー、アフリカ軍団、第一〇機甲師団のⅢ号、Ⅳ号戦車は、火消し役として八面六臂の活躍をした。

メジェル・エブ・バブ、一〇七高地、クサルトゥール、ポン・デュ・ファース、これらはドイツ軍が連合軍を撃退した激戦地である。

しかし、これらの勝利が何になろう。五月六日、連合軍のチュニスに対する総攻撃が開始された。激しい爆撃と砲撃につづく、連合軍戦車と歩兵の大群に抗する力は、もはやドイツ軍にはなかった。

ついに最後のときが来た。わずか二四時間後、チュニスは陥落した。

生き残りの部隊はボン岬へと逃れたが、それとても長く逃げ延びられるはずもなかった。一二日、アルニム大将は降伏し、アフリカでのすべての戦火は止んだのである。

タンクバトルの挿話にふさわしいのは、ボン半島に逃れていた最後のティーガーの運命だろう。

一両だけ残った一三一号車は連合軍の手に落ち、イギリスに送られた。この車体は現在、イギリスのボービントン戦車博物館で復元なり元気に動く姿が見られる。

あとがき

このたびは『タンクバトルⅢ』をご購入いただきましてありがとうございます。ずいぶんお待たせしましたが、ようやく既刊『タンクバトルⅠ、Ⅱ』に続く本書の出版がなりました。ご存じのとおり、本書は戦車戦を描いた平易な戦史書として、雑誌『丸』誌上に掲載された「タンクバトル」を元に編まれたものです。ただし今回の単行本収録にあたっては、物語りの構成上、連載記事では少々はしょった部分等を追加して、より深い理解ができるよう努めております。とくに東カレリアの戦いについては、新たな章を設けて書き下ろしています。

今回収録された戦車戦の範囲は、とくに珍しい戦場に焦点をあてております。そう、北欧です。このへんの章が、その戦闘の戦史上の重要性に鑑みて、どう考えても多すぎるのは、筆者の完全な趣味です。北欧は第二次世界大戦が戦われた戦場の中でも、特殊な戦場のひとつだと思います。そこでの戦車戦は、じつに奇妙な形をとることになりましたが、その雰囲気を読者諸兄に少しでもご理解いただければ幸いです。

もちろんメインのストーリーは、一九四二年夏から一九四三年冬に至るロシアでの戦いと、北アフリカの戦いの終焉です。この時期の戦車戦は、個々の戦車の性能ではドイツ軍が質的優位を取り戻しつつある一方、全般的には明らかな敗色が見えてきた時期といえるでしょう。だからこそ、ますますドイツ軍の奮戦がマニア心をくすぐるというのは、日本人の敗北の美、判官びいきなればこそでしょうか。

さて、戦争はいよいよ佳境に入り、枢軸国と連合国の最後の決戦へと進展して行きます。独ソの決戦クルスク、そして米英連合軍の史上空前の上陸作戦ノルマンディ。そこではこれまでの戦車戦史上、最大の戦車戦が生起することになります。これらはこの後、『タンクバトルⅣ、Ⅴ』にまとめられることと思います。請うご期待ください。

末筆ではありますが、本書を出版する上でご協力いただいた方々に心から御礼申し上げます。とくにいつもいつも見事なイラストを描いて下さいます当代随一のミリタリーイラストレーターの上田信様、筆者を叱咤激励しながら辛抱強く応援して下さいました潮書房光人社の高城様、川岡様、真下様、『丸』本誌上への連載の機会を設けて下さいました竹川様、その他多くのご協力をいただきました皆々様に紙上を借りまして御礼申し上げます。

平成一七年一二月

齋木伸生

文庫版あとがきに代えて

――タンクバトルの現場三都物語

◆レニングラード

一九四一年六月二二日、ドイツ軍のソ連侵攻作戦「バルバロッサ作戦」は開始された。その北の攻勢軸、フォン・レープ元帥率いる北方軍集団が攻略目標としたのは、その昔ピョートル大帝が創建しロシア帝国の首都であった、そしてロシア革命勃発の地としてレーニンにちなんで改称された、ボルシェビキを象徴する町「レニングラード」であった。

北方軍集団は、ヘプナー上級大将の第四機甲集団を槍先にしてバルト海沿岸地域を驀進した。

八月一四日にはルガ下流域が突破され、レニングラードへの道は開かれた。二〇日にはチュードヴォが占領されて、レニングラードとモスクワを結ぶ鉄道は切断された。そして三〇日にはムガーが陥落した。ムガーはちっぽけな町に過ぎなかったが、レニングラードとソ連本土とを結ぶ鉄道の重要な分岐点であった。ムガーの陥落で、レニングラードと他のソ連領土との鉄道連絡は失われたのである。

レニングラードへの攻撃は九月まで続けられたが、ヒトラーは最終的に、レニングラードを占領せず包囲することにした。その結果レニングラード周辺では、その後じつに三年近くにわたって両軍が対峙し続けることになる。

ソ連軍は必死で包囲されたレニングラードへの補給を続けるとともに、レニングラードの包囲を解くためにも奮闘した（もっともスターリンは、レニングラードの党指導者のジダーノフとの確執や、レニングラードの独立精神の強さと言ったいくつかの理由からレニングラードの解囲に積極的ではなかったという）。

その最初の試みと言えるのが、一九四二年一月一三日に開始されたヴォルホフ方面軍の攻勢であった（もっとも主要目的はドイツ軍の撃破で、レニングラードの解囲そのものが目的ではなかったとも考えられるが）。この攻撃は第二突撃軍他により、チュードヴォ周辺のドイツ第一八軍の戦線を突破し包囲殲滅しようというものであった。

第二突撃軍の突破そのものはうまくいった。しかしそれは単に突出部、危険な突出部を作っただけだった。そう突出部は、逆にドイツ軍にとって魅力的な獲物でしかなかった。三月一五日に反撃を開始したドイツ軍は、突出部の包囲に成功した。包囲されたソ連軍は頑張り抜き、一旦は包囲を突破網に通路を穿《うが》つことに成功したが、結局五月二二日に再興されたドイツ軍の攻勢によって完全に粉砕されてしまったのである。

二回目のソ連軍の解囲の試みは、一九四二年八月二四日に開始された。これはドイツ軍が企てた、レニングラード攻略作戦を頓挫させるために先手を取ったものであった。攻撃して来たのは今度も第二突撃軍であった。今度はもっと北、ドイツ軍のレニングラード包囲の、最も狭い回廊部分をねらって来た。彼らはガイドロヴァ周辺から出撃し、目標は交通の要衝、ムガーであった。ソ連軍は突破に成功し、一二キロも前進した。ムガーは指呼の間だ。

この危険にドイツ軍は、レニングラードの攻略をあきらめ、攻略のために集めた部隊を、突破したソ連軍に向けた。指揮官はあの名将マンシュタインであった。これではソ連軍の攻撃が成功するはずもない。突破したソ連軍部隊は包囲され、一〇月二日までに完全に殲滅された。まさに、この戦いこそが本編で取り扱った、ティーガー重戦車のデビュー戦となった戦いである。

タンクバトルの現場はムガーである。じつのところムガーに何かあるという確証はなかったのだが、第五〇二重戦車大隊関連の何かが見つかればと思ったのだ。実際行ってみるとムガーはなんともひなびた田舎町であった。駅を中心にわずかに市街地が広がるだけ。それでも町中の公園には、立派な記念碑があり、T34とBT（T26かもしれない）の砲塔が置かれていた。まるで子供の遊具みたいな置かれようは、いかにもロシアだ。

残念ながらこれ以上特別なものはありそうにないので、町の様子や争奪戦の原因となった、重要な鉄道分岐点であるムガー駅の写真などを撮って退散することとした。するとこんな田舎町についぞ現れるはずの無い、東洋人の一行を怪しんだ誰かが通報したものか、警察の車が来るではないか。なんと不審者として尋問されるはめとなったのである。

しかしその後の顚末は、これもロシア的と言うかお笑いであった。何をしているのかと訊かれたので、第五〇二重戦車大隊の本部を探していると正直に答えた。ムガーでは一九四二年に激戦があって、それでどうのこうのと説明する。どうやらこのある意味かなり怪しい説明が、むしろあまりのありえなさゆえに疑いを解いたようだ。

それならうちの署長が詳しいから警察署に来いという。警察署まで行くというのは、ちょっとこわかったがどうしようもない。警官の車にしたがって警察署に向かう。警察署についたら取調室に連れていかれたらどうしようと思ったが、通されたのは本当に署長室だった。署長はじつに快活にいろいろ話を聞かせてくれた。実際ムガーで戦ったドイツ人が来たことがあるらしい。彼のコレクションや、ロシア、ドイツで出版された資料を見せてもらって、すっかり打ち解けた。

彼の話によると、ムガーにはもはや当時の建物はひとつもないという。数年前まで当時第五〇二重戦車大隊ではないが、ドイツ軍のどこかの部隊が使っていた建物が残っていたが、それも取り壊されたという。ちなみにムガーの建物は多くを、戦後ドイツ人が建てたものだそうだ。彼らはいい仕事をしてくれたとドイツ人を褒めていた。褒められてもそれって強制労働ということでは……。

最後はにこやかに談笑しながら警察署を出て、おまけに警察署の前で、肩を抱きあって記念写真まで撮った。さらにこの後おまけがある。それは例の最初に我々を捕まえた警官。彼はひそかに耳元でささやいたのだ。お土産はいらないかと。なんのことかと思ったら、ムガー周辺で掘り出される、いろいろなドイツ軍グッズを売りたいそうだ。ちょっと興味はあったが、時間がなくて交渉は成立しなかった。残念！　この手の品物に興味のある方もいらっしゃるかもしれないが、空港で取り上げられる可能性もあるので、購入にはご注意されたい。

◆スターリングラード

一九四二年六月二八日、ドイツ軍の独ソ戦二年目の大攻勢作戦「ブラウ作戦」は開始された。南方軍集団のふたつの攻勢軸のひとつ、ボック／ヴァイクス将軍率いるB軍集団が攻略目標としたのは、かつてツァーリの町ツァーリツィンと呼ばれたヴォルガ河畔の要衝、そしていまやソ連を率いる独裁者スターリンにちなんで改称された、まさに共産帝国ソ連を象徴する町「スターリングラード」であった。スターリン批判によってヴォルゴグラードと名前が変わっているのは、戦史ファン的には残念（？）かもしれない。

B軍集団は、ホト上級大将の第四機甲軍をヴォロネジ攻略にあたらせるとともに、パウルス上級大将率いる第六軍をスターリングラードへと向かわせた。ドイツ軍のスターリングラード中心部にたいする攻撃は、一九四二年九月一三日に開始された。独ソ両軍の攻防の的となったのが、スターリングラード中心部にそびえるママエフの丘であった。この丘は標高はわずか一〇二メートルしかないのだが、ここからは町の中心部からボルガ河岸一体を広く見渡すことができるのだ。

スターリングラード防衛戦初期には、スターリングラードを守るソ連第六二軍の司令部がママエフの丘に置かれていた。しかしスターリングラード市街に取り付いたドイツ軍は丘を激しく砲撃し、このためチュイコフは司令部をヴォルガ川の渡河点に近いツァーリッツァ川河口の洞窟に移さねばならなかった。この丘をめぐっての攻防戦は何度も繰り返され、ドイツ軍が確実に占領したのは一〇月二〇日のことだった。

現在ママエフの丘は、スターリングラードの戦いを記念する象徴的な場所となっている。丘の上には大きな戦没者慰霊堂が立ち、頂上にはなんと五一メートルもの高さの「母なる祖国像」が立っている。丘を登るために長い石の階段が作られているが、並木や途中の死守の像を始めとする多数の像やレリーフ、水をたたえた池等とあいまって自然と荘厳な気持ちにさせられる。

いっぽう北部市街地で戦いの焦点となったのは、数多くの軍需、金属、機械工場がある工業地帯だった。スターリングラードはもともとはヴォルガ船運の要衝として発展した町だが、第二次世界大戦当時はすでに一大工業都市となっていた。とくに軍需と軍需と密接に関連する、金属、化学工業等の工場が軒をならべていた。戦史に名前が出でくるところでは、スターリングラード・トラクター工場が戦車を作り、赤いバリケード工場は大砲、赤い十月工場は装甲板、ラツール化学工場は火薬といったぐあいである。

この中でもスターリングラード・トラクター工場は、スターリングラード工業地帯の象徴であった。トラクター工場というように、戦前は年産一万輌もの農業用トラクターを生産していた、ウラル山脈西方で最大のトラクター工場であった。開戦初頭に戦車工場に転換され、ソ連軍の主力の傑作中戦車であったT34戦車を製造した。トラクター工場はスターリングラード攻防戦のさなかにもT34の生産と修理を続け、それは一〇月五日まで続いた。完成したT34は迷彩塗装もされないまま、工員の運転でそのまま戦場に投入されたといわれる。

スターリングラードを攻略する第六軍が、北部工業地帯への総攻撃を開始したのは、九月末のことであった。一〇月一四日にドイツ軍はスターリングラード・トラクター工場に突入したが、ソ連軍の抵抗は止まなかった。廃墟と化した工場内部での歩兵と歩兵の白兵戦が続き、スターリングラード・トラクター工場が占領されたのは、一六日のことであった。

スターリングラードの戦いで工場は廃墟となった。砲爆撃と市街戦で当時の建物はすべて破壊されてしまった。しかし、その後工場はもとの場所にそのまま再建されている。スターリングラードがヴォルゴグラードとなってから、工場名もヴォルゴグラード・トラクター工場に変わったが、今でも装甲車両を作り続けている。現在でも、工場の真ん前にはT34が鎮座し、左右の壁には戦争中の工場の活動ぶりを描いた大きなレリーフが掲げられている。

スターリングラード中央部南側の攻防の焦点となったのが、スターリングラード中央駅(第一停車場)とその前に広がる赤の広場、そしてヴォルガ河岸の渡し場であった。中央駅はもちろん陸上交通の中心であり、また赤の広場からは河川交通の中心でもあるヴォルガ川の中央渡し場まで一直線に見通すことができる。中央渡し場はヴォルガ川の対岸からソ連軍の増援部隊を送り続けた、ドイツ軍にとって目の上のたんこぶだった。

スターリングラードを南から攻撃したドイツ軍部隊が、中央駅に殺到したのは九月一四日のことであった。ソ連軍はこれに反撃を加え、この日、中央駅はなんと四回も持ち主を変えたという。ドイツ軍は激しい市街戦を戦いつつ、ソ連軍を次第にヴォルガ河畔に追い詰めていった。ドイツ軍の攻撃によりソ連軍が保持できた地積はほんの一〇〇メートルにも満たないものであった。ソ連軍はかき集めた増援兵力を送り続け、結局ドイツ軍が渡し場を占領したのは、やっと九月二二日のことであった。

中央駅にはスターリングラード戦の兵士たちや地図がレリーフとなっている。駅のそばには人民革命博物館がある。駅前の赤の広場は戦没兵士広場となっており、それこそ広場中各種の記念碑やモニュメントの類であふれている。この広場を突っ切ると真っすぐヴォルガ川に到達する。崖のような急斜面になった河岸の階段を降りていくと、そこがくだんの船着き場だ。船着き場は現在もヴォルガ川の船運のターミナルとして栄えている。

郊外に足を延ばすと、重要な戦跡と言えるのがグムラク飛行場だ。一一月一九日、反攻作戦を開始したソ連軍は、二三日には包囲網を完成し、スターリングラードのドイツ第六軍は袋のネズミとなった。突破を勧める将軍たちに対してヒトラーは、スターリングラードの死守を命じたが、この決定を後押ししたのはゲーリングによる第六軍に対する空輸の約束だった。

この空輸の拠点となった飛行場のひとつが、グムラク飛行場であった。ドイツ空軍は二五日には最初の輸送機を送り込み、必死で空の補給ルートを支えた。しかしそれは明らかに空軍の能力を越えたものであった。包囲陣内では一日六〇〇トン最低でも三〇〇トンの補給が必要であったが、ほぼ三〇〇トンが空輸された日は、包囲戦中を通じてわずか二日しかなかった。平均すると一日あたりの輸送量は一〇〇トンに過ぎず、第六軍が補給不足からじり貧となるのは自明だった。

グムラク飛行場は、現在ヴォルゴグラード空港となっている。といってもロシア国内線用の小さな空港だ。ヴォルゴグラードを訪れた日本人の多くは、おそらくそれと気づかずに、かつての戦跡そのものに足を踏み入れているのであろう。もちろん建物も何もかも新しいもので（当時は飛行場といってもただの野っ原だったのではないか）、スターリングラード攻防戦当時を偲ばせるものはないのが残念だ。

◆ハリコフ

ウクライナ東部の中心都市ハリコフ。その創建は一五二四〜二七年といわれる歴史のある町だ。その名前には諸説あって、創建にかかわったコサックの族長の名前から取ったものとも、草原の民の言葉「ハリコフ（冷たい水）」から取ったとも言われる。もともとはロシア帝国の南東部国境をタタールから守る要塞都市として作られた町であったが、タタール勢力の退潮で軍事的意味を失っていった。しかしその後は、商業、工業を中心とした都市として栄え、とくにウクライナ東部の中心として東西南北を結ぶ道路、鉄道のジャンクションとして地理的に重要な位置を占めることになった。

これが独ソの攻防戦の中で、ハリコフを巡って何度も争奪戦が戦われた理由である。その有り様はこんなぐあいだ。まず緒戦のバルバロッサ作戦では、一〇月一四日にハリコフは陥落している。一九四一～四二年の冬にはソ連軍がハリコフ奪回を図ったが、失敗に終わりハリコフの南に突出部を作っただけに終わった。ソ連軍は南に突出部を保持し、一九四二年春に再び攻勢を開始したが、ドイツ軍の巧みな反撃で大損害を被った。これが一九四二年夏のドイツ軍の大攻勢ブラウ作戦の成功の理由のひとつともなる。

ブラウ作戦は、よく知られているとおりスターリングラードでのドイツ軍の包囲をもたらすが、ドイツ軍にとっての本当の危機は、スターリングラード包囲後、どのように戦線を安定させるかであった。一月二九日にソ連南西方面軍、二月二日にソ連ボロネジ方面軍による攻勢が開始された。ヒトラーはハリコフ死守を命じたが、SS機甲軍団は独断で撤退し、二月一六日、ソ連軍はハリコフを解放した。しかし、マンシュタインの反撃で、三月半ばにはまたもハリコフはドイツ軍のものとなるわけである。

ここから先は、本巻には含まれない話だが、ドイツ軍のハリコフ支配はこれが最後となった。翌年夏、ドイツ軍はソ連軍のクルスク突出部を切断すべく大攻勢を発動するが、周知のようにこの戦いはドイツ軍の敗北に終わった。クルスク南部では八月三日、ソ連軍の攻勢が開始された。もはやドイツ軍にこれを押し止める力は残っていなかった。二二日にはドイツ軍はハリコフから撤退し、以後二度と戻ることはなかったのである。

ハリコフはこのように何度も独ソの攻防の焦点となった町である。さぞやたくさんの戦跡があることと期待に胸が膨らむ。しかしちょっと待って欲しい。確かにハリコフは独ソの攻防の焦点となったが、よくよく戦史を振り返って見ると、ハリコフの戦いといってもそのほとんどはハリコフの外で戦われているのだ。それも日本の基準で郊外といえるほどの距離ではなく、数十キロ離れた場所で両者の雌雄が決せられたのである。

というわけで、じつはハリコフの町そのものには、そんなにそのものずばりといえる戦跡はない。もちろん、この市街地をSS機甲軍団の各部隊が行軍したのは間違いなく、当時の写真と見比べることは可能である。ただその町並みは歴史あると言うほど、あまり印象に残るものではない。

なんの変哲もない地方の中都市というものか。それなりの歴史はあるのだろうが、とりたてて魅力もない特徴のない都市なのだ。観光名所ではなく、商業、工業都市なのがその理由だろう。そしてまた、第二次世界大戦の戦禍がすべてを破壊してしまったことと、非人間的なソビエト政権の規格化、画一化がもたらしたものか。

旧ソ連の町としては通例だが、町中には歴史博物館があり、当然のごとく独ソ戦関連の展示を見ることができる。ハリコフでは中心部の憲法広場の隣に、歴史博物館がある。博物館には屋外展示もあり、戦車や火砲も展示されている。独ソ戦と関係ないが、最大の目玉が菱形戦車だ。第一次世界大戦中の世界最初の戦車で、ロシア革命後の内戦中、革命干渉軍で使用されていたものが赤軍に捕獲され、赤軍最初の戦車となったものだ。

なお憲法広場は旧ソ連時代にはウクライナ・ソビエト共和国広場と呼ばれていた場所で、ウクライナの独立によって憲法広場に名称が変更された。しかし広場の真ん中に立つ記念碑が、ソ連時代に作られた革命記念碑でいかにもソ連的な巨大なものなのが異様だ。ハリコフは、ウクライナ東部のロシア人が優勢な町であり、名前は変わりそうな予感が（でもソビエトはないだろうけど）。ただ、どうなったか確認しに再訪する気にはならないが。

これは戦跡というよりいまも現役なのが、ハリコフ・トラクター工場だ。これはもう軍事マニアならご承知のように、名称こそ「トラクター」工場だが、第二次世界大戦中はもちろん現在も戦車の工場として有名な場所だ。独ソ戦初期にドイツ軍に占領されてしまったが、ハリコフが解放された後は、再びソ連軍のために戦車生産を再開している。

ウクライナの今後は不透明だが、ひとつの路線としてEUとの関係強化があった。EUの牽引車といえばドイツである。ウクライナはドイツ軍の侵略を受けたとはいえ、ウクライナのソ連からの解放という側面もあった。ドイツとの関係強化の一環であろう、ハリコフ市郊外中心部より北東約一〇数キロには記念墓地が設けられている。

一九九八年に完成したもので、記念式典にはドイツ首相も出席したという。丘の中腹には、戦没ドイツ兵士を悼む記念碑が立てられている。記念碑には「この墓地にドイツ兵士たちは永眠する。彼らとすべての戦いの犠牲者を記憶して。彼らの悲運を思い出し、和解のために」という文字が刻まれていた。

単行本　平成十七年十二月「タンクバトルⅢ」改題　光人社刊

NF文庫

スターリングラード攻防戦

二〇一四年六月 十六 日 印刷
二〇一四年六月二十二日 発行
著 者 齋木伸生
発行者 高城直一
発行所 株式会社潮書房光人社
〒102-0073 東京都千代田区九段北一-九-十一
振替/〇〇一七〇-六-五四六九三
電話/〇三-三二六五-一八六四代
印刷所 慶昌堂印刷株式会社
製本所 東 京 美 術 紙 工
定価はカバーに表示してあります
乱丁・落丁のものはお取りかえ致します。本文は中性紙を使用
ISBN978-4-7698-2837-2 C0195
http://www.kojinsha.co.jp

NF文庫

刊行のことば

第二次世界大戦の戦火が熄《や》んで五〇年——その間、小社は夥しい数の戦争の記録を渉猟し、発掘し、常に公正なる立場を貫いて書誌とし、大方の絶讃を博して今日に及ぶが、その源は、散華された世代への熱き思い入れであり、同時に、その記録を誌して平和の礎とし、後世に伝えんとするにある。

小社の出版物は、戦記、伝記、文学、エッセイ、写真集、その他、すでに一、〇〇〇点を越え、加えて戦後五〇年になんなんとするを契機として、「光人社NF（ノンフィクション）文庫」を創刊して、読者諸賢の熱烈要望におこたえする次第である。人生のバイブルとして、心弱きときの活性の糧《かて》として、散華の世代からの感動の肉声に、あなたもぜひ、耳を傾けて下さい。